365
TAGE NATUR

Illustrationen von Jane Reynolds

Texte von Phil Gates
und Gaden Robinson

DUMONT BUCHVERLAG KÖLN

Für Ella, von der die Anregung zu diesem Buch kam

Die Deutsche Bibliothek – CIP-Einheitsaufnahme
365 Tage Natur / Ill. von Jane Reynolds. Text von Phil Gates und Gaden Robinson. (Aus dem Engl. von Tammi Reichel).
Köln: DuMont, 1994
Einheitssacht: 365 days of nature and discovery <dt.>
ISBN 3-7701-3139-8
NE: Reynolds, Jane; Gates, Phil; Reichel, Tammi <Übers.>; Dreihundertfünfundsechzig Tage Natur; Threehundredsixtyfive days of nature and discovery <dt.>; EST

Aus dem Englischen von Tammi Reichel

Wissenschaftliche Betreuung der deutschen Ausgabe:
Fernando Perez und Alfred Boveleth

Gestaltung und Herstellung:
Bellew Publishing Company Limited, 8 Balham Hill, London SW12 9EA

Printed in Italy

ISBN 3-7701-3139-8

Vorwort

Dieses Buch ist für Kinder und Eltern gemacht. Sie können es zusammen lesen und auf diese Weise teilen. Allerdings unterscheiden sich die Lebewesen einer Art immer ein wenig voneinander, und der *Homo sapiens* stellt da keine Ausnahme dar. Daher können und wollen wir nicht sagen, daß das Buch für Kinder von neun bis sechzehn Jahren geschrieben ist und nur unter elterlicher Aufsicht gelesen werden kann. Das Lesen von »365 Tage Natur« soll vielmehr allen Altersgruppen Spaß machen und sie zum Nachdenken anregen.

Wir haben uns dabei kaum auf die kindliche Sprache eingestellt, denn Kinder sind sehr lernfähig und wachsen mit der Aufgabe, die ihnen gestellt wird. Zudem sind die meisten wissenschaftlichen Begriffe sehr eingängig und letztlich viel knapper als lange Erklärungen.

»365 Tage Natur« ist nicht dazu gedacht, daß man es systematisch von der ersten bis zur letzten Seite durchliest. Es ist ein Buch, in das man eintauchen kann, in dem man aussucht und herumschmökert oder das man einfach nach dem Zufallsprinzip an irgendeiner Stelle aufschlägt. Es spiegelt die Faszination wider, mit der die Autoren der Welt begegnen, und wir hoffen, daß Sie sich davon anstecken lassen.

Die Natur ist sehr komplex aufgebaut, schätzungsweise 30 Millionen Tier- und Pflanzenarten bilden zusammen das Ökosystem der Erde. Es gilt aber nicht nur, diese gewaltige Zahl von Arten im Blick zu halten, sondern man muß auch die Beziehung betrachten, in der sie zueinander stehen: Sind sie Jäger oder Beute, Konsumenten oder Produzenten, Nachahmer oder ›Vorbilder‹ und so weiter. Wenn Sie darüber hinaus bedenken, wie sich die Arten entwickelten, wie sie sich untereinander verhalten, in welcher Beziehung sie zueinander stehen und wie sie sich aneinander und an ihre Umwelt anpaßten, bekommen Sie eine Ahnung von der wahren Komplexität der Natur. All dies hat Generationen von Naturforschern seit Jahrhunderten beschäftigt und wird vermutlich noch

viele beschäftigen. Sie alle verbindet eine grundlegende Neugier auf die Natur, eine Neugier, die wir alle in unterschiedlichem Maße teilen.

Über das gesamte Buch verteilt gibt es Vorschläge, Hinweise und Tips, wie man weitere Informationen über die Welt um uns herum sammeln kann, Methoden, um sie zu beobachten, Anleitungen für einfache Experimente – man wird ermuntert, sich der eigenen Neugier hinzugeben.

Manche dieser Projekte sind kurzfristig, andere bereiten auch über längere Zeit Befriedigung, z. B. wenn man Pflanzen kultiviert oder Insekten züchtet. Vielleicht bietet auch das eine oder andere der Experimente den Ausgangspunkt für weitere Untersuchungen. Für manche dieser Versuche braucht man einiges Vorwissen und Geschick, andere dagegen sind sehr leicht durchführbar. Sie alle aber sollen ansporen und Einsichten darüber vermitteln, wie Organismen geboren werden und miteinander leben, alt werden, sterben und vergehen, und wie der Mensch aus der Natur und ihrem Reichtum Nutzen ziehen kann.

Manche der Experimente können die Verwendung potentiell gefährlicher Haushaltschemikalien notwendig machen und sollten nur unter strenger elterlicher Aufsicht durchgeführt werden. Bei einigen wenigen Experimenten werden Pflanzen oder auch Wirbellose getötet. Diese Versuche nahmen wir erst nach langer Überlegung auf, da wir zu der Überzeugung gelangten, daß sie unabdingbar sind, um bestimmte grundlegende Einsichten zu vermitteln. Verantwortungsbewußte Biologen stellen die ethischen Grundlagen ihres Umgangs mit der Natur immer wieder in Frage. Ihr oberstes Ziel sollte es sein, die Welt und ihre Bewohner mit Respekt zu behandeln, nicht nur mit unkritischer Bewunderung.

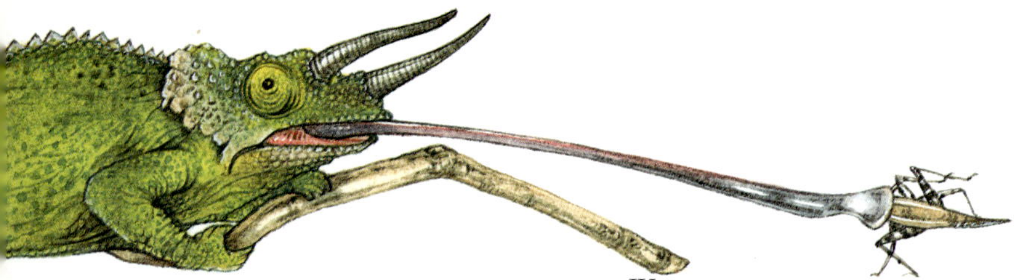

DIE TAGE

Auf jeder Seite dieses Buches gibt es Querverweise, die weitere Informationen zu einem Thema erschließen. Hinweise zur Klassifizierung von Lebewesen, zu den Experimenten und ein umfassendes Register mit den lateinischen Tier- und Pflanzennamen finden Sie auf den Seiten 366-394.

Hai-Tag

Sein Image als Menschenfresser verdankt der große Weiße Hai Hollywood. Man vergißt darüber oft, daß er ein perfekt an das Leben im Ozean angepaßtes Lebewesen ist und über ein außerordentlich gut entwickeltes Wahrnehmungssystem verfügt. Insgesamt gibt es 339 bekannte Haiarten, von denen aber nur sehr wenige Schwimmer und Taucher angreifen, da sie sie für Seehunde und andere natürliche Beute halten.

Ein Hai hat bis zu 3 000 Zähne, die in 6 bis 20 Reihen angeordnet sind. Die abgenutzten vorderen Zahnreihen werden durch neue, weiter hinten liegende ersetzt. Im Laufe seines Lebens nutzt ein Hai etwa 20 000 Zähne ab. Er kann 300mal kräftiger zubeißen als ein Mensch.

Ihr sehr feiner Geschmackssinn, mit dem Haie einen Tropfen Blut in 100 l Wasser schmecken können, hilft ihnen, verwundete Beute zu lokalisieren. Die Haischnauze ist mit einem Sensor ausgestattet, mit dem der Fisch die elektrischen Entladungen anderer Tiere wahrnimmt.

Die meisten Haie sind ovovivipar, d.h., ihre Eier entwickeln sich in ihrem Körper, und die Jungen kommen lebend zur Welt. Ihr stromlinienförmiger, muskulöser Körper mit der großen, asymmetrischen Schwanzflosse ermöglicht es ihnen, sehr schnell zu schwimmen. Der Mako ist mit einer Höchstgeschwindigkeit von etwa 95 km/h einer der schnellsten Fische der Welt.

☞ 52 ROCHEN, 119 SCHWERTWAL

Robben-Tag

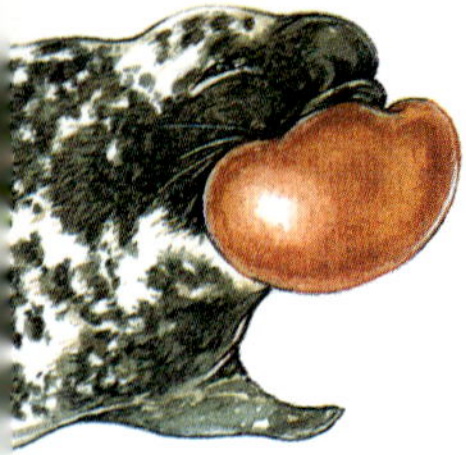

Robben sind fleischfressende Meeressäuger, die ausgezeichnet an das Leben in kalten Meeren angepaßt sind (nur wenige der 32 Arten kommen in Süßwasser vor). Sie besitzen stromlinienförmige Körper, ihre Gliedmaßen sind mit Schwimmhäuten versehen und zu Paddeln rückgebildet, und ihr Fell ist kurz und dicht. Sie verbringen den größten Teil ihres Lebens im Wasser, gebären ihre Jungen aber an Land oder auf dem Packeis.

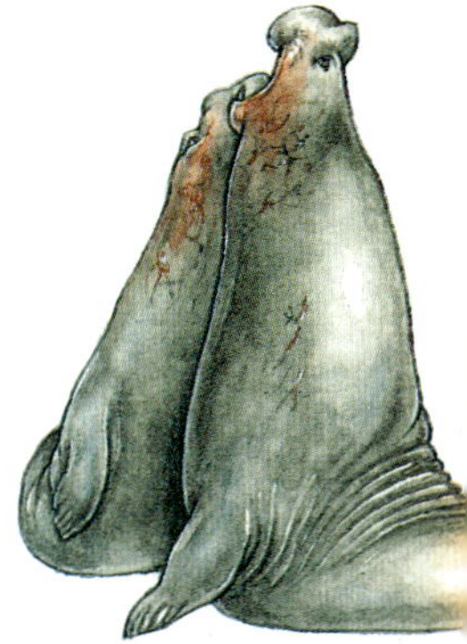

Werbende männliche Klappmützen bilden eine auffällige rote Blase vor ihrer Nase.

Der wasserdichte Pelz und eine dicke Fettschicht unter der Haut schützen die Robben so gut vor Kälte, daß sie sich in Wasser sehr wohl fühlen, in dem ein Mensch innerhalb weniger Minuten erfrieren würde.

Die größten Robben, die südlichen See-Elefantenbullen (oben), wiegen bis zu 3,5 t. Sie kämpfen auf den Stränden der subantarktischen Inseln um die Herrschaft über einen Harem von Kühen.

ROBBEN UNTERNEHMEN LANGE TAUCHGÄNGE für die Nahrungssuche. Dabei können manche Arten nicht nur eine Stunde lang unter Wasser bleiben, sondern auch über 600 m Tiefe erreichen. Vor dem Tauchgang leert die Robbe ihre Lungen, damit sich unter dem hohen Druck kein Stickstoff in ihrem Blut lösen und Schäden an Herz oder Lunge verursachen kann. Dieses Phänomen tritt auch bei Menschen auf, und man bezeichnet es als ›Taucherkrankheit‹, die tödlich sein kann.

☞ *26 WALROSS*

Hausschwein-Tag

Das Wildschwein, der Vorfahr des heutigen Hausschweins, wurde erstmals im Neolithikum (Jungsteinzeit) im Nahen Osten und in Nordafrika domestiziert. Noch heute kommen bei verwilderten Hausschweinen Charakteristika, die typisch für ihre wilden Ahnen sind, wieder zum Vorschein. So tragen die Ferkel etwa wieder das gut tarnende Streifenkleid.

Schweine werfen zwischen acht und zwölf Junge und haben einen kurzen Fortpflanzungszyklus.

Wildschweine sind mit gefährlichen Hauern bewaffnet und greifen an, wenn sie sich bedroht fühlen. Auch Hausschweine können schmerzhaft zubeißen.

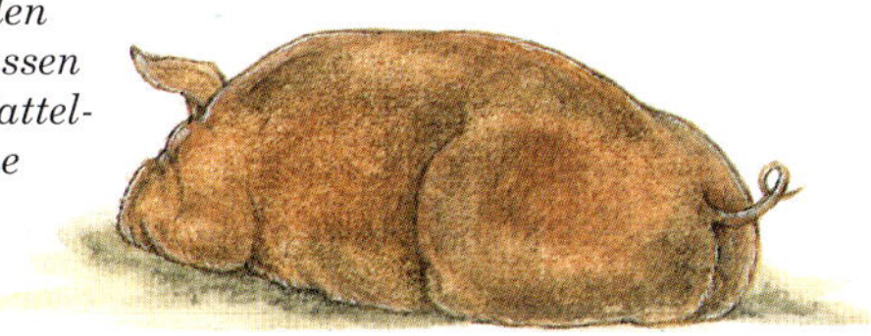

Im Lauf der Jahrhunderte wurden zahlreiche regionale Schweinerassen gezüchtet, u. a. die Gestreiften Sattelrücken (oben), die Durocschweine (rechts) und die Deutschen Weideschweine (links).

IN NORD- UND SÜDAMERIKA ist die Familie der Schweine durch die Pekaris vertreten, die in engen Gruppenverbänden leben und ihr Revier wütend gegen Eindringlinge verteidigen. Die Schweine der Alten Welt haben keinen solch ausgeprägten Territorialsinn, weshalb sie viel leichter in Herden domestiziert werden können. Anders als Rinder und Schafe sind Schweine hochintelligent, wie man es sonst nur den Hunden nachsagt. Sie können dazu abgerichtet werden, Trüffel zu suchen oder nach Drogen zu schnüffeln.

☞ *144 SCHAF, 172 RIND, 252 WILDSCHWEIN*

Frosch-und-Kröten-Tag

Die Klasse der Amphibien – Tiere, die auf dem Land und im Wasser leben – besteht zu etwa 90 % aus Fröschen und Kröten (*Anura*), einer Gattung mit 3 400 Arten. Sie haben keinen Schwanz, außer im Larvenstadium (Kaulquappen). Die ausgewachsenen Tiere besitzen lange, starke Hinterbeine, dank derer sie gut springen können. Ihre vorstehenden Augen, die sehr hoch am Kopf sitzen, geben ihnen ein Blickfeld von 360 Grad.

Das Quaken der Frösche wird mit Hilfe eines aufblasbaren Kehlsacks produziert.

Der südamerikanische Darwin-Nasenfrosch trägt seine Kaulquappen im Maul mit sich.

Der Regenfrosch (rechts) übersteht Trockenperioden, indem er sich in die Erde eingräbt.

Der Rücken der Kamerunkröte (rechts) gleicht einem Blatt. Solange sie sich nicht bewegt, kann man sie kaum von ihrer Umgebung unterscheiden.

Farbfrösche (oben) leben in den Regenwäldern Süd- und Mittelamerikas und werden 1-5 cm groß. Auf der ganzen Welt gehen die Bestände der Frösche und Kröten zurück. Umweltverschmutzung durch Pestizide, Saurer Regen, Viruskrankheiten und Klimaveränderungen sind mögliche Gründe.

Wie viele andere Froscharten lebt auch der Rotaugenfrosch (oben) auf Bäumen. Dank seiner langen Zehen ist er ein gewandter Kletterer.

Tropische Frösche wie der Goldbaumsteiger (links) und der Gemalte Baumfrosch (rechts) sind oft sehr bunt. Streifenmuster lassen die Körperkonturen verschwimmen und bilden so eine gute Tarnung, während die auffällige Zeichnung giftiger Arten als Warnsignal dient. Die Haut vieler tropischen Anura *sondert ein starkes Gift ab. Manche Pfeilgiftfrösche (unten rechts und links) können genügend Batrachotoxin produzieren, um 1 500 Menschen zu töten. Das Gift wird von den Indios benutzt, um Pfeilspitzen zu vergiften.*

Echte Kröten haben kurze Beine, stämmige Körper und eine warzige Haut, doch mit dem Namen Kröte bezeichnet man oft auch verwandte Familien. Nicht alle Frösche und Kröten sind ständig an feuchte Gegenden gebunden.

Viele der kleinen tropischen Froscharten betreiben Brutpflege. Manche Pfeilgiftfrösche tragen ihre Kaulquappen auf dem Rücken mit sich herum.

Bodenlebende, halbaquatische Arten wie der Teichfrosch (links) haben Schwimmhäute zwischen den Zehen der Hinterbeine und muskulöse Hinterbeine, dank derer sie gut springen und schwimmen können.

DIE LARVEN von Fröschen und Kröten (Kaulquappen) haben anfangs Kiemen und einen Ruderschwanz und ernähren sich von pflanzlicher Kost, aber sobald sie Beinchen bekommen (das hintere Beinpaar zuerst), wechseln sie zu tierischer Nahrung. Frösche und Kröten verlieren ihre Kiemen und gehen zur Lungenatmung über, sobald der Schwanz zu schrumpfen beginnt (Metamorphose). Wenn sie dann nicht aus dem Wasser klettern können, ertrinken sie. Frösche vermehren sich auch leicht in Gartenteichen, wo sie sich dann von Nacktschnecken und anderen Gartenschädlingen ernähren.

☞ *8 MOLCH, 56 TEICH, 349 SCHWANZLURCH*

Ananas-Tag

Die Ananas gehört zur tropischen Pflanzenfamilie der *Bromeliaceae*. Aus einer Blattrosette wächst ein kurzer Stengel mit einer Blütenähre, die sich durch Fleischigwerden der bis zu 200 Einzelblüten und der Blütenachse zur Sammelfrucht mit Blattschopf entwickelt. Die langen und harten Fasern der Pflanze verwendet man auf den Philippinen, um daraus einen glänzenden Stoff zu weben.

Dank ihrer dekorativen Blüten und Blätter sind viele Bromelienarten beliebte Zimmerpflanzen.

Viele Bromelien sind Epiphyten, die auf Bäumen im Regenwald wachsen. Sie verfügen nur über schlecht entwickelte Wurzelsysteme, und ihre übereinanderliegenden Blätterbasen fangen das Regenwasser auf. Diese winzigen Teiche hoch in der Luft werden von einer Vielzahl verschiedenster Tiere besiedelt – landlebenden Krabben, Moskitos, Libellen und Fröschen (unten links), die sich dort auch fortpflanzen. Solche winzigen aquatischen Ökosysteme in Pflanzen bezeichnet man als Phytobiozönose.

DIE REIFE ANANAS enthält Proteasen, Enzyme, die Proteine wie etwa Gelatine auflösen können. Bereite eine Schüssel Wackelpudding zu. Wenn er fest geworden ist, schneide eine Scheibe von einer frischen Ananas in Stücke und lege sie in einem Muster auf den Pudding. Laß die Schüssel über Nacht in einem warmen Zimmer stehen. Am nächsten Morgen haben die Enzyme der Frucht einen Teil der Gelatine aufgelöst und die Fruchtstücke haben deutliche Abdrücke in der Oberfläche hinterlassen.

☞ *125 BANANE, 237 EXOTISCHE FRÜCHTE*

Baobab-Tag

Baobabs überleben dank ihres weit ausgebreiteten Wurzelsystems, das Niederschläge effizient ausnutzt, auch lange Trockenperioden. In den alten, hohlen Bäumen sind Tausende von Litern Wasser gespeichert, die in den ariden Zonen natürliche Reservoirs für die Buschmänner darstellen. Elefanten kauen die schwammige Rinde, wenn es nur wenig Wasser gibt.

Adansonia digitata, der Baobab, wird selten höher als 12 m, doch sein Stamm kann fast denselben Durchmesser erreichen. Manche Exemplare werden bis zu 2 000 Jahre alt. Seine plumpen Äste sehen wie Wurzeln aus, und die Buschmänner glauben, daß Gott diese Schöpfung so häßlich fand, daß er den Baum aus der Erde riß und kopfüber stehen ließ. Aus den verschiedenen Teilen des Baumes werden zahlreiche Dinge hergestellt, z. B. Stoffe, Seile, Nahrung, Treibstoff, Medizin und Klebstoff. Der geräumige Stamm wird manchmal ausgehöhlt und dient als Gefängnis, Bushaltestelle oder öffentliche Toilette.

☞ 78–9 WÜSTENPFLANZEN, 174 GIFTSCHLANGEN, 227 EICHE

Der Baobab ist ein ›Hotel‹ für Buschbabies, Baumschlangen, Nashornvögel, Webervögel, Geckos, Falter und Bienen. Fledermäuse bestäuben die weißen, glockenförmigen Blüten, und die Früchte, das Affenbrot, sind die bevorzugte Nahrung der Paviane.

Molch-Tag

Im Frühjahr, wenn die Molche ihre Winterquartiere verlassen und die Teiche aufsuchen, um dort zu laichen, ist die beste Zeit, um nach den Tieren zu suchen. Dann haben sie einen leuchtend bunt gefärbten Bauch, der beim Balzverhalten – elegante Tänze und Posen – gezeigt wird. Mit Rückenkamm und feuerrotem Bauch sehen manche Arten aus wie winzige Drachen. Daher stammt die alte Sage, daß Molche Feuer speien könnten.

Der europäische Bergmolch ist mit seinem orangen Bauch und den blauen Seiten besonders farbenprächtig.

Der amerikanische Rotfleckenmolch ist in seinem Jugendstadium giftig.

Molche schlagen ihre Eier in die Blätter des Laichkrauts ein. Ihre Kaulquappen sind schmaler als die von Kröten und Fröschen und tragen deutlich sichtbare Außenkiemen. Vom Moment des Schlüpfens an sind sie Fleischfresser.

DIE PAARUNGSTÄNZE DER MOLCHE lassen sich sehr schön in einem Aquarium beobachten. Wie alle Amphibien atmen sie Luft und müssen daher die Möglichkeit haben, aus dem Wasser zu klettern, sonst ertrinken sie. Außerhalb der Paarungszeit kann man sie kurze Zeit lang in einem Vivarium (s. Anhang) halten. Der Kammolch steht in Deutschland allerdings unter Naturschutz und darf nicht aus den Teichen geholt werden. Molche leben unter Steinen und Baumstämmen in Feuchtgebieten und ernähren sich von Insekten, kleinen Nacktschnecken und anderen Wirbellosen.

☞ *4–5 FROSCH UND KRÖTE*

Eintagsfliegen-Tag

Eintagsfliegen sind hemimetabole Insekten, deren Larven in Teichen, Flüssen und Bächen leben. Die ausgewachsenen Tiere haben erstaunlicherweise zwei Erscheinungsformen. Die erste, *Subimago*, schlüpft an Land aus der Haut des letzten Larvenstadiums (*Nymphe*). Sie trocknet ihre Flügel und fliegt davon. Doch schon nach wenigen Stunden häutet sie sich wieder, und es erscheint das ausgewachsene Tier, die *Imago* (Vollkerfe).

Die flachen, verzweigten Kiemen an beiden Seiten des Hinterleibs funktionieren genauso wie die Kiemen der Fische. Sie entnehmen dem Wasser den Sauerstoff und geben Kohlendioxid ab.

Die Larven der Eintagsfliegen, die in Teichen leben, sind rundlich, während die in schnell fließenden Flüssen abgeflachte Körper haben. So können sie besser Halt an Steinen finden, ohne weggeschwemmt zu werden.

Wenn Eintagsfliegen in großer Zahl schlüpfen, können sie in manchen Gegenden Europas verheerende Unfälle auslösen. So geraten z. B. Autos auf Massen von Eintagsfliegen ins Schleudern.

LARVEN DER EINTAGSFLIEGE sind in sauberen Flüssen und Bächen weit verbreitet. Sie brauchen bis zu drei Jahre, bis sie ausgewachsen sind. Dabei machen sie 12-15 Häutungen durch. Die ausgewachsenen Tiere sind dann so vergänglich, wie ihr deutscher und auch lateinischer Name (*Ephemeroptera*) es schon andeutet: Sie leben nur ein paar Stunden.

☞ *36 FLORFLIEGE, 45 FORELLE, 56 TEICH, 72 LIBELLE, 329 SEEROSE*

Flugunfähige-Vögel-Tag

Vögel verlieren ihre Flugfähigkeit offenbar nur, wenn es entweder keine oder nur wenige Feinde für sie gibt. So hat sich die Flugunfähigkeit in isolierten Lebensräumen entwickelt, etwa auf abgelegenen Inseln, wo es keine Raubtiere gibt, oder bei Vögeln, die so groß sind, daß ihnen die heimischen Raubtiere nichts anhaben können.

Die südafrikanischen Strauße werden wegen ihres Fleisches, ihrer Federn und ihrer Haut in Farmen gezüchtet.

Die Kasuare in Nordaustralien und Neuguinea verteidigen sich durch Tritte mit ihren mit scharfen Spornen bewehrten Beinen, mit denen sie sogar einen Menschen töten können.

Die scheuen Kiwis leben in den tiefen Wäldern Neuseelands, wo sie mit ihren schlanken Schnäbeln nach Würmern und Maden suchen.

Exemplare des neuseeländischen Takahe, von dem man lange geglaubt hatte, er sei ausgestorben, wurden 1948 entdeckt.

SEIT DEN GROSSEN ENTDECKUNGSREISEN im 15. Jh. wurden zahlreiche flugunfähige Vogelarten durch den Menschen ausgerottet. Der Dodo etwa, eine flugunfähige Riesentaube, überlebte nur bis 1680 auf der Insel Mauritius. Jagende Seeleute und eingeschleppte Schweine und Affen, die seine Eier fraßen, waren für sein Aussterben verantwortlich. Vermutlich wurden in den letzten 200 Jahren über 30 Rallenarten auf Inseln der verschiedenen Ozeane durch Ratten und Katzen, die von vorbeikommenden Schiffen dorthin gelangt waren, ausgerottet.

☞ *51 EMU, 242 STRAUSS, 321 DODO*

Pilz-Tag I

Schneide einen Pilz der Länge nach durch, wie links abgebildet. Der obere Teil des Pilzes ist der Hut. Auf der Oberfläche sitzen manchmal unregelmäßige Schuppen – etwa beim Fliegenpilz (unten). Unter dem Hut hängen entweder radiale Lamellen, die staubartige Sporen produzieren, sobald der Pilz reif ist, oder ein schwammartiges Gewebe, in dessen Röhren sich die Sporen entwickeln.

Bei unreifen Champignons ist der Hut ist noch nicht geöffnet.

Die Reste der Hülle bilden einen oft zerrissenen Becher am Fuß des Stiels (Volva).

Etwa auf zwei Drittel der Höhe des Stiels befindet sich in der Regel eine Art Manschette, die mehr oder weniger stark ausgeprägt sein kann.

Bei Stäublingen umschließt der Hut die Sporen völlig.

Pilzsporen können sehr unterschiedliche Formen und Farben aufweisen.

DIE MANSCHETTE UND DIE *VOLVA* sind Überbleibsel des Schleiers, der den Pilz schützt, wenn er aus der Erde kommt. Seine Form kann bei der Identifizierung eines Pilzes helfen.

☞ *11, 14, 248, 342, 354 PILZE, 286 BIOLUMINESZENZ*

Hyänen-Tag

Der Ruf der Hyäne ähnelt dem Heulen des Windes oder einem hämischen Lachen und gehört zu den unheimlichsten Lauten der afrikanischen Nacht. Früher glaubte man, Hyänen seien reine Aasfresser, die sich mit den Geiern um die Überreste der Mahlzeiten der Löwen stritten. Neuere Untersuchungen haben aber ergeben, daß sie auch Jäger sind, die sich in der Nacht zu Rudeln zusammenschließen und Zebras, Weißschwanzgnus und Antilopen reißen.

Erdwölfe ähneln kleinen Streifenhyänen. Sie ernähren sich von Termiten und haben nur schwache Kiefer. Sie verteidigen sich, indem sie aus Afterdrüsen eine übelriechende Flüssigkeit absondern.

Es gibt drei Hyänenarten: Schabracken-, Tüpfel- und Streifenhyänen. Alle haben längere Vorder- als Hinterbeine, wodurch sie aussehen, als würden sie ständig umherschleichen. Hyänen werden 1-1,4 m lang und sind trotz ihres hundeartigen Aussehens näher mit den Schleichkatzen verwandt.

ALLE HYÄNEN haben große Köpfe mit einem Knochenkamm auf dem Schädel, der als Befestigung für die ungeheuer starken Muskeln dient, dank derer sie den kräftigsten Biß unter den Raubtieren haben. Für ein Tier, das auch Sehnen frißt und die schweren Knochen der Beutetiere zermalmt, die die großen Räuber verschmähen, sind diese Muskeln lebenswichtig. Hyänen können fast jeden Teil des Kadavers verdauen, außer Hufen und Geweihen, die als Kügelchen wieder ausgewürgt werden.

☞ *46 ERDFERKEL, 160 WILDHUND, 266 GEIER*

Aromatische-Pflanzen-Tag

Duftende Pflanzen spielen seit jeher in der menschlichen Kultur eine wichtige Rolle, und so verwundert es nicht, daß die Heiligen Drei Könige in der Bibel Weihrauch und Myrrhe, zwei der teuersten aromatischen Pflanzenextrakte, als Geschenk für den neugeborenen Jesus wählten. Myrrhe ist noch heute Bestandteil teurer Parfums.

Mekkabalsam ist ein aromatisches Harz, aus dem Räucherstäbchen hergestellt werden. Man gewinnt es aus dem Baum Commiphora gileadensis, *der in der Gegend des Roten Meeres wächst.*

Weihrauch wird aus dem duftenden Harz der Boswellia sacra *gewonnen. Seine natürliche Funktion ist es, Wunden in der Borke zu verschließen und den Baum so vor Pilzbefall und Insekten zu schützen.*

UNTERSUCHE DAS NATÜRLICHE AROMA von Pflanzen, indem du ihre Blätter zwischen deinen Fingern zerreibst. Tannennadeln, schwarze Johannisbeeren, Chrysanthemen und Lavendelblätter haben ein sehr kräftiges, leicht erkennbares Aroma.

☞ *344 ALOE*

*Zahlreiche Kräuter enthalten aromatische Verbindungen. Die Blätter der Wohlriechenden Süßdolde (*Myrrhis odorata*), die in ganz Europa wächst, verströmen ein starkes, anisähnliches Aroma, wenn man sie zwischen den Fingern zerreibt. Sie wurden früher verwendet, um Speisen zu süßen.*

Pilze und Schimmelpilze

Das *Myzelium* (die ›Wurzel‹) eines Pilzes ist für die Nahrungsaufnahme verantwortlich. Die meisten Pilze sind *saprophytisch*, d. h., ihre *Myzelien* sondern Enzyme ab, um totes organisches Material aufzulösen, so daß es absorbiert werden kann. Einige Pilze sind Parasiten; andere Pilzarten bilden eine Symbiose mit Bäumen, die sie mit lebenswichtigen Nährsubstanzen versorgen.

Pilze haben die sehr wichtige Funktion, andere Organismen zu zersetzen und dem biologischen Kreislauf wieder zuzuführen. Doch sie sind auch noch anderweitig von Nutzen: Hefepilze braucht man beim Brotbacken, blaue Schimmelpilze zur Käseherstellung.

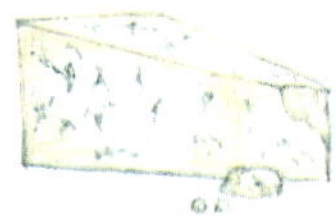

Tintlinge, selbst Pilze, faulen durch die Einwirkung von kleineren, saprophytischen Pilzen und Bakterien.

Häufig sind Pilze schädlich: Trockenfäule greift Holzwerk an, Fußpilz und andere krankheitserregende Pilze befallen den Menschen, der Mehltau befällt Pflanzen (unten rechts).

ES IST GANZ EINFACH, Schimmelpilz auf altem Brot zu züchten. Feuchte etwas Brot an und lasse es über Nacht stehen. Die Pilzsporen in der Luft lassen sich darauf nieder und fangen an zu wachsen. Schließe das Brot in einen luftdichten Behälter ein und halte es warm und etwas feucht. In nur zwei oder drei Tagen entwickelt sich aus den Sporen ein *Myzelium*.

☞ *11, 248, 342, PILZE, 166 GETREIDE, 285 MASSENVERMEHRUNG*

Sperling-Tag

Vor über 7 000 Jahren, als der jungsteinzeitliche Mensch aus dem Nahen Osten nach Europa zog, folgten ihm die Sperlinge wahrscheinlich auf dem Fuße. Spatzen sind Kulturfolger, d. h., sie tauchen immer in Verbindung mit menschlichen Ansiedlungen auf – außer während einer kurzen Periode im Herbst, wenn sie auf Ackerland nach Nahrung suchen.

Haussperlinge zählen zu den Finken und haben kräftige Schnäbel.

DIE TATSACHE, DASS in der Nähe von menschlichen Siedlungen immer Sperlinge leben, erweckt den Eindruck, daß sie sehr zahlreich sind. Tatsächlich gibt es aber weite Landstriche, in denen kein einziger Sperling lebt. Benütze eine Landkarte, um die Verteilung der Spatzenpopulationen in deiner Gegend festzustellen. Markiere darauf die Gegenden, in denen du einen Schwarm von Sperlingen gefunden hast. Du wirst feststellen, daß es sich dabei in der Regel um Parks, Brachland, Gärten und Bauernhöfe handelt.

☞ *35 TAUBE, 18 TANAGARE*

Seescheiden-Tag

Seescheiden, die auch als *Tunicaten* oder *Ascidien* bezeichnet werden, sind die primitivsten lebenden Verwandten der Menschen und aller anderen Wirbeltiere. Ihre Larven haben einen Achsenstab (*Chorda dorsalis*) – eine Art steifen, aber flexiblen Strang, der dem Tier bis zum Schwanz inneren Halt verleiht, sozusagen die Vorstufe eines Rückgrats.

Manche Arten wie die Steruascidie *bilden durch Knospung flache Kolonien.*

Seescheiden sind einzigartig im Tierreich, da ihr äußerer Mantel (daher auch die Überbezeichnung Manteltiere) Zellulose enthält, eine Substanz, die man sonst nur in pflanzlichen Zellen findet. Doch dies ist nur eine von zahlreichen ungewöhnlichen Eigenheiten. Eine andere ist, daß sich ihr Blutstrom alle 30 Herzschläge umkehrt. Außerdem sammeln sich in ihrem Körper überproportional viele Schwermetalle aus dem Meerwasser an, darunter auch Gold.

Die kaulquappenähnlichen Larven der Seescheide schwimmen im Plankton, ehe sie sich auf Felsen oder Algen festsetzen und zu einem ausgewachsenen gallertigen Strudler werden.

SUCHE BEI EBBE AM STRAND unter Felsen und zwischen Tang nach Seescheiden. Viele Arten sehen wie formlose Gelatinehaufen aus, doch wenn man sie sich näher ansieht, entdeckt man Wasser ein- und ausströmende Körperöffnungen, aus denen kleine Fontänen spritzen, wenn man das Tier nur ganz sanft drückt.

☞ *254 PLANKTON*

Einige Raubfische wie Muränen leben in den Spalten, die Meereswürmer und andere Korallenfresser im Riff hinterlassen.

Korallen-Tag

Korallenatolle bilden sich rings um die Gipfel von Vulkanen, die langsam unter die Meeresoberfläche absinken. Korallenriffe dagegen wachsen am Rand von Kontinenten, die ebenfalls langsam absinken. Das Große Barrier-Riff vor der Nordost-Küste Australiens ist die größte von Tieren erbaute Struktur auf der Erde, und man kann es sogar vom Weltall aus erkennen.

Eine vielfältige Fauna lebt in und auf den Riffs, die man daher auch gern als die ›Regenwälder der Ozeane‹ bezeichnet.

Meereswürmer, Krebse, Stachelhäuter und Fische ernähren sich von Korallen. Das Riff wächst auf den toten Kalkskeletten alter Polypengenerationen weiter.

KORALLENRIFFE ENTSTEHEN aus den kalkhaltigen Ausscheidungen von winzigen Polypen. Sie kommen nur in flachen, warmen, nährstoffarmen Gewässern zwischen den Wendekreisen des Steinbocks und des Krebses vor. Die meisten Korallen brauchen eine in Symbiose mit ihnen lebende Algenart. Die Roten und Grünen Algen (sogenannte *Zooxanthellen)* leben geschützt in den Polypenzellen, wo sie mittels der Photosynthese Kohlenwasserstoff produzieren, von dem ihre Wirte profitieren. Auf dem Riff leben Blaugrüne Algen, die die nötigen Stickstoffverbindungen produzieren.

☞ *113 RIESENMUSCHEL, 134 SCHMETTERLINGSFISCH, 315 GEZEITENTÜMPEL*

Tanagaren-Tag

Insgesamt gibt es 238 Tanagarenarten, die zur Familie der *Emberizidae* zählen, zu der auch die Ammer und der Kardinalvogel gehören. Viele Ammern in den gemäßigten Zonen der Alten Welt haben ein unauffälliges Gefieder, doch die in den Tropen und Subtropen vorkommenden Kardinale und die Tanagaren der Neuen Welt sind für ihre schillernd roten, blauen, gelben und schwarzen Federn bekannt.

Viele Arten in Mexiko und Südamerika bilden laute Schwärme, die durchs Unterholz flattern, wo sie sich von Samen, Früchten und Insekten ernähren. Früchtefressende Tanagaren gehören zu den wichtigsten Samenverteilern in den Tropen.

Die Ameisen-Tanagaren folgen den Kolonnen der Wanderameisen und ernähren sich von den Insekten, die diese auf ihrem Marsch aufscheuchen. Palm-Tanagaren suchen in den Kronen von Palmen nach Insekten.

Manche Arten, wie der Dickschnabelorganist, können den Gesang anderer Vögel nachahmen. Wenn sich ein Räuber nähert, imitieren sie die Warnrufe verschiedener anderer Arten, die sich infolge dieser List sammeln und den Eindringling vertreiben.

DIE SCHARLACH-TANAGAREN verbringen den Sommer in den Laubwäldern der zentralen und südöstlichen Staaten der USA. Den Winter über leben sie im tropischen Südamerika. Im Herbst mausert sich das Männchen und verliert sein schillerndes purpurnes Gefieder, das durch grüne und rote Federn ersetzt wird. So kann man sie im Winter kaum von den Weibchen unterscheiden. Der Gesang der Vögel ist nicht annähernd so schön wie ihr Gefieder.

☞ *118 WANDERUNG, 180–181 SAMENVERTEILUNG*

Wildschaf-Tag

Die Domestizierung von Schafen und Ziegen begann bereits in der Jungsteinzeit, zwischen 9000 und 6 000 v. Chr., doch es bestehen Zweifel daran, ob die heutigen Wildschafe, die alle eher Haar- als Wollpelze besitzen, die direkten Vorfahren der Schafe sind. Heute gibt es noch 37 Wildschafarten, vom kleinen Muffelwild in den Bergen Korsikas und Sardiniens bis zum Argali oder Riesenwildschaf am Rand der Wüste Gobi.

Das in Nordamerika und Sibirien vorkommende Kanadische Mufflon oder Dickhornschaf ist ein hervorragender Kletterer, der sich auf Felsvorsprüngen vor Wölfen und Pumas in Sicherheit bringt.

Das Ossicon, *eine feste Substanz unter der Stirnhaut, fängt dieWucht der Zusammenstöße ab und verhindert schwere Gehirnverletzungen.*

Wie alle männlichen Schafe kämpfen Dickhornböcke um die Weibchen. Der Sieger aus diesen Auseinandersetzungen wird zum Alpha- oder dominanten Tier.

Die männlichen Marco-Polo-Argalis erreichen eine Schulterhöhe von 1,25 m und haben kräftige Hälse, um die etwa 18 kg schweren, spiralförmigen Hörner tragen zu können, die bis zu 2 m Spannweite erreichen.

Besuche einen Schäfer und beobachte, wie seine Hunde die Schafherde unter Kontrolle halten. Wildschafe zerstreuen sich in aller Regel, wenn sie sich bedroht fühlen, während Hausschafe sich bei Gefahr sammeln. Durch dieses Verhalten kann man Schafherden mit Hilfe von Hunden hüten.

☞ *144 SCHAF, 313 ZIEGE*

Stabheuschrecken-Tag

Erfolgreiche Tarnung beruht immer auf dem Zusammenspiel von äußerer Erscheinung und bestimmten Verhaltensmustern. So halten Stabheuschrecken ihre dünnen, zweigförmigen Körper stundenlang bewegungslos, und man kann sie zwischen Laub kaum ausmachen. Wenn die Tarnung versagt, verbreiten manche tropischen Arten einen üblen Geruch, der Feinde abschreckt.

Stabheuschrecken gehören der Insektenordnung der Phasmida *(Gespenstschrecken) an, bei der es die sogenannte Jungferngeburt* (Parthenogenese) *gibt. Das bedeutet, die Weibchen legen entwicklungsfähige Eier, ohne zuvor von einem Männchen befruchtet worden zu sein.*

Phasmiden *variieren in der Größe von ca. 2,5 cm bis zu 33 cm – so lang wird die Indonesische Stabheuschrecke, das längste Insekt der Welt.*

Die Weibchen verstreuen zahlreiche Eier auf dem Boden, von denen viele von anderen Tieren gefressen werden. Manche legen Eier, die Pflanzensamen ähneln und bis zu zwei Jahre lang ruhen können, ehe die Larven schlüpfen.

MANCHE STABHEUSCHRECKEN kann man zu Hause halten. Die meisten exotischen Arten fressen auch Brombeer- oder Ligusterblätter. Wenn man die Tiere anfaßt, verlieren sie gelegentlich ein Bein. Dieses Phänomen bezeichnet man als *Autotomie*, und es hilft ihnen manchmal, ihren natürlichen Feinden zu entkommen. Bei der nächsten Häutung wächst ihnen ein neues Bein nach.

☞ *293 MIMIKRY, 330 TARNUNG*

Schildkröten-Tag

*Die Riesenschildkröten auf den Galapagos-Inseln (*Testudo elephantopus*) und auf den Inseln des Indischen Ozeans (*T. gigantia*) werden bis zu 1,5 m lang und sind so groß, daß ein Mann auf ihnen reiten könnte.*

Der Rückenpanzer (*Carapax*) der Schildkröten besteht aus vergrößerten Reptilienschuppen, die mit darunterliegenden Knochenschuppen verwachsen sind, wie man sie aus den fossilen Überresten ausgestorbener Reptilien kennt. Der Panzer ist mit den Rippen und dem Bauchpanzer (*Plastron*) des Tiers verbunden, und Kopf, Schwanz und Beine können darunter verborgen werden. Schildkröten zerkleinern pflanzliche Nahrung mit ihren hornigen, zahnlosen, schnabelähnlichen Kiefern.

In Südeuropa gibt es sechs Schildkrötenarten: die Griechische und die Maurische Landschildkröte, die Breitrandschildkröte, die Europäische Sumpfschildkröte, die Maurische und die Kaspische Bachschildkröte. Die Bestände aller Arten gehen stark zurück.

Die Schildkröten der Galapagos-Inseln weisen je nach Insel leichte Unterschiede in Form und Muster ihrer Panzer auf. Charles Darwin berief sich auch auf diese Unterschiede, um seine Theorie zu stützen, daß isolierte Populationen bestimmter Organismen verschiedene Eigenheiten herausbilden, die ihre Anpassung an eine besondere Umgebung verbessern. Eine Schildkrötenart weist eine Mulde an der Vorderseite des Panzers auf, die es dem Tier ermöglicht, den Hals weit nach oben zu strecken, um von hochwachsenden Kakteen zu fressen. Solche Anpassungen sind das Ergebnis der natürlichen Auslese.

☞ *156 DARWINFINK, 217 MEERESSCHILDKRÖTE*

Zwergmaus-Tag

Der Greifschwanz, die Muskelpolster an den Vorderpfoten sowie Greifzehen an den Hinterpfoten machen die nur etwa 6 cm großen Zwergmäuse zu hervorragenden Kletterern. Sie können sicher und geschickt an dünnen, im Wind schwingenden Grashalmen herauf- und hinunterklettern. Wenn die Zwergmaus über einen Grashalm läuft, setzt sie ihren Schwanz als Balanceorgan ein. Die Tiere sind Tag und Nacht aktiv und fressen fast ununterbrochen Samen und Körner.

Das Nest einer Zwergmaus ist eine kunstvoll aus Heu gewebte Kugel von etwa 8 cm Durchmesser, die zwischen Grashalmen aufgehängt wird. Mehrmals jährlich wirft das Weibchen zwischen vier und neun Junge und baut in der Regel für jeden Wurf ein neues Nest.

Zwergmäuse bringen ihre Jungen in Grasstreifen an Straßen, Bahnschienen oder im Schilf oberhalb des Wassers zur Welt. Sie können gut schwimmen, wobei sie ihre Vorderbeine unter das Kinn legen und mit den Hinterbeinen paddeln.

DIE ZWERGMAUS WURDE 1767 erstmals in England von Gilbert White beschrieben. White war ein bedeutender Naturforscher, der seine Naturbeobachtungen in seiner Heimat Selborne genauestens in sein Tagebuch eintrug. Noch heute gibt es viel über Pflanzen und Tiere zu entdecken, und genaue Beobachtungen auch von Amateurbiologen können von echtem wissenschaftlichem Wert sein. Im Anhang findest du Hinweise darauf, wie man ein naturkundliches Tagebuch führt.

☞ *184 RATTE*

Delphin-Tag

Delphine bilden wechselnde Schulen aus vielen Familiengruppen, die zusammen schwimmen, fressen und spielen.

Delphine benutzen viele verschiedene Laute – Pfiffe, Schnalzer, Bellen, Quieken –, um miteinander zu kommunizieren. Sie produzieren sehr hochfrequentige Klicklaute, um unter Wasser Objekte auszumachen, etwa die Fische, von denen sie sich ernähren. Die Laute prallen von den Objekten ab wie ein Echo. Daher heißt die Technik Echolotung.

Bei der Geburt eines Delphins helfen sogenannte ›Tanten‹ der Mutter. Eine davon wird zur ständigen Helferin während der ersten Monate im Leben des jungen Delphins.

Da Delphine Säugetiere sind und Lungen besitzen, müssen sie Luft atmen. Wenn sie schlafen, treiben sie an der Wasseroberfläche oder tauchen regelmäßig auf.

Delphine springen, wenn sie schnell schwimmen. Das hilft ihnen beim Atmen, reduziert den Wasserwiderstand und befreit sie von Hautparasiten.

DU KANNST WIE EIN DELPHIN eine Entfernung feststellen, indem du mißt, wie lange das Echo braucht. Der Ton legt 1 km in etwa 3 Sekunden zurück. Dauert es also 6 Sekunden, bis das Echo etwa von der anderen Seite eines Tals zurückkommt, so ist sie 1 km weit entfernt. Benutze dieselbe Methode, um festzustellen, wie weit entfernt ein Gewitter ist. Zähle die Sekunden zwischen dem Blitz und dem Donner, teile sie durch drei, und du hast die Entfernung in Kilometern.

☞ *119 SCHWERTWAL*

Silberreiher-Tag

Silberreiher gehören zur Familie der Reiher, und ihr Name geht auf ihr sehr feines Brustgefieder zurück. Im 19. Jh. wurden Silberreiher wegen ihrer Federn in Massen gejagt, um die Nachfrage der Reichen und Berühmten nach modischen Federhüten und Boas zu befriedigen.

Auf Feldern in den Tropen trifft man häufig Kuhreiher an.

Silberreiher gehören zur selben Familie wie Rohrdommeln, Ibisse, Störche und Löffler. Die meisten Arten dieser Familie haben lange Schnäbel und Beine und sind Watvögel, die in den seichten Uferregionen von Seen und Flüssen nach Nahrung suchen.

Lange Hälse und Schnäbel sind charakteristisch für viele Mitglieder der Familie der Reiher. Beim Flug und wenn sie ruhen, ziehen sie den Hals zwischen die Schultern.

Wie die anderen Reiher besitzen auch die Silberreiher Puderdaunen, mit denen sie den Schleim der Fische von ihren Federn putzen. Sie brüten in großen Kolonien und bauen in Bäumen große, unordentliche Nester.

KUHREIHER haben ein spezialisiertes Freßverhalten entwickelt: Sie reiten auf dem Rücken großer Pflanzenfresser und fangen Insekten, die diese aufscheuchen. Dieses Verhalten muß sich in Abstimmung mit den wilden Grasfressern wie Büffeln, Nashörnern und Elefanten entwickelt haben. Die Vögel lernten aber, auch pflügenden Ochsen zu folgen und konnten sich so in besiedelten Gegenden verbreiten.

☞ *65 MÖWE, 246 REIHER*

Lachs-Tag

Bei der Reise flußauf müssen Lachse viele Gefahren überstehen. Hier versucht ein Grizzlybär, einen Chinook-Lachs, der bis zu 40 kg schwer werden kann, zu fangen, der im Begriff ist, einen Wasserfall zu überwinden.

Geschlechtsreife Lachse verlassen im Herbst das Meer und ziehen flußaufwärts. Dort laichen sie und kehren anschließend ins Meer zurück. Nach dem Schlüpfen ernähren sich die jungen Lachse zunächst von Insekten und Larven. Nach etwa zwei Jahren wandern sie ins Meer, wo sie noch mindestens ein Jahr bleiben und wachsen, ehe sie als geschlechtsreife Tiere in den Fluß zurückkehren, in dem sie aufgewachsen sind, um sich dort zu paaren.

Alle sieben Lachsarten stammen aus Nordamerika oder Nordwestasien. Nur diese Art, der Atlantik-Lachs, kommt auch in Europa vor.

LACHSE HABEN GENUG KRAFT, um 3-4 m hohe Wasserfälle zu überwinden. Untersuche das Rückgrat eines Fisches, und sieh dir an, wie es aus kleinen Knochen zusammengesetzt ist, zwischen denen Knorpel sitzen. Löse ein Stück des Rückgrats heraus und untersuche, wie man es nach beiden Seiten biegen kann. Man kann es dagegen kaum auf und ab bewegen, und es läßt sich auch nicht zusammendrücken. Auf beiden Seiten des Rückgrats sind sehr starke Muskeln. Fische bewegen sich fort, indem sie die Muskeln auf beiden Seiten des Rückgrats abwechselnd zusammenziehen.

☞ *45 FORELLE, 362 AAL*

Walroß-Tag

Mit ihren langen Eckzähnen graben Walrosse im Meeresboden nach ihrer Hauptnahrung, Venusmuscheln und anderen Wirbellosen. Dabei wühlen sie große Schlammwolken auf, doch dank der hochempfindlichen Haare ihres Schnurrbartes können sie auch im undurchsichtigen Wasser ihre Beute noch aufspüren.

Walrosse sind ausgezeichnete Schwimmer, an Land dagegen sehr unbeholfen.

Die Weibchen sind 15 Monate lang trächtig. Die Jungen werden zwei Jahre lang gesäugt.

Walrosse bringen ihre Jungen in großen Kolonien am Rand der arktischen Packeisfläche zur Welt. Ihr Hals hat elastische Wände, und sie können ihn wie einen Ballon aufblasen. Er dient als Resonanzraum und läßt ihre Rufe wie Glockenschläge über die Paarungsstrände schallen.

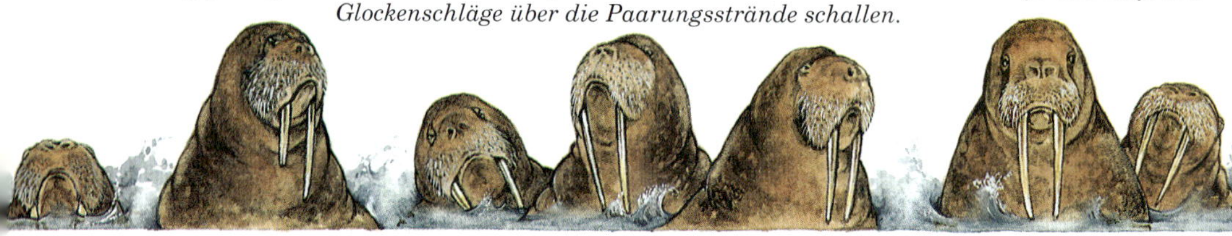

WALROSSE BENUTZEN IHRE GEWALTIGEN HAUER, um sich auf treibende Eisschollen oder an den Strand hochzuziehen. Darüber hinaus dienen sie auch als Zeichen für den sozialen Status des jeweiligen Tiers. Je größer die Zähne, desto dominanter ist das Tier in der jeweiligen Kolonie. Schau in den Spiegel und knurre dein Spiegelbild an. Du wirst zwei Paar spitzer Eckzähne auf beiden Seiten sehen. Bei Walrossen sind sie zu Stoßzähnen entwickelt und können bis zu 1 m lang werden.

☞ *153 MUSCHEL*

Esel-Tag

Fast auf allen Kontinenten wurden Esel zu unersetzlichen Lasttieren. Die verwilderten Nachkommen der Esel, die die Goldsucher mitbrachten, leben heute in freier Wildbahn im Death Valley und im Grand Canyon. Alle Pferde und Esel Nordamerikas wurden vom Menschen eingeführt, nachdem die letzte Wildpopulation dort gegen Ende der letzten Eiszeit ausgestorben war.

Der Esel ist die domestizierte Form des afrikanischen Wildesels, eines scheuen Tiers, das heute nur noch selten in den Wüstenregionen Äthiopiens und der angrenzenden Länder vorkommt. Pferde und Esel sind grasfressende Tiere, die vor ca. 20 Mio Jahren die Fähigkeit entwickelten, auf den Zehenspitzen über die trockenen, grasbewachsenen Ebenen zu laufen.

Esel und Pferde sind mit Tapiren und Nashörnern verwandt, die ebenfalls zu den Unpaarhufern zählen, d. h., sie haben eine ungerade Zahl von Zehen an jedem Fuß.

PFERDE UND ESEL werden gekreuzt, weil ihre Mischlinge auf gefährlichen Bergwegen sehr trittsicher und darüber hinaus sehr kräftig und ausdauernd sind. Ist die Mutter eine Pferdestute, bezeichnet man den Nachkommen als Maultier, ist sie eine Eselstute, spricht man von einem Maulesel. In beiden Fällen sind die Nachkommen unfruchtbar. Biologen betrachten die Unfähigkeit zweier Arten, zeugungsfähige Mischlinge hervorzubringen, als sicheres Kennzeichen, um eigenständige Arten voneinander abzugrenzen.

☞ *218 TAPIR, 310 NASHORN*

Gebirge-Tag

Im Gebirge sind die Winter lang und sehr streng und die Sommer nur kurz. Tiere und Pflanzen, die in alpinen Regionen leben, müssen deshalb an extreme Temperaturschwankungen und sehr kurze Fortpflanzungszeiten angepaßt sein.

Die nachtaktiven schwarzen Alpensalamander suchen gern die Bergwiesen auf, obwohl sie ansonsten eher unterhalb der Baumgrenze vorkommen.

Die agilen Schneeziegen, die entfernt mit den europäischen Gemsen verwandt sind, leben in den höchsten und unzugänglichsten Bergen im Westen Nordamerikas.

Murmeltiere gibt es in den Alpen, Karpaten und Pyrenäen unterhalb der Schneegrenze. Es sind sehr gesellige Tiere, die in Kolonien zusammenleben.

Das Gefieder des Moor-Schneehuhns wird im Winter weiß und bedeckt sogar seine Zehen. Diese Vögel ernähren sich von Heidekrautschößlingen, die sie freischarren.

Der Schneeleopard ist in den Hochgebirgen Zentralasiens zu Hause. Er kommt selten auf Höhen unter 1000 m herunter. Durch die Zeichnung seines Fells verschmilzt er perfekt mit seiner eisigen Umgebung. Da er einen sehr sicheren Tritt hat und über breite Spalten hinwegspringen kann, ist er ein erfolgreicher Jäger von Hasen, Murmeltieren, Steinböcken und Bergziegen, die im Sommer auf den Bergwiesen grasen.

Einige wenige Vogelarten, wie die amerikanischen Hüttensänger (unten) in den westlichen Vereinigten Staaten, brüten in einer Höhe von über 4 000 m. Die meisten im Gebirge vorkommenden Vögel füttern im kurzen Sommer ihre Brut mit Insekten, wenn Berggrashüpfer (links) und alpine Schmetterlinge (rechts) in großer Zahl vorhanden sind.

Um sich gegen den Verlust von Körperwärme zu schützen, brauchen die in hohen Regionen lebenden Tiere ein dickes Fell. Die südamerikanischen Vicuñas kommen nur selten auf unter 4 000 m herunter, und ihre Wolle ist feiner als die der Merinoschafe. Diese kleinen Verwandten der Kamele wurden wegen ihrer kostbaren Wolle von den Inka domestiziert. Vicuñas haben scharfe Zähne. Die unteren Schneidezähne sind lang und wachsen ständig nach.

Das Fell vieler Gebirgsbewohner – wie etwa der Berghasen – wird im Winter weiß, damit das Tier besser an seine Umgebung angepaßt ist.

Die Bartgeier sammeln sich um sterbende Tiere und um die Reste der Beute von Gebirgsraubtieren. Sie zerschmettern die Knochen, die sie aus großer Höhe auf Felsen fallen lassen, und fressen dann das Mark.

UM FESTZUSTELLEN, wie winterhart eine Pflanze ist, schneide etwa 20 cm lange Triebe ab, und lege sie vier Stunden lang in die Tiefkühltruhe. Schneide dann am unteren Ende nochmals 2 cm ab und stelle sie in eine mit Wasser gefüllte Vase. Bei vielen Pflanzen werden durch Eiskristalle die Zellen zerstört – alpine Pflanzen dagegen verfügen über eine Art Frostschutzsystem, das solche Schäden verhindert.

☞ *43 SCHNEE*

Oktopus-Tag

Der Oktopus ist weniger gefährlich, als vielfach angenommen wird. Greift er wirklich einmal nach einem Taucher, geschieht das eher aus Neugier als aus Angriffslust. In seinen Saugnäpfen befinden sich empfindliche Tastorgane, mit denen er seine Umgebung untersucht. Ertastet er eine Beute, hält er sie mit seinen muskulösen Armen fest und zieht sie zu seinem Hornschnabel.

Der größte europäische Oktopus wird etwa 1 m lang.

Veränderungen in der Körperzeichnung sind bei Oktopussen häufig zu beobachten und dienen als Kommunikationsmittel. Sie haben zwar hervorragende Augen, sind aber farbenblind.

Oktopusse sind hochentwickelte Mollusken (Weichtiere). Von allen Wirbellosen haben sie die höchstentwickelten Augen und das im Verhältnis zum Körper schwerste Gehirn.

Das Weibchen des Riesenoktopus hört auf zu fressen, nachdem es seine Eier abgelegt hat. Es bewacht sie, und wenn die jungen Oktopusse schlüpfen, ist es verhungert.

Europäische Oktopusarten bewegen sich in der Regel mit Hilfe ihrer Saugnäpfe langsam über den Meeresgrund, während der norpazifische Riesenoktopus auch ein aktiver Schwimmer ist. Oktopusse bewegen sich mit einer Art Düsenantrieb voran. Sie füllen einen muskulösen Körper mit Wasser, das sie durch zwei Öffnungen (kurze Trichter) an beiden Seiten des Kopfes herauspressen. Fülle einen Luftballon mit Wasser und lasse ihn in der Badewanne unter Wasser los: Er schießt nach vorn. Genauso bewegen sich auch Oktopusse fort.

☞ *113 RIESENMUSCHEL, 228 TINTENFISCH*

Termiten-Tag

Termiten spielen eine zentrale Rolle in der Ökologie der Tropen, da sie verrottendes Pflanzenmaterial fressen, aber sie sind auch große Schädlinge. Der ungeheure Appetit von Millionen von Arbeitern kann Holzkonstruktionen innerhalb kurzer Zeit zu Staub zerfallen lassen.

Termitenbaue können bis zu 7 m hoch sein. Sie bestehen aus einer Mischung von Schlamm, Speichel und Exkrementen, die so hart wird, daß man sie oft nur mit Hilfe von Sprengstoff zerstören kann. Jeder Bau hat mehrere Kammern und verfügt über ein ausgeklügeltes Belüftungssystem, das den Millionen von Bewohnern eine gleichbleibende Temperatur sichert.

König und Königin sind die größten Tiere der Kolonie und leben oft bis zu 10 Jahre in Dauerehe. Die Königin legt alle 10 Sekunden ein Ei, das von den Arbeiterinnen sofort in die ›Kinderstube‹ gebracht wird.

Arbeiter (oben) legen Vorräte an und bauen; die Soldaten (links) werden von den Arbeitern gefüttert.

Die Königin hat einen stark vergrößerten Hinterleib, und ihre einzige Funktion ist die Produktion von Eiern.

IM VERDAUUNGSTRAKT DER TERMITEN lebt ein Einzeller (*Trichonympha*) in Symbiose mit den Insekten, der das Holz verdaut, das sie fressen. Weiterentwickelte Termiten legen Pilzgärten an, wo Pilze Material zersetzen, das sie nicht selbst verdauen können.

☞ *46 ERDFERKEL, 109 SCHUPPENTIER*

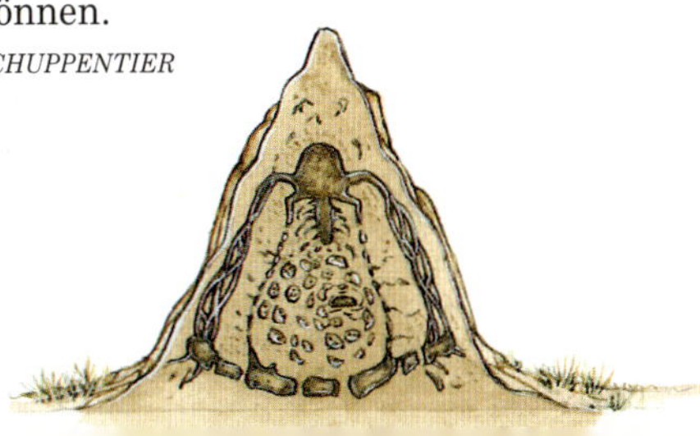

Piranha-Tag

Piranhas sind die wohl gefürchtetsten Süßwasser-Raubfische. Ausgewachsene Exemplare werden zwar nicht länger als 40 cm, aber die Fische jagen oft in Schwärmen, und mit den ineinandergreifenden, rasiermesserscharfen Zähnen können sie ein Beutetier binnen weniger Minuten bis auf das Skelett auffressen. Man weiß, daß sie, wenn sie den Geschmack von Blut im Wasser wahrnehmen, in einen wahren Freßrausch verfallen und auch Menschen und Haustiere angreifen können.

Piranhas schmecken sehr gut, und man kann sie mit der Angel fangen, vorausgesetzt man verwendet eine starke, bißfeste Drahtschnur. Hat man sie am Haken, muß man sie mit größter Vorsicht behandeln. Sie beißen ohne weiteres durch Lederhandschuhe und verletzen Fleisch und Knochen darunter.

Der Amazonas, der Orinoko und andere südamerikanische Flüsse sind der Lebensraum der Piranhas. Die gefährlichste Art ist Natterers Sägesalmer, Serrasalmus natteri, *der etwa 30 cm groß wird. Wenn der Wasserpegel in der Trockenzeit abfällt, sammeln sie sich in den Flüssen zu gewaltigen Schwärmen.*

Ein ausgewachsener Mensch hat ein Fleischvolumen von etwa 50 000 ccm. Wenn ein Piranha mit jedem Bissen 16 ccm Fleisch herausreißen und pro Minute fünfmal zubeißen kann, wie lange braucht dann ein Schwarm von 100 Tieren, um einen Menschen bis aufs Skelett abzunagen?
(Die Antwort findest du am Ende des Buches.)

☞ *1 HAI*

Sonnenblumen-Tag

Das hellgelbe Öl aus Sonnenblumenkernen ist ein hochwertiges Speiseöl und dient auch zur Margarineherstellung. Außerdem sind Sonnenblumenkerne wertvolles Tierfutter. Ursprünglich stammt die Sonnenblume aus Amerika, aber heute wird sie auch in Süd- und Mitteleuropa angebaut.

Die Scheibenblüten in der Mitte der Blume und die späteren Samen sind in einer exakten Spirale angelegt, entsprechend einer mathematischen Formel, der Fibonacci-Reihe.

Die hohlen Stiele der Sonnenblume sind voller außerordentlich leichter Markzellen, mit denen einst die Schwimmwesten der Seeleute ausgestopft wurden.

Die Blüte der Sonnenblume dreht sich nach der Sonne.

Topinambur oder Erdbirne ist eine Sonnenblumenart, die inulinhaltige Knollen und nur selten Blüten hervorbringt. Die Knollen werden sowohl als Gemüse als auch als Viehfutter verwendet. Sie ist besonders in Nordamerika verbreitet und nach den Indianerstämmen der Tupinamba benannt.

DER WELTREKORD der größten Sonnenblume wird immer wieder überboten und steht zur Zeit auf über 7 m. Versuche, den Rekord zu brechen. Du mußt dafür früh im Jahr Kerne in einem Topf aussähen und nach einiger Zeit die kleinen Pflanzen an einen warmen, geschützten Ort im Garten aussetzen. Ideal ist die Südwand eines Hauses. Sorge dafür, daß die Pflanzen regelmäßig Nährstoffe und Wasser erhalten.

☞ *47 GÄNSEBLÜMCHEN, 260 LÖWENZAHN*

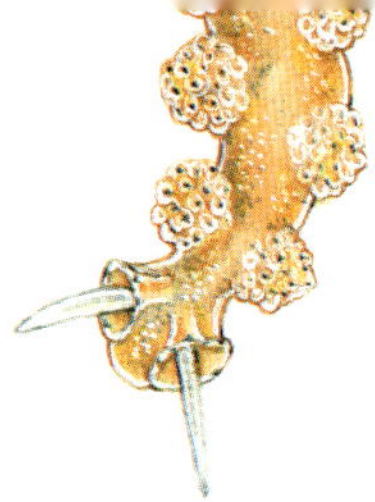

Nacktkiemerschnecken-Tag

Die leuchtenden Farben der Nacktkiemerschnecke sind eine Warnung, daß sie giftig ist, womit sie das Fehlen einer schützenden Schale ausgleicht. Sie kommt besonders auf Korallenriffen sehr zahlreich vor. Die meisten Nacktkiemer fressen Schwämme, Korallen und Hydras. Die Graue Meeresnacktschnecke frißt Seeanemonen. Dabei nimmt sie nicht nur deren Pigmente auf, sondern verwendet auch die Nesselkapseln zu ihrem eigenen Schutz.

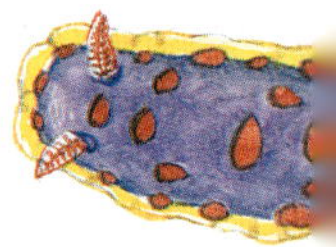

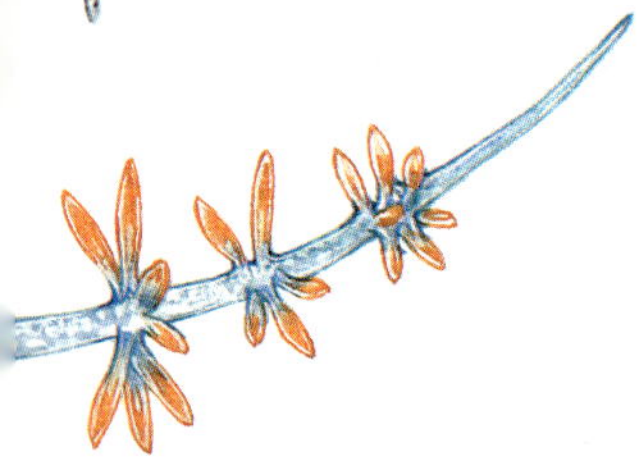

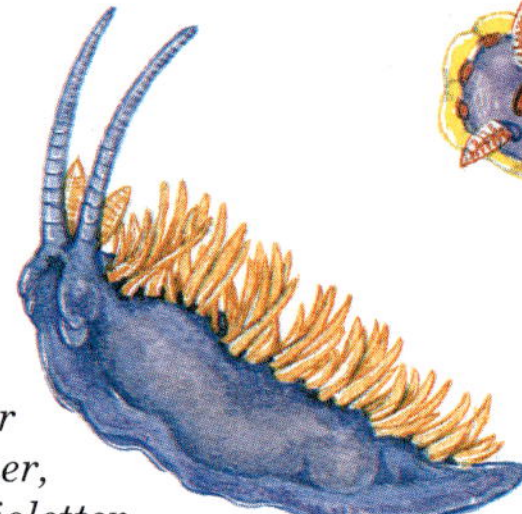

Nacktkiemerschnecken besitzen keine echten Kiemen und nehmen den Sauerstoff über ihre gesamte Körperoberfläche oder durch die kiemenähnlichen Rückenanhänge, die Cerata, *auf.*

Der Seehase, ein Verwandter der Nacktkiemer, spritzt einen violetten Farbstoff ins Wasser, wenn er bedroht wird. Es heißt, daß die Minoer (auf Kreta lebendes Volk, um 1000 v.Chr.) damit Stoffe färbten.

EINE DER GRÖSSTEN NACKTKIEMERSCHNECKEN in warmen Gewässern ist die etwa 7 cm lange Meerzitrone, die sich im Frühjahr paart und ein 15 cm langes Band mit bis zu 500 000 Eiern legt. Andere Arten produzieren Eierbänder in Form von Spiralen, die man oft auf Felsen und an Seetang findet.

☞ *117 MUSCHEL- UND SCHNECKENSCHALEN, 343 NACKTSCHNECKE*

Tauben-Tag

Da sich Tauben oft in großen Schwärmen zum Fressen sammeln, können sie zu einer echten Plage für die Landwirtschaft werden. 1866 wurde in Nordamerika von einem riesigen Schwarm Wandertauben berichtet, den man auf etwa 480 km Länge, 1,6 km Breite und etwa 3 Milliarden Tiere schätzte. Diese Art wurde durch Jagd ausgerottet, das letzte Tier starb 1914 im Zoo von Cincinnati.

Dreiviertel der etwa 300 Taubenarten leben in tropischen Wäldern. Dort spielt z. B. die afrikanische Grüntaube eine wichtige Rolle bei der Verbreitung von Samen.

Die Taubenart, die man in unseren Städten antrifft, ist ein Abkömmling der wilden Felstaube. Die steinernen Simse der Häuser sind ein hervorragender Ersatz für die Felsvorsprünge ihrer natürlichen Nistplätze an Steilhängen.

Die größte Taubenart ist die etwa truthahngroße Fächertaube, die im Regenwald Neuguineas lebt. Die Männchen dieser Art tragen eine hübsche Federkrone.

Tauben füttern ihre Jungen mit Taubenmilch, einer Drüsenausscheidung ihres Kropfes.

DAS GURREN DER TAUBEN kann man in Parks und auf Plätzen der großen Städte beinahe überall auf der Welt hören. Tauben sind recht zutraulich, und das macht es leicht, ihr Verhalten zu erforschen. Beobachte, wie balzende Männchen ihren Hals aufblähen und die Federn sträuben und nickend und gurrend um die Weibchen herumtanzen, um ihre Aufmerksamkeit zu erregen.

☞ *24 SILBERREIHER, 32 DODO, 180-181 SAMENVERTEILUNG, 246 REIHER*

Florfliegen-Tag

Die Larven der Florfliege ernähren sich von Blattläusen. Sie haben lange, hohle Kiefer, mit denen sie ihre Beute aufspießen und aussaugen. Dann wird der welke, leere Körper in den Härchen auf dem Rücken des Räubers verstaut, wo er der Tarnung dient.

Die Eier, von denen jedes auf einem zarten Stiel sitzt, werden auf die Unterseite von Blättern und Blattstielen gelegt.

*Die Florfliegen gehören zu einer alten Insektenordnung, den Netzflüglern (*Neuroptera*), deren Flügelpaare netzartig geädert sind.*

*Der Einsatz natürlicher Feinde nimmt einen immer breiteren Raum in der Schädlingsbekämpfung ein, je mehr man die Negativfolgen der chemischen Mittel erkennt. Sowohl die Larven als auch die ausgewachsenen Florfliegen oder Goldaugen (*Chrysopa carnea*) sind gefräßige Blattlausjäger.*

FLORFLIEGEN HABEN EINEN sonderbaren, flattrigen Flugstil, werden von beleuchteten Fenstern angelockt, und man kann sie leicht fangen. Setze eine Florfliege in einen Insektenkäfig mit einigen von Blattläusen befallenen Blättern und sieh zu, wie der Räuber über die vom Pflanzensaft lebenden Schädlinge herfällt. Die Blattläuse lassen sich oft auf den Boden fallen, um den Zangenkiefern des gefräßigen Netzflüglers zu entgehen.

☞ *259 MARIENKÄFER*

Fisch-Partnerschafts-Tag

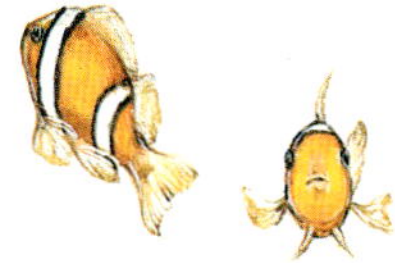

Die Tentakel der Seeanemone sind mit Nesselzellen, den sogenannten *Nematozysten*, ausgerüstet, die winzige Harpunen abfeuern, wenn sie berührt werden. Das Gift lähmt die Beute, die in den hohlen Körper der Anemone gezogen und verdaut wird. Clownfische sind von einer dicken Schleimschicht umhüllt und gegen das Gift immun, so daß sie zwischen den Tentakeln leben können.

Die Tentakel der Seeanemone schützen den Clownfisch vor Feinden und versorgen ihn darüber hinaus mit ausreichend Nahrung, von der sich der Fisch bedienen kann, während die Anemone ihre Beute langsam in ihren Magen zieht.

Der Nutzen dieser Konstellation für die Seeanemone ist nicht ganz klar. Man vermutet, daß der Clownfisch als Köder fungiert, der größere Fische zwischen die giftigen Tentakel lockt und so die Seeanemone mit einer Mahlzeit versorgt.

BEZIEHUNGEN, IN DENEN ZWEI VERSCHIEDENE ORGANISMEN zum gegenseitigen Nutzen zusammenleben, nennt man Symbiose. Gerade im Meer gibt es noch zahlreiche andere Beispiele dafür. Da wäre etwa der Einsiedlerkrebs, der seine Behausung mit Seeanemonen ›dekoriert‹, oder der Putzerlippfisch, der größere Fische von Parasiten befreit.

☞ *139 KREBS, 326 PARTNERSCHAFT, 339 SEEANEMONE*

Wildrosen-Tag

Es gibt etwa 100 Wildrosenarten. Die meisten wachsen in den kühleren Klimaten der nördlichen Halbkugel. Sie haben meist nur einen einfachen Kranz von Blütenblättern. Die Kultursorten dagegen haben mehrere Kränze von Blütenblättern und sind durch Züchtung wilder Rosen entstanden, für die Mutationen mit mehr Blütenblättern ausgewählt wurden.

Hagebutten wurden im Zweiten Weltkrieg von Schulkindern gesammelt, um daraus Sirup herzustellen, ein wichtiger Vitamin-C-Lieferant in Zeiten des kriegsbedingten Nahrungsmangels.

Die meisten Wildrosen haben nur eine sehr kurze Blütezeit. Hybriden mit längeren Blütezeiten werden seit dem 18. Jh. gezüchtet, als man chinesische Arten einkreuzte.

Viele Edelrosen pfropft man auf die Wurzelstöcke von Wildrosen; dadurch erhält man kräftigere Pflanzen.

Die Dornen der Rose sind botanisch gesehen Stacheln, weil sie nicht umgewandelte Blätter, sondern zusätzliche Bildungen des Stengels sind. Sie bieten kletternden Trieben Halt und sind gleichzeitig ein wirksamer Schutz.

Rosen zu pfropfen ist nicht einfach, und du solltest einen Erwachsenen um Hilfe bitten. Nimm von einer Edelrose ein Auge und schneide die Rinde darum schildförmig mit aus. In den Stamm der Wildrose, die als Unterlage dienen soll, wird ein T-förmiger Einschnitt gemacht. Dort hinein schiebt man die Rinde des Pfropflings, so daß das Auge frei bleibt, und umwickelt die Stelle fest mit Bast. Wenn die Rinden miteinander verwachsen, geht der Pfropfling an, und deine Rose trägt zwei Arten von Blüten.

☞ *116 ERDBEERE*

Yak-Tag

Der Yak (*Bos mutus*) ist eng mit dem Hausrind (*Bos taurus*) verwandt. Wild lebende Tiere gibt es noch im Tibetischen Hochland in Zentralasien. Die meisten Tiere sind allerdings domestiziert und werden von nomadisch lebenden Hirten als Last- und Reittiere verwendet. Sie liefern Milch, Fleisch, Wolle, Fell, Haut und Horn. Ihr Mist dient im holzarmen Hochland als Brennmaterial.

Im Sommer finden Yaks bis in 6000 m Höhe Nahrung. Sie ernähren sich von der spärlichen Vegetation, von Moos und Flechten.

Wilde Yaks sind schwarz, und die Spitzen ihrer Hörner weisen nach außen. Domestizierte Yaks können braun, schwarz oder gar gescheckt sein, und ihre Hörner sind nach innen gebogen.

Auf 6 000 m Höhe liegt ewiger Schnee, die Luft ist sehr dünn, und die Temperaturen fallen bis auf -40 °C. Ihr Fell schützt die Yaks gut gegen Kälte.

YAKS SIND LEBENSNOTWENDIG für die tibetischen Nomaden, denen sie viele Rohmaterialien liefern, z. B. die Yakmilch, aus der sie Butter machen, die mit Gerstenbrot gegessen oder in den Tee gelöffelt wird. Versuche einmal, selbst Butter herzustellen, indem du ein großes Marmeladenglas zu zwei Dritteln mit frischer Vorzugsmilch füllst. Schraube den Deckel fest zu und schüttle das Glas mindestens zehn Minuten lang kräftig. Milch ist eine Emulsion aus Wasser und winzigen Fetttröpfchen, und durch das Schütteln verbinden sich die kleinen Fetttröpfchen und werden so zu Butter.

☞ *172 RIND*

Bienenfresser-Tag

Die Bienenfresser oder Spinte ernähren sich u. a. von Wespen und – wie der Name schon sagt – von Bienen. Daher sind sie bei Imkern nicht sehr beliebt. Der ostafrikanische Grünstirnspint schlägt die Biene gegen einen Ast und reibt sie daran, um den Stachel und den Giftsack zu entfernen. Dann verschluckt er das ganze Insekt.

Zwar sind Bienenfresser von Natur aus weitgehend immun gegen Bienenstiche, dennoch werden sie gelegentlich böse zerstochen.

Der afrikanische Scharlachspint sitzt oft auf dem Rücken von Koritrappen und frißt die Insekten, die die Trappe aufscheucht.

Der Weißkehlspint (unten rechts) hat sich dem Leben in Ölpalmenhainen angepaßt. Eichhörnchen knacken die Früchte, und der Vogel fängt die herabfallenden Schalen, die er frißt.

Bienenfresser graben lange Gänge in den Sand und legen dort bis zu zehn Eier, die von beiden Elterntieren ausgebrütet werden.

VIELE INSEKTENFRESSENDE VÖGEL fangen ihre Beute im Flug. Manche, wie etwa Bienenfresser und Fliegenschnäpper, setzen sich erst auf einen Ast, ehe sie ihr Opfer verschlingen. Andere dagegen – Segler und Schwalben etwa – schlucken sie im Flug und setzen sich während des ganzen Tages fast nie. Versuche insektenfressende Vögel beim Verzehr ihrer Beute zu beobachten. Manche entfernen unverdauliche Teile wie Flügel oder Beine, bevor sie die Insekten verschlucken.

☞ 82 HUMMEL

Ameisenbär-Tag

Zu den echten Ameisenbären, *Myrmecophagidae*, zahlen vier Arten: der Große und der Zwergameisenbär sowie der Südliche und der Nördliche Tamandua. Sie kommen von Süd-Mexiko bis Nord-Argentinien vor. Alle sind zahnlos, und ihre mittleren Zehen sind mit langen, kräftigen Klauen bewaffnet, um Ameisenbaue und Termitenhügel aufreißen zu können.

Der australische Ameisenigel ist ebenfalls ein Ameisenfresser, aber nicht mit dem Ameisenbären verwandt.

Tamanduas stöbern Ameisen in abgestorbenen Ästen auf.

Große Ameisenbären können mit ihrer klebrigen, 60 cm langen Zunge bis zu 30 000 Insekten am Tag fangen.

Ameisenbären müssen auf den Knöcheln und den Seiten ihrer Vorderfüße laufen, um nicht über ihre Krallen zu stolpern.

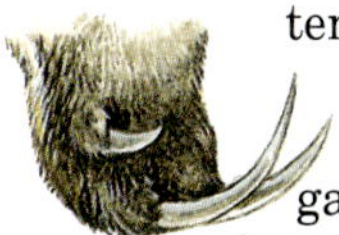

AUSSER DEN ECHTEN AMEISENBÄREN fressen auch Schuppentiere, Ameisenigel und Erdferkel Ameisen und Termiten. Sie alle sind in der Lage, die harten Ameisen- und Termitenbaue aufzureißen und riesige Mengen der kleinen Beutetiere zu fressen. Dafür haben sie kräftige Gliedmaßen und Krallen, lange, klebrige Zungen, sie brauchen nur wenige oder gar keine Zähne. Obwohl sie von sehr unterschiedlichen Vorfahren abstammen, haben sich bei jeder dieser Gruppen ähnliche Körperstrukturen entwickelt, um die vergleichbaren Probleme zu lösen.

☞ *31 TERMITEN, 201 AMEISEN*

Hecht-Tag

Hechte sind ein beliebter Fang bei Sportanglern. Hängen sie am Haken, kämpfen sie verzweifelt um ihr Leben. Es wurden schon über 20 kg schwere Exemplare gefangen, und es gehen wilde Geschichten von monströsen Exemplaren um, die sogar Hunde angegriffen haben sollen.

Ein Schlag mit der Schwanzflosse und den sehr weit nach hinten verlagerten Rücken- und Afterflossen genügt, um den auf Beute lauernden Hecht auf sein Opfer zuschnellen zu lassen - was alles zwischen einem kleinen Fisch oder Frosch bis zu einem Entenküken sein kann. Hechte sind gefräßige, im Süßwasser lebende Räuber mit Schnauzen, die denen von Alligatoren ähneln und mit Reihen von scharfen, nach innen gerichteten Zähnen bewehrt sind. Vom ersten Tag nach dem Schlüpfen an sind Hechte Räuber.

Es gibt fünf Hechtarten, darunter auch den nordamerikanischen Muskalunge, *der über 30 kg schwer und etwa 1,5 m lang werden kann.*

Die gesprenkelte grüne Zeichnung der Hechte ähnelt dem Muster von Sonnenlicht und Schatten zwischen den Pflanzen, wo die Fische bewegungslos auf Beute lauern, die ihnen zu nahe kommt. Sie packen Fische seitlich und drehen sie dann im Maul um, bis sie sie an einem Stück, den Kopf voraus, verschlucken können. In Lachs- und Forellenzuchtanlagen gelten Hechte als üble Schädlinge, da sie einen enormen Appetit auf die schmackhaften Fische entwickeln.

Die großen Hechtweibchen legen fast eine halbe Million Eier, doch die meisten davon fallen kannibalischen Artgenossen oder anderen Räubern zum Opfer.

☞ *45 FORELLE, 66 BARRAKUDA*

Schnee-Tag

Polare und subpolare Tiere müssen sich den jahreszeitlichen Verhältnissen ihres Lebensraums anpassen: sowohl was deren äußere Erscheinung als auch die Temperaturen angeht. Während des langen arktischen Winters wechseln viele Tiere ihre Farbe, um im Schnee nicht sofort entdeckt zu werden. Dieser jahreszeitliche Farbwechsel wird als *Leukomismus* bezeichnet und darf nicht mit *Albinismus* verwechselt werden, einer genetisch bedingten Pigmentstörung.

Die Schwanzspitze des Hermelins bleibt schwarz.

Schnee-Eulen, die sich in der weißen arktischen Landschaft auf einen Felsen setzen, sind so gut wie unsichtbar.

Das braune Sommerkleid des Schneehasen wird im Herbst durch ein graues Fell ersetzt, das wiederum ausfällt und dem weißen Winterfell Platz macht.

Sattelrobben werden mit außerordentlich dickem, gut isolierendem Wollhaar geboren, dem Lanugo, das sie innerhalb weniger Wochen wieder verlieren.

Eisbären lauern den Robben an ihren Atemlöchern auf. Das weiße Fell des Bären paßt sich gut an die Umgebung an.

Polarfüchse werden inzwischen wegen ihrer Felle gezüchtet, die im Winter um bis zu 50 % dicker werden.

MANCHE TIERE, wie Mäuse und Maulwürfe, leben im Winter unter der Schneedecke. Wenn es nach einem Schneefall zu tauen beginnt, suche im Gras um eine Hecke oder im Wald nach ihren Gängen, in denen sie sich unter dem Schnee in relativer Sicherheit befinden.

☞ 28–29 GEBIRGE, 192 PIGMENTIERUNG, 279 EISBÄR,

Tee wirkt anregend, da er Alkaloide wie das Koffein enthält.

Tee-Tag

Die Legende erzählt, daß das Teetrinken von einem chinesischen Kaiser namens Shen Nung im Jahr 2737 v. Chr. ›erfunden‹ wurde, als die Blätter eines brennenden Teezweigs aus dem Feuer in einen Kessel mit kochendem Wasser geweht wurden. Auf jeden Fall stammt der Tee aus China, und er wurde um 1650 von Holländern und Engländern nach Europa gebracht. Die Briten konsumieren jährlich 180 000 t Teeblätter – mehr als das restliche Europa und die USA zusammen.

Für grünen Tee werden die Blätter sofort nach dem Pflücken gedämpft, um zu verhindern, daß die Enzyme oxidieren und das Blatt sich schwarz färbt. Durch bestimmte Trocknungstechniken kann der enthaltene Zukker karamelisieren und dem Tee ein besonderes Aroma geben.

Geerntet werden die Knospen und die darauffolgenden zwei bis drei Blätter. Der feinste Tee wird aus noch nicht entfalteten Blättern frischer Triebe gewonnen.

KAMILLENTEE WIRD AUS den getrockneten Blüten von *Anthemis nobilis* zubereitet; er gilt als bewährtes Beruhigungsmittel für Kinder, die nicht schlafen können, und soll auch gut gegen Alpträume helfen. Versuche, einen Tee aus frischen Pfefferminzblättern zu brühen, die du im Naturkostladen kaufen kannst.

☞ *99 KAFFEE*

Forellen-Tag

Forellen sind bei Sportanglern sehr begehrt. Die Bachforelle ist ein stationärer Süßwasserfisch, der in klaren Bächen in ganz Europa vorkommt. Die silbrige Meer- oder Lachsforelle ist ein Meeresbewohner und kehrt nur zum Laichen in die Bäche und Flüsse zurück. Die Eier werden in Kiesmulden gelegt, die mit dem Schwanz ausgehoben wird.

Man kann das Alter einer Forelle anhand der Ringe auf ihren Schuppen errechnen. Sie werden zwischen 5 und 20 Jahre alt.

1882 führte man die Regenbogenforelle aus den amerikanischen Rocky Mountains nach Europa ein. Da sie unempfindlich gegen Wasserverschmutzung ist, wurde sie zum größten Konkurrenten der heimischen Forellenarten.

Süßwasserforellen fühlen sich nur in sauberem, sauerstoffreichem Wasser wohl, wo sie sich von Köcherfliegen, Eintagsfliegen und anderen Insekten ernähren. Oft springen sie aus dem Wasser, um ihre Beute in der Luft zu fangen. Angler benutzen künstliche Fliegen, die die natürliche Beute der Fische imitieren.

REGENBOGENFORELLEN WERDEN IN FISCHFARMEN gezüchtet. Diese sind oft zu besichtigen, und man kann dort alle Wachstumsstadien der Forelle sehen. Das Weibchen legt Eier ab, aus denen dann Setzlinge schlüpfen, die langsam den Dottersack aufsaugen, der an ihrem Körper hängenbleibt. Später werden sie mit künstlichem Futter gemästet und wachsen schnell heran. Die Haut ausgewachsener Regenbogenforellen zeigt das charakteristische Muster, das ihnen ihren Namen gibt.

☞ *25 LACHS*

Erdferkel-Tag

Der Name Erdferkel ist sehr passend für dieses scheue, nachtaktive, grabende Tier, das im südlichen Afrika lebt. Erdferkel werden etwa 2 m lang und können bis zu 80 kg wiegen. Mit ihren breiten, sehr scharfen Klauen an den kräftigen Vorderbeinen graben sie Wohnhöhlen und brechen Nester von Ameisen und Termiten auf.

Mit seiner langen, klebrigen Zunge fängt das Erdferkel Termiten und Ameisen. Das Gebiß weicht von dem aller anderen Säugetiere ab: Die 8-10 stöpselartigen, wurzellosen Zähne sind nicht mit Schmelz bedeckt.

Innerhalb kürzester Zeit kann das Erdferkel einen Termitenhügel vollständig zerstören, und mit Hilfe der klebrigen Zunge holt es die Insekten noch aus den entlegensten Winkeln. Praktischerweise ist es in der Lage, bei Bedarf die Nasenlöcher zu verschließen.

Erdferkel sind die einzige überlebende Art einer Evolutionslinie, die älter als 50 Mio. Jahre ist. Aufgrund neuester Untersuchungen ihrer Erbmasse nimmt man an, daß sie nahe Verwandte der Elefanten sind. Die Linie der Elefanten und Erdferkel wiederum ist vermutlich mit den Klippschliefern verwandt, hasengroßen Tieren, die übergewichtigen Meerschweinchen ähneln. Diese hält man für enge Verwandte der Seekühe. Sieht man sich diese Tiergruppen an, so sind sie äußerst seltsame ›nächste Verwandte‹.

☞ *12 HYÄNE*

Gänseblümchen-Tag

Das Gänseblümchen gehört zu einer großen Pflanzenfamilie, den *Compositae* oder Korbblütern, deren gemeinsames Merkmal ein Blütenkopf ist, der mit einer großen Menge meist zwei verschiedener Blütenarten bedeckt ist. Zungenblüten, die in einem Ring am Rand angeordnet sind, haben ein Blütenblatt und dienen dazu, Insekten anzulocken. Die kleinen Röhrenblüten in der Mitte haben kein Blütenblatt, dafür aber Pollen und Stempel, um den Samen zu produzieren.

Gänseblümchen wachsen aus einer flachen, auf dem Boden liegenden Rosette von Blättern, die dem Rasenmäher entgehen.

Bellis perennis, *der botanische Name für Gänseblümchen, stammt von den lateinischen Wörtern für ›schön‹ und ›ausdauernd‹.*

Zuchtformen mit einem dichten Ring von Blütenblättern sind in vielen Gärten zu finden. Bei ihnen führte eine genetische Mutation dazu, daß alle Röhrenblüten in Zungenblüten umgewandelt sind.

Die Zungenblüten der Gänseblümchen öffnen sich nur bei hellem Sonnenschein voll und schließen sich bei Nacht. Decke an einem Sonnentag Gänseblümchen mit einem Karton etwa eine Stunde lang ab. Wenn du dann den Karton entfernst, wirst du feststellen, daß die Blumen ihre Blüten für die künstliche Nacht geschlossen haben. Die Blütenblätter vieler Blumen falten sich bei feuchtem Wetter über die Staubblätter, um den Pollen zu schützen.

☞ *33 SONNENBLUME*

Kampffisch-Tag

Das Studium der Verhaltensweisen von Tieren nennt man Ethologie. Es zeigt, wie einzelne Tiere mit Artgenossen und anderen Arten umgehen. Durch Drohgebaren z. B. werden Paarungsrivalen verscheucht oder wird das eigene Territorium verteidigt. Echte Kämpfe, die zur Verletzung der Kontrahenten oder sogar zu ihrem Tod führen, sind eher selten. Aggressive Posen und drohendes Verhalten reichen für gewöhnlich aus.

Siamesische Kampffische sind barschähnliche Süßwasserbewohner. Ihre Flossen sind sehr lang und prächtig und dienen als Herrschaftssymbol.

Kampffische und Küssende Guramis sind luftatmende Süßwasserfische, die Sauerstoff durch das Labyrinthorgan aufnehmen. Wenn sie an der Wasseroberfläche keine Luft aufnehmen können, ersticken sie.

Fische, die miteinander kämpfen, schwimmen oft sehr lange drohend umeinander herum und schlagen dabei mit dem Schwanz. Frei lebende Kampffische sind im allgemeinen mattrot, sehr bunte Arten wurden selektiv für die Haltung in Aquarien gezüchtet.

WENN DU EIN AQUARIUM hast, beobachte deine Fische genau und mach dir Notizen über ihr Verhalten. Du wirst schon bald die Verhaltensmuster entdecken, mit denen jeder Fisch sein eigenes Territorium absteckt.

☞ *134 SCHMETTERLINGSFISCH*

Was beim Küssenden Gurami wie eine liebevolle Geste aussieht, ist tatsächlich eine bedrohliche Auge-in-Auge-Konfrontation.

Laus-Tag

Es gibt etwa 1200 Lausarten, flügellose Insekten, von denen einige Arten als blutsaugende Parasiten auf Menschen, Säugetieren und Vögeln leben. Andere ernähren sich von deren Haaren, Federn und Hautabsonderungen.

Die größten Läuse sind bis zu 6 mm lang, und alle haben flache, ovale Körper und klammerfähige, mit Krallen bewehrte Füße. Jede Art der stechenden Läuse hat sich auf einen Wirt spezialisiert.

Die hier dargestellten parasitären Läuse leben alle von Säugetieren und saugen durch hohle Mundwerkzeuge deren Blut. Dazu injizieren sie Speichel in die Adern, um zu vermeiden, daß das Blut gerinnt. Schulkinder werden häufig von Kopfläusen heimgesucht, die ihre Eier (Nissen) an einzelne Haare kleben und mit einem feinzähnigen Kamm entfernt werden müssen.

Die Kleiderlaus hält sich bevorzugt in Kleidern und Wäsche auf. Sie überträgt eine gefährliche Krankheit, den Typhus.

Bücherläuse sind keine Parasiten, sondern leben auf Blättern und Bäumen. Einige Arten befallen die Bücher in Bibliotheken, wo sie angefeuchtetes Papier fressen. Beim Kauen geben sie ein tickendes Geräusch von sich.

SIEH NACH, ob du in leicht feuchten Büchern Bücherläuse findest. Es sind winzige, blasse Insekten, die über die Seiten rennen. Du kannst sie leicht mit einem mit Wundalkohol getränkten Pinsel aufnehmen. Untersuche die Läuse unter einem Mikroskop (s. Anhang).

☞ *188 FLOH*

Pavian-Tag

Das leuchtende Hinterteil des Pavians dient nicht nur zur Signalisierung seines Geschlechts, sondern ist oft auch sein individuelles Erkennungszeichen. Das Darbieten des Steißes kann entweder Vertrauen oder Unterwerfung bedeuten.

Nur ein einziges dominantes Männchen herrscht über die Pavianherde. Es demonstriert seine Macht durch eine Vielzahl verschiedener Grimassen und Posen und kann sehr aggressiv werden. Die Jungen müssen erst lernen, die diversen Signale zu erkennen und die richtigen Antworten darauf zu geben; solange sie noch ihr schwarzes Jugendfell tragen, werden sie von der Gruppe sehr nachsichtig behandelt.

Immunität wird auch den Tieren gewährt, die den Jungen am nächsten sind – daher greifen sich Männchen manchmal ein Junges und lausen es, nur um dem Angriff eines anderen Affen zu entgehen.

Bei der Drohhaltung entblößt der Pavian seine rasiermesserscharfen Zähne. Eine Rotte Paviane schlägt sogar einen Leoparden in die Flucht.

Es ist völlig unmissverständlich, was die Drohgebärde eines Pavians besagt. Die höheren Primaten verwenden aber noch eine Reihe komplexerer Signale, die von den Mitgliedern einer Gruppe sehr genau verstanden werden: Wird das Maul nicht ganz so weit aufgerissen und bleiben die Zähne von den Lippen bedeckt, ist die Botschaft harmloser: »Sei bloß vorsichtig, Freundchen!« Sind die Zähne fast zusammengebissen und die Lippen hochgezogen, ›sagt‹ der Pavian: »Entschuldigung, ich bin ganz harmlos« – ein Signal der Unterwerfung.

☞ *222 GIBBON, 225 SCHIMPANSE*

Emu-Tag

Der Emu ist ein australischer Vertreter der Ordnung der *Struthioniformes*, der Flachbrust- oder Laufvögel. Das sind große, flugunfähige Vögel mit kräftigen Beinen, die sehr gut zu Fuß sind.

Emus sind Allesfresser und ernähren sich von Blumen, Früchten, Samen, jungen Pflanzentrieben und Insekten. Sie leben in Paaren und wandern auf der Suche nach Futter durch die Trockengebiete Inneraustraliens.

Vor der Brutsaison fressen sich die Vögel ein dickes Fettpolster an. Das Ausbrüten der Eier übernehmen die Männchen, die acht Wochen lang ohne zu fressen, zu trinken oder zu koten auf dem Gelege sitzenbleiben. Die frischgeschlüpften Küken können recht bald ihr Futter selbst suchen und dem Vatertier folgen. Trotzdem bewacht es die Jungen sieben Monate lang, während sich das Weibchen auf die Suche nach einem neuen Männchen macht.

Nandus sind große südamerikanische Laufvögel, die in den Pampas leben. Mehrere Weibchen legen ihre Eier in dasselbe Nest.

Ein ausgewachsener Emu wird etwa 2 m groß und kann bis zu 45 kg wiegen.

UNTERSUCHE DAS BRUSTBEIN eines gekochten Hühnchens. Der senkrechte Kiel, der mitten auf der Brust sitzt, dient als Befestigungspunkt für die starken Flugmuskeln der Vögel. Bei flugunfähigen Laufvögeln wie dem Strauß und dem Emu fehlen diese starken Muskeln, und das Brustbein ist flach. Es gibt zahlreiche Vogelarten, die im Laufe der Evolution die Fähigkeit zu Fliegen verloren haben. Sie leben in der Regel in Gebieten, wo es auf dem Boden für sie wenige Feinde gibt – fast ausschließlich auf Inseln.

☞ *242 STRAUSS*

Der Mantarochen, der größte unter den Rochen, erreicht eine Spannweite von bis zu 6 m. Er kann so hohe Geschwindigkeiten erreichen, daß er aus dem Wasser schießt.

Rochen-Tag

Die flachen, flügelförmigen Körper der Rochen, die eng mit den Haien verwandt sind, erlauben es ihnen, sich auf dem Meeresgrund niederzulassen, wo sie dank ihrer hervorragenden Tarnung im Sand kaum auszumachen sind. Die meisten Rochen ernähren sich von Mollusken und Krabben.

Rochen entwickeln sich nur sehr langsam, weshalb sie durch das Überfischen von Gewässern besonders gefährdet sind. Ein Adlerrochen braucht neun Jahre, bis er ausgewachsen ist, und dann legt er nur 70 Eier im Jahr.

Der Zitterrochen, der im Atlanik lebt, betäubt seine Beute durch einen Elektroschock.

Manche Arten haben in ihrem Schwanz, den sie wie eine Peitsche einsetzen, einen gezähnten, giftigen Stachel.

INSGESAMT GIBT ES 424 BEKANNTE ROCHENARTEN, die in allen Ozeanen der Welt vorkommen. Wenn du am Strand bist, kannst du bei Ebbe zwischen Tang und in Felsmulden nach den Eibehältern der Rochen suchen. Sie sind von Hornkapseln umgeben, die mit zähen Fäden am Tang haften. Wenn du eine dieser Kapseln gegen das Licht hältst, kannst du mit etwas Glück darin einen Jungfisch mit seinem Dottersack erkennen. Nicht alle Rochen zählen zu den eierlegenden Arten, manche sind lebendgebärend, wie z. B. der Stachelrochen.

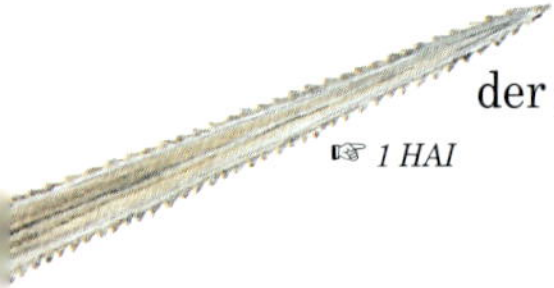

☞ 1 HAI

Meerechsen-Tag

Meerechsen gehören zur Familie der Leguane.

Charles Darwin bezeichnete die Meerechsen als »häßliche ungelenke Eidechsen«, und die Seeleute nannten sie »Kobolde der Nacht«. Kaum ein anderes Tier ähnelt so sehr den sagenhaften Drachen.

Die Meerechsen, die bis zu 1,75 m lang werden, sind die einzigen Echsen, die im Wasser leben. Es gibt sie nur auf den Galapagos-Inseln, die vor der Küste Ecuadors liegen.

Da die Nahrung der Meerechsen, die Meeresalgen, sehr salzhaltig ist, müssen die Tiere das überschüssige Salz in ihrem Blut ausscheiden, was mit Hilfe einer Salzdrüse in der Nase geschieht. Daher sind die Nasen der Tiere immer von einem Kranz weißer Salzkristalle umgeben.

Wie alle anderen Reptilien sind Meerechsen Kaltblüter und müssen gelegentlich Sonnenbäder nehmen. Ihre langen, scharfen Krallen bewahren sie davor, von den auf die Felsen aufschlagenden Brechern heruntergespült zu werden.

MEERECHSEN WÄRMEN SICH auf dunklen vulkanischen Felsen, die von der Sonne aufgeheizt sind. Dunkle Flächen absorbieren die Wärmestrahlen besser als helle: Nimm zwei gleiche Flaschen und wickle die eine dicht in Alufolie, während die andere mattschwarz lackiert wird. Stelle sie auf eine sonnige Fensterbank und miß den Temperaturanstieg in jedem Flaschenhals mit einem Thermometer.

☞ *199 ECHSE*

Leben-unter-der-Erde-Tag

Die oberen Erdschichten sind Lebensraum für eine Anzahl verschiedener Tiere.

Natürliche unterirdische Hohlräume dienen Hufeisennasen als Überwinterungs- und Schlafplatz (links). Viele Säugetiere graben sich Baue. Die Gruppenbaue der Präriehunde, amerikanische Verwandte des Murmeltiers, sind nicht nur eine Gefahr für Reiter, sondern die riesigen Kolonien der kleinen Tiere können auch zur Nahrungskonkurrenz für die Viehherden werden.

Der Boden bietet einen Lebensraum für eine große Zahl von Insekten, und Termitenkolonien können sich unterirdisch in weitem Umkreis um die sichtbaren Hügel hinziehen.

In nassem Sand lassen sich leicht Tunnel graben, und Mollusken wie die Scheidemuscheln benutzen ihre muskulösen Füße, um sich in einen solchen Bau zurückzuziehen, wo sie ihr Futter aus dem Meerwasser filtern.

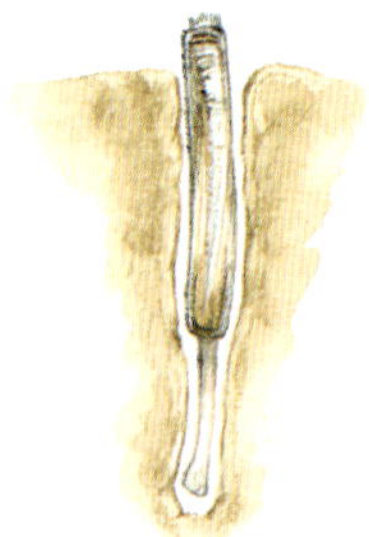

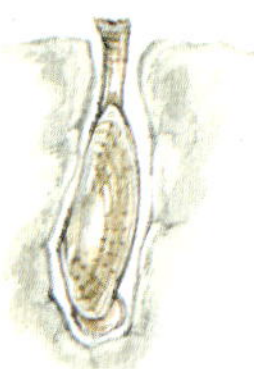

Dattel- oder Bohrmuscheln verwenden ihre rauhen Schalen, um sich in weichen Fels einzugraben.

Die Kanincheneule Nord- und Südamerikas kann selbst Tunnel graben, bevorzugt aber die Baue von Präriehunden. Manche der kleinen europäischen Eulen nisten mitunter in Kaninchenbauen.

Der Nacktmull, der in den trockenen Savannen Ostafrikas Kolonien von bis zu 40 Tieren bildet, lebt ausschließlich unterirdisch und baut ein komplexes Netz von Freßtunneln um eine Aufzuchtkammer. Einzigartig unter den Säugetieren ist dabei, daß ein einziges Weibchen Kasten von ›Arbeitern‹ und ›Nichtarbeitern‹ gebiert.

Wirbellose wie der Blattfußkrebs Triops *verbringen den größten Teil ihres Lebens als Eier im Sand der Wüste, bis sie durch einen Regenschauer veranlaßt werden zu schlüpfen.*

Die ›bellenden‹ Geckos gehören zu den zahlreichen Reptilien, die unterirdische Baue anlegen.

Im südlichen Afrika graben Springhasen komplexe Baue im lockeren Sandboden. Sie verlassen sie nur bei Nacht, hüpfen wie winzige Känguruhs über das Land und ernähren sich von Getreide.

Röhrenwürmer bauen schützende Köcher aus Sandkörnern.

Der nordamerikanische Silberdachs gräbt große Tunnelsysteme. Wenn er unter freiem Himmel überrascht wird, fängt er an, sich rasend schnell einzugraben und wirft dabei eine richtige Erdsäule in die Luft.

WENN DU FESTSTELLEN WILLST, ob ein Tierbau noch bewohnt ist, spanne einen feinen Faden über den Eingang. Ist der Faden gerissen, wenn du zurückkehrst, lebt ein Tier in dem Bau.

☞ *31 TERMITEN, 58 GECKO, 85 EBENEN, 153 MUSCHEL, 187 KANINCHENEULE*

Der Fenek sucht tagsüber unter der Erde Zuflucht.

Teich-Tag

Teiche sind ideal, um das komplizierte Netzwerk von Beziehungen zwischen den einzelnen Arten eines Ökosystems zu beobachten. Pflanzen sind die Primärproduzenten, die die Energie des Sonnenlichts dazu verwenden, aus Wasser und Kohlendioxid Zucker herzustellen. Dabei entsteht Sauerstoff, der sich im Wasser löst und von den Tieren aufgenommen wird. Zu den Räubern im Teich gehören Wasserskorpione (rechts), Molche sowie Stichlinge (unten).

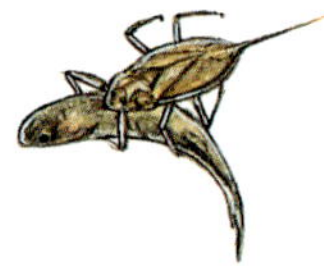

Wasserhahnenfuß, weiße Seerosen und Laichkraut sind die Nahrungsquelle für Teller- und Schlammschnecken (links oben). Die Pflanzen dienen auch als Eiablage etwa von Libellen. Alle fliegenden Insekten, die das Pech haben, ins Wasser zu fallen, werden von den Wasserläufern (rechts oben) ausgesaugt. Zu den Raubtieren in Tümpeln zählen auch die Wasserspinnen (links oben), die unter Wasser atmen, indem sie eine Luftblase mit sich tragen.

Flohkrebse (links) sind Resteverwerter.

Ein Teich sollte in keinem Garten fehlen, auch wenn er nur sehr klein ist. Wie du einen Teich anlegen kannst, wird im Anhang erklärt; dort findest du auch Hinweise zum Einrichten eines Süßwasseraquariums.

☞ 8 MOLCH, 72 LIBELLE, 92 WASSEROBERFLÄCHE

Kaninchen-Tag

Die Vermehrungsrate der Kaninchen ist geradezu sprichwörtlich. Ein Kaninchenweibchen kann in acht Monaten 30 Junge gebären. Obwohl die Jungen blind und nackt zur Welt kommen, sind sie bereits im Alter von 14 Wochen geschlechtsreif.

Überall in Deutschland gibt es Kolonien von wilden Kaninchen. Bei den Bauern gelten sie als Plage, da sie auf Äckern und Weiden erhebliche Schäden verursachen.

Angorakaninchen werden wegen ihres feinen Fells gehalten, das wie Schafwolle geschoren und versponnen wird.

Auswanderer brachten Kaninchen nach Neuseeland und Australien. In Australien verwüsteten sie Weideland und Äcker, und ihre Überlegenheit in der Nahrungskonkurrenz bedrohte die Existenz einiger einheimischer Beuteltiere.

Myxomatose *ist eine Viruskrankheit, die die Kaninchen Mitte des 20. Jh. an manchen Orten beinahe ausrottete. Heute vermehren sich virusresistente Kaninchenbestände jedoch wieder.*

HAUSKANINCHEN FRESSEN ihren eigenen Kot. Dieses Verhalten bezeichnet man als *Koprophagie.* Alle Kaninchen müssen das tun, weil ihre Därme zu kurz sind, um die Pflanzennahrung beim ersten Durchgang durch den Darmkanal ganz zu verdauen. Wenn sich Hauskaninchen fürchten, trampeln sie wie ihre wildlebenden Vettern mit den Hinterläufen auf den Käfigboden. Dieses Signal dient in der freien Wildbahn als Warnung vor sich nähernden Feinden wie Wieseln und Füchsen.

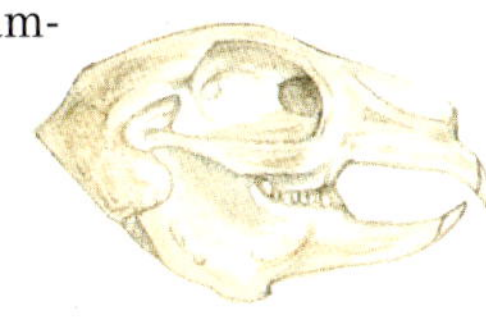

☞ *182 HASE*

Gecko-Tag

In allen wärmeren Gegenden der Welt kommen insgesamt etwa 650 Arten von Geckos vor. Vier davon trifft man im südlichen Europa an. Die meisten Geckos sind Nachttiere, und ihre großen Augen machen sie in der Dunkelheit zu erfolgreichen Räubern.

Der Faltengecko kann über kurze Distanzen gleiten. Dabei helfen ihm seine mit Hautlappen versehenen Beine.

Geckos können dank der Haftlamellen an ihren Zehen hervorragend auch an glatten Oberflächen hinaufklettern und sogar kopfunter von der Decke zu hängen.

Man trifft die flinken Tiere häufig in Hotelzimmern in tropischen Ländern an. Touristen, die zum ersten Mal in diese Länder kommen, erschrecken oft vor ihrem Quieken und Bellen.

Anders als die Augen der Eidechsen haben die der Gekkos vertikale Pupillen, die sich in hellem Licht zu schmalen Schlitzen verengen.

Die meisten Arten legen nur wenige hartschalige Eier, oftmals in Felsspalten. Manche Geckos können ihre Farbe der Umgebung anpassen.

UNTERSUCHE EINE GLATTE OBERFLÄCHE mit einer starken Lupe. Du wirst sehen, daß selbst die glattesten Flächen oft winzige Senkungen und Erhebungen aufweisen; an diesen finden die Geckos dank ihrer Haftlamellen, die mit mikroskopisch kleinen Härchen (*Setae*) bedeckt sind, Halt.

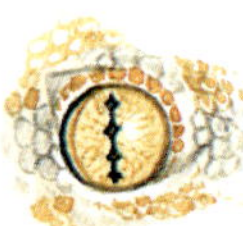

☞ *104–105 NACHTAKTIVE TIERE, 345 AUGE*

Hirsch-Tag

Hirsche sind Wiederkäuer, d. h. Säugetiere, die Pflanzen fressen und in deren Verdauungsprozeß die Nahrung wieder aufgestoßen und nochmals gekaut wird. Der Elch ist der größte lebende Vertreter aus der Unterordnung der Wiederkäuer und erreicht bis zu 2,5 m Schulterhöhe.

Das Geweih besteht aus Knochen, nicht aus Keratin wie Haare, Hufe und Nägel. Es beginnt bei Hirschkälbern im Alter von einem Monat zu wachsen. Zunächst umhüllt es eine Haut, die sehr gut durchblutet ist, aber austrocknet und abgestreift wird, wenn das Geweih seine volle Größe erreicht hat. Nach der Brunftzeit wird es abgestoßen und wächst alljährlich größer nach.

Die Männchen des asiatischen Moschustiers haben eine Moschusdrüse an der Unterseite des Bauches, deren Sekret in der Parfümherstellung und der Volksmedizin verwendet wird.

Während der Brunftzeit fordert der Rothirsch durch sein Röhren seine Rivalen heraus und benutzt das Geweih, um mit ihnen seine Kräfte zu messen.

BESUCHE EINEN HIRSCHPARK und beobachte die Herden der Tiere aus der Nähe. Die Kälber des Dam- und Rothirsches werden im Mai und Juni geboren und können schon zwei Stunden nach der Geburt auf ihren Beinen stehen.

☞ *129 ELCH*

Die primitivsten Wiederkäuer sind die Hirschferkel, wie der indische Fleckenkantschil, der lediglich 30 cm groß wird und viel mit Schweinen gemein hat. Da er kein Geweih trägt, verteidigt er sein Territorium mit seinen scharfen, ständig nachwachsenden Eckzähnen.

Vogelfüße-Tag

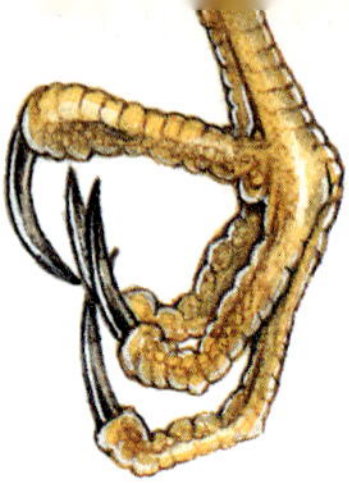

Die meisten Vögel haben vier Zehen, von denen drei nach vorn gerichtet sind, während die vierte nach hinten weist, um dem Vogel Halt zu geben. Bei Spechten allerdings sind je zwei Zehen nach vorn und zwei nach hinten gerichtet. Scharfe Krallen greifen fest in den Untergrund, wenn der Vogel seine Muskeln anspannt.

Mäusebussarde und andere Greifvögel sind mit langen, scharfen Klauen ausgestattet, mit denen sie ihre Beute greifen, töten und in ihr Nest tragen können.

Die Zehen der Enten sind durch Schwimmhäute miteinander verbunden, um die Oberfläche des Fußes zu vergrößern und ihn beim Schwimmen effizienter zu machen. Die Zehen liegen eng zusammen, wenn sich der Fuß nach vorn bewegt, und werden beim Stoßen nach hinten gespreizt.

Strauße sind die einzigen Vögel mit nur zwei Zehen, was für schnelles Laufen besonders günstig ist. Die sehr starken Beinmuskeln und die kräftigen Klauen machen die Füße zu gefährlichen Waffen.

HALTE IM WEICHEN SCHLAMM an einem Teichufer nach Vogelspuren Ausschau. Du wirst vermutlich die Abdrücke der Füße von Enten, Watvögeln und baumbewohnenden Vögeln finden. Die Schwimmhäute zwischen den Zehen von Enten und Schwänen sind nicht nur im Wasser sehr nützlich, an Land verhindern die breiten Füße das Einsinken in weichen Untergrund. Amseln hüpfen und hinterlassen paarige Spuren, während Krähen die Beine abwechselnd voreinandersetzen.

☞ *93 SCHNABEL, 337 SPUREN*

Milben-Tag

Milben und Zecken gehören zu einer riesigen und vielartigen Ordnung, die *Acari* heißt. Etwa 30 000 Milbenarten wurden bisher beschrieben, doch die Zoologen schätzen, daß es in Wirklichkeit zwischen 500 000 und 1 Mio. gibt.

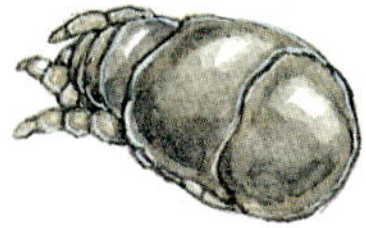

Milben haben acht Beine und gehören zu den Arachniden *wie Spinnen und Skorpione. Während bei den meisten Spinnen Vorder- und Hinterleib deutlich voneinander abgegrenzt sind, ist der Rumpf der Milben ungegliedert, wodurch die Tiere ziemlich plump wirken. Die Freßwerkzeuge sitzen auf einem kleinen Rüssel, der als* Capitulum *bezeichnet wird. Die meisten Milben sind kleiner als 1 mm.*

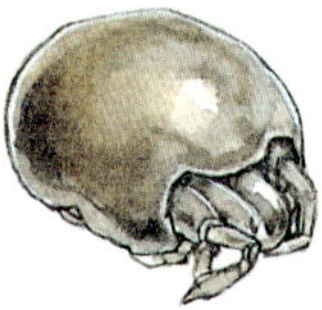

Milben sind oft die vorherrschende Tierart im Kompost und im Boden, wo sich die meisten von verfaulenden Pflanzen, Bakterien und Pilzen ernähren, manche Arten sind allerdings auch Räuber. In einer nur kleinen Probe von Blatthumus aus dem tropischen Regenwald findet man oft mehrere hundert Milben verschiedener Arten.

Bodenmilben legen ihre Eier in der Regel in Häufchen zwischen Pflanzenwurzeln. Wenn die Larven schlüpfen, haben sie zunächst nur drei Beinpaare, das vierte entwickelt sich erst nach der ersten Häutung.

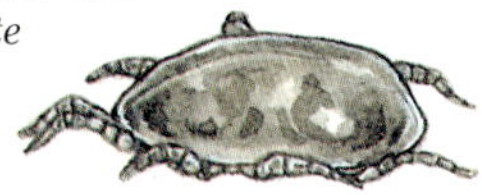

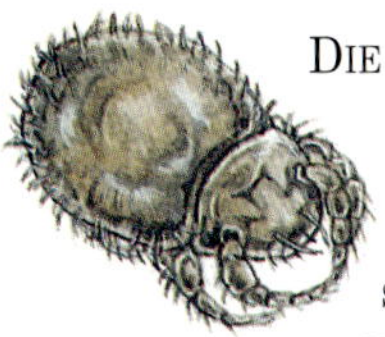

Die oberen Bodenschichten stellen den Lebensraum für eine Vielzahl verschiedener Tiere dar. Nimm eine Probe mit einem Berlese-Trichter (s. Anhang, S. 375). Darin werden sicher einige Milben zu finden sein. Nimm solche Proben von verschiedenen Bodenarten (z. B. Wald, Acker, Straßengraben), um herauszufinden, welche Milbenarten in den verschiedenen Lebensräumen existieren.

☞ *352 FALLAUB*

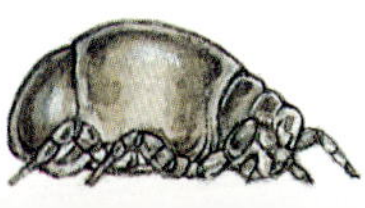

Moos-Tag

Moose waren mit die ersten Pflanzen, die vor über 400 Mio. Jahren das Festland besiedelten. Noch heute brauchen sie für die geschlechtliche Fortpflanzung das Wasser. Die männlichen Geschlechtszellen schwimmen im Oberflächenfilm des Wassers, um die Eizellen in den kolbenförmigen Strukturen, den *Archegonien*, die zwischen den Blättern der weiblichen Pflanzen verborgen sind, zu befruchten, in denen dann die mikroskopisch kleinen Sporen heranreifen.

Moose haben keine echten Wurzeln, sondern nehmen Wasser und Mineralsalze über ihre ganze Oberfläche auf. Daher findet man die meisten der rund 20 000 Arten in feuchter Umgebung.

Moose können nicht verholzen und bleiben daher durchweg kleinwüchsig.

BETRACHTE EIN MOOSPOLSTER durch eine Lupe. In den kleinen Kapseln, die an den langen Stielen sitzen, wachsen die Sporen heran. Oben an der Kapsel sitzt ein kleines, haubenförmiges Gebilde, die *Kalyptra*, die du leicht entfernen kannst. Wenn du die Kapsel selbst mit einer Pinzette öffnest, kannst du das *Peristom* erkennen, einen Zahnkranz, der die Sporenkapsel umgibt und sich bei Trockenheit öffnet, damit die Sporen ausgeschüttet werden können.

☞ *114 FARN, 322 TORFMOOR*

Löwinnen-Tag

Obwohl Löwinnen etwa 20-35 % kleiner sind als die männlichen Löwen, sind sie diejenigen im Rudel, die jagen und töten. Zebras und Antilopen sind ihre bevorzugte Beute. Die Löwinnen jagen in Gruppen. Sie schwärmen fächerförmig aus und schleichen sich an ihr Opfer heran, ehe sie es aus dem Hinterhalt anfallen.

Löwen sind die sozialsten Katzentiere und leben in Rudeln aus bis zu 15 Löwinnen und ihren Jungen sowie ein bis sechs Männchen. Die Löwenjungen sind zunächst gefleckt, wodurch sie in der trockenen Graslandschaft hervorragend getarnt sind. Nach dem Säugen fressen sie bis zum Alter von etwa einem Jahr von der Beute der Weibchen. Danach müssen sie selbst jagen.

Die Mähne des Löwen dient dazu, dem Weibchen zu imponieren. Das wilde Aussehen, das sie dem Tier verleiht, täuscht jedoch: Männliche Löwen jagen selbst nur wenig, sondern verschlafen den größten Teil des Tages.

FRÜHER GAB ES in fast ganz Asien sowie im südöstlichen Mittelmeerraum Löwen. Heute kommen sie nur noch südlich der Sahara sowie in einem kleinen Gebiet des Gir-Walds in Nordwestindien vor.

Großkatzen nehmen einen wichtigen Platz in der Nahrungskette ein, und ihr schnelles Verschwinden aus weiten Gebieten hat schlimme ökologische Folgen. Ohne diese Räuber vermehren sich die Pflanzenfresser sehr rasch und übergrasen das Land.

☞ *261 TIGER, 316 GEPARD*

Neunaugen-Tag

Fossile Funde zeigen, daß es im Devon vor 400 Mio. Jahren zahlreiche kieferlose Fische gab. Heute kommen nur noch die Neunaugen und die Inger (Schleimaale) vor, die ein napfartiges Saugmaul ohne Kieferknochen besitzen.

Meerneunaugen verbringen den größten Teil ihres Lebens im Salzwasser. Sie kommen nur zum Ablaichen in die Flüsse und sterben dann. Aus den Eiern schlüpfen Larven, Ammocoeten *oder Querder genannt. Es kann sieben Jahre dauern, bis die* Ammocoeten *zu vollentwickelten Meerneunaugen herangewachsen sind und ins Meer zurückwandern.*

Neunaugen sehen aus wie Aale, doch ihr Maul ist eine Saugscheibe mit einem Ring horniger Zähne. Das Neunauge ernährt sich als Parasit von anderen Fischen, an deren Körper es sich festsaugt und das Fleisch abraspelt. Neunaugen sind sehr gefräßig. Als man 1828 den Erie- und den Ontariosee durch einen Kanal verband, gelangten Meerneunaugen vom Ontariosee in alle Großen Seen und richteten enormen Schaden für die dort angesiedelte Fischerei-Industrie an.

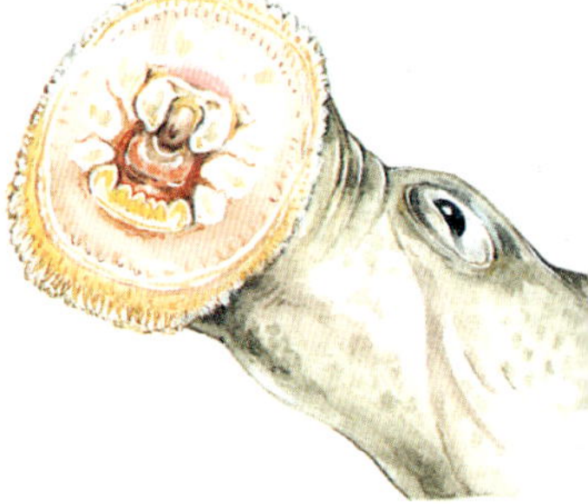

DIE BLINDEN INGER oder Schleimaale graben Gänge im weichen Merresboden. Sie haben rückentwickelte Augen und machen ihre Beute mit Hilfe ihres Geruchssinns aus. Sie hängen sich an sterbende Fische, knoten ihre aalähnlichen Körper fest zusammen, um die Hebelwirkung zu erhöhen, und dringen in den Körper ihres Opfers ein, das sie dann von innen her auffressen. Sie schützen sich durch die Absonderung einer dicken Schleimschicht.

☞ *179 TIEFSEEFISCHE*

Möwen-Tag

Der leuchtend rote Fleck am Schnabel der Silbermöwe dient der Kommunikation zwischen Elternvögeln und Küken. Die Alten würgen die Nahrung erst dann wieder aus, wenn ein Junges nach dem roten Fleck pickt. Die Jungen verhalten sich instinktiv so und picken auch nach roten Flecken, die auf Pappe oder Holzschnäbel aufgemalt sind.

Die Mantelmöwe ist ein entschlossener Jäger und ernährt sich von anderen Seevögeln und deren Küken oder verfolgt kleinere Seemöwen und Seeschwalben so lange, bis sie ihre Beute fallenlassen oder wieder auswürgen.

In der Brutsaison ziehen die Silber- und Lachmöwen landeinwärts und nisten in lärmenden Kolonien im Sumpfland. Sie akzeptieren auch Aas, und man trifft sie zu Tausenden auf städtischen Müllhalden an. Im Herbst folgen sie den Pflügen und fressen die aufgeworfenen Regenwürmer.

MAN KANN SICH MÖWEN leicht nähern und die Eleganz ihres Flugs studieren. Mit ihren langen Schwingen gleiten sie über die Wasseroberfläche und lassen sich von Aufwinden an Steilküsten nach oben tragen. Wenn Möwen an einer Stelle über dem Wasser stehenbleiben, ehe sie Futter von der Oberfläche aufnehmen, kontrollieren sie ihre Bewegung in der Luft exakt. Ihr ausgebreiteter Schwanz dient gleichzeitig als Bremse und Ruder, während der Vogel sich mit kurzen, schnellen Flügelschlägen auf die Wasseroberfläche hinunterläßt.

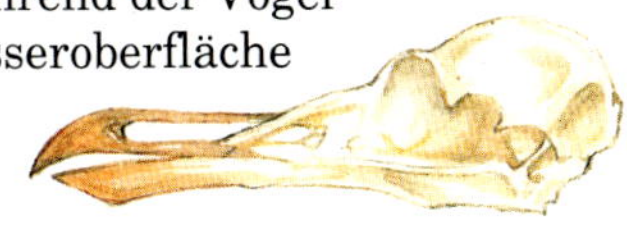

☞ *24 SILBERREIHER, 74 PAPAGEITAUCHER*

Barrakuda-Tag

Ihre nadelscharfen Zähne, ihre Aggressivität und die Tatsache, daß sie meist in Schwärmen jagen, sind der Grund dafür, daß Barrakudas mindestens ebenso gefürchtet sind wie Haie.

Barrakudas ernähren sich von anderen Fischen und jagen gemeinsam: Sie treiben einen Schwarm zusammen, um die Beute einfacher fangen zu können.

Der Barrakuda ist schnell, und sein Streifenmuster tarnt ihn hervorragend im Licht und Schatten der seichten Riffgewässer. Große Exemplare können über 35 kg wiegen, aber das ist noch wenig im Vergleich zu den nahe mit ihnen verwandten Zackenbarschen. Der Queensland-Zackenbarsch wiegt fast eine halbe Tonne und verfolgt sogar Perlen- und Muscheltaucher.

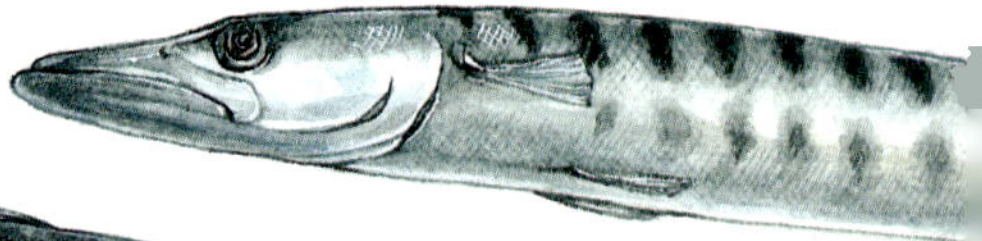

WIE DIE EBENFALLS zu den Barschartigen zählenden Makrelen und Thunfische sind auch die Barrakudas hervorragende Speisefische. Es kommt allerdings vor, daß sich in ihrem Körper die Gifte ihrer Beutefische ansammeln, wodurch die Barrakudas dann selbst giftig werden. Die Toxine werden von Algen produziert und akkumulieren sich in der Nahrungskette.

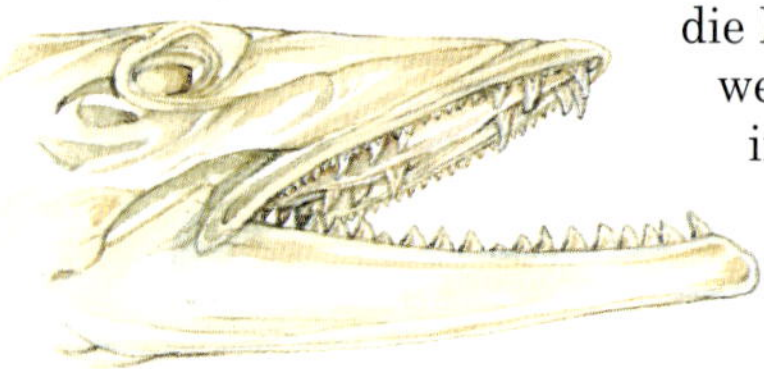

☞ *1 HAI*

Katzenbären sind nachtaktiv und verbringen fast ihr ganzes Leben auf Bäumen. Auf dem Boden bewegen sie sich nur langsam und ungeschickt.

Panda-Tag

Obwohl der Kleine Panda einer Katze und der Große Panda einem Bären ähnelt, zeigt ein Vergleich ihrer inneren Organe doch, daß sie eng miteinander und mit den Waschbären der Neuen Welt verwandt sind. Beide Arten sind ehemalige Fleischfresser, die sich auf pflanzliche Kost, besonders Bambusblätter und -schößlinge, umgestellt haben, auch wenn Große Pandas gelegentlich, wenn sich eine günstige Gelegenheit bietet, einen Fisch oder eine Wildziege nicht verschmähen.

Da Bambus nicht besonders nahrhaft ist, muß der Große Panda so gut wie ständig fressen und dazwischen viel schlafen, um Energie zu sparen. Bambus blüht nur selten, und wenn es geschieht, blühen alle Pflanzen eines weiten Gebietes zur selben Zeit und sterben danach schnell ab. Pandas leiden dann unter chronischem Futtermangel, bis die Bambussamen treiben und neue Schößlinge wachsen.

GROSSE PANDAS WURDEN von westlichen Naturforschern erstmals 1869 gesehen und waren in den Bambuswäldern von Tibet, Szetschuan und Südwestchina schon immer sehr selten. In der zweiten Hälfte des 20. Jh. nahm ihr Bestand aber bedrohlich schnell ab, insbesondere da ihr Lebensraum immer mehr zerstört wurde. Sie lassen sich nur schwer in Zoos züchten.

☞ *130–131 BEDROHTE TIERE, 147 GRAS*

Oliven-Tag

Archäologische Ausgrabungen haben ergeben, daß der Ölbaum (*Olea europaea*) im Nahen Osten seit mindesten 3700 v. Chr. kultiviert wird. Im Mittelmeerbecken wurden weitläufige Olivenhaine angelegt, um die frischen Früchte und das Öl zu erhalten, die eine zentrale Rolle in der Küche dieser Region spielen. Ölbäume können über 1000 Jahre alt werden.

Ölbäume bringen in der Regel nur in jedem zweiten Jahr reiche Ernte.

Aus dem Fleisch der Frucht wird Speiseöl gewonnen. Die beste Qualität ist natives Olivenöl extra, kaltgepreßtes Öl aus der ersten Pressung.

Botaniker zählen die Oliven zu den Steinfrüchten, bei denen die fleischige Frucht einen einzigen, harten Samen umschließt. Oliven werden meistens in Salzlake oder gewürztem Öl eingelegt gegessen.

IN DEN GÄRTEN werden mehrere enge Verwandte des Ölbaums als Zierpflanzen kultiviert, etwa der Flieder (*Syringa spp.*, oben links), die Manna-Esche (*Fraxinus ornus*, oben rechts) und der Liguster bzw. die Rainweide (*Ligustrum vulgare*). Die Gemeine Esche (*Fraxinus excelsior*) ist die einzige Art in der Familie der Ölbaumgewächse (*Oleaceae*), die in Deutschland heimisch ist. Der Olivenzweig gilt seit jeher als Symbol des Friedens.

☞ 33 SONNENBLUME

Würger-Tag

Würger haben im Englischen auch den Namen ›Schlachtervögel‹. Sie verdanken ihn ihrer Angewohnheit, bei Nahrungsüberfluß ihre Beute auf Dornen aufzuspießen und auf diese Weise einen Vorrat anzulegen, von dem sie später noch fressen können. Alle Würger haben einen kräftigen, gekrümmten Schnabel.

*Der Neuntöter ist eine der in Europa häufiger anzutreffenden Arten aus der Familie der Würger (*Laniidae*). Er überwintert im tropischen Afrika und in Südasien.*

Würger bevorzugen offenes Land wie Savannen, Steppen und die Randgebiete der Wüsten. Die meisten Arten brüten in ihrem nördlichen Verbreitungsgebiet und unternehmen den Zug nach Süden nur, um dort zu überwintern.

Den größeren Grau- oder Raubwürger trifft man in Deutschland manchmal auch während des Winters an.

DER HIER ABGEBILDETE Schachwürger ist eine in Südasien beheimatete Art und ein aggressiver Jäger. Er tötet Insekten, kleine Tiere und Nestlinge durch heftige Schläge mit seinem Schnabel. Dann spießt er sie auf Dornen auf. Die Art brütet in den Gebieten vom Himalaya bis zu den Philippinen.

☞ *118 WANDERUNG, 350 TURMFALKE*

Knollen-Tag

Knollen sind unterirdische Speicherorgane der Pflanzen. Sie bestehen überwiegend aus Stärke, die zur Produktion neuer Triebe gebraucht wird. Die wohl bedeutendste Knollenpflanze der gemäßigten Zonen ist die Kartoffel (oben links und unten rechts), die um 1570 von den spanischen Conquistadores aus den Anden nach Europa gebracht wurde. Die Süßkartoffel (rechts) ist ebenfalls eine Knollenpflanze, aber nicht mit unserer Kartoffel verwandt.

Maniok (oben Mitte), Taro oder Wasserbrotwurzel (oben rechts) und Yams (oben) sind wichtige tropische Knollenpflanzen. Maniokknollen müssen gekocht werden, um die in ihnen enthaltene Blausäure abzubauen. Die Okumo (oben links) stammt wie die Kartoffel aus den Anden.

LASSE EINE KARTOFFELKNOLLE an einem warmen, dunklen Ort liegen und beobachte, wie kleine Knospen (Augen) sprießen. Die Kartoffelknolle verschrumpelt, da die jungen Triebe die Stärke aufbrauchen.

☞ *294 ÜBERWINTERUNG*

Rotkehlchen-Tag

Englische Gärtner haben sich sehr an das Rotkehlchen gewöhnt, das zu ihren Füßen am Boden nach Insekten schnappt. In anderen Bereichen ihres Verbreitungsgebiets sind Rotkehlchen allerdings sehr scheue, verborgen lebende Vögel. Ihre ziegelroten Hals- und Brustfedern haben dieselbe Farbe wie früher die Uniformen englischer Postboten, wodurch die Vögel zu einem beliebten Motiv auf viktorianischen Weihnachtskarten wurden. Seither verbindet man die Vögel in England fest mit Weihnachten.

Der australische Robin ist kein echtes Rotkehlchen.

In der englischsprachigen Welt wird die Bezeichnung ›Robin‹ (Rotkehlchen) für mehrere Vögel mit rotem Brustgefieder verwendet, auch wenn sie von den Systematikern ganz verschiedenen taxonomischen Gruppen zugeordnet werden. So ist der Vogel, der im Amerikanischen Robin heißt, eigentlich eine Drossel. Der australische Robin ist weder mit dem britischen noch dem amerikanischen verwandt, sondern ähnelt ihnen nur.

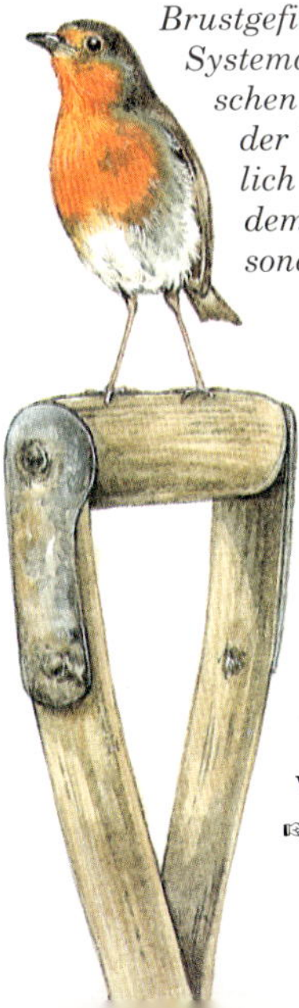

EUROPÄISCHE ROTKEHLCHEN verteidigen ihr Revier erbittert gegen jeden Eindringling. Baue ein grobes Modell eines Rotkehlchens aus Draht und Federn oder kaufe einen Plastikvogel für einen Wellensittichkäfig und male ihn so an, daß er einem Rotkehlchen ähnelt. Dann setze das Modell auf ein Futterhäuschen und beobachte es. Das Rotkehlchen, das euren Garten als sein Revier ansieht, wird das Modell attackieren.

☞ *168 TERRITORIALITÄT, 178 HINTERHOF*

Libellen-Tag

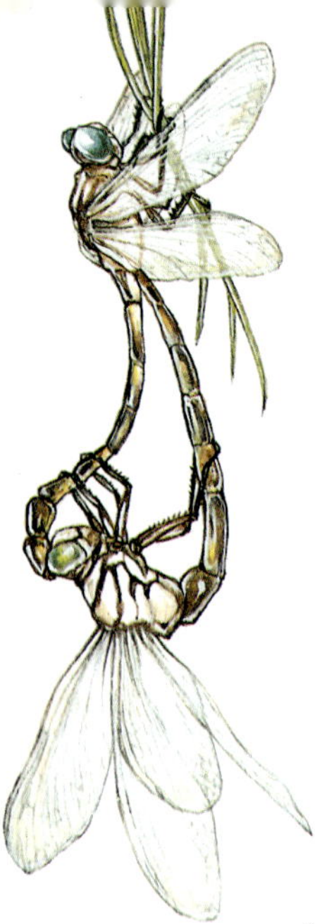

Es gibt insgesamt etwa 4500 Arten der bunten, räuberischen Libellen und der kleineren, zerbrechlich wirkenden Schlankjungfern. Trotz ihres bedrohlichen Aussehens sind sie für Menschen völlig ungefährlich. Heutige Arten erreichen Flügelspannweiten von bis zu 10 cm, aber Fossilien von Libellen aus dem Karbon weisen Flügelspannweiten von bis zu 1 m auf.

Die Eier werden in Wasserpflanzen abgelegt. Nach einer Entwicklungszeit von bis zu 7 Jahren und mehreren Häutungen sind die Larven ausgewachsen. Sie haben Kiemen an ihrem Hinterleib; diese dienen nicht nur der Atmung, sondern auch der Fortbewegung: Wenn sie daraus schnell Wasser ausstoßen, werden sie vorwärtskatapultiert. Zum Schlüpfen verlassen die Larven das Wasser.

Bei der Paarung greifen die Männchen mit den Haftorganen an ihrem Schwanz die Weibchen im Nacken. Das Weibchen biegt seinen Hinterleib nach vorn, um den des Männchens zu berühren, dann fließt das Sperma.

DIE LIBELLE KANN INSEKTEN im Flug fangen, dabei helfen ihr der hervorragende Gesichtssinn und zwei schnell schlagende Flügelpaare, dank derer sie in der Luft stehenbleiben und sogar rückwärts fliegen kann. Wenn du eine Libelle dabei beobachtest, wie sie ihr Revier über einem Teich an einem Sommertag abfliegt, werden dir die plötzlichen, sprunghaften Bewegungen auffallen, mit denen sie ihre Beute in der Luft abfängt.

☞ *56 TEICH, 345 AUGE*

Hörnchen-Tag

Alle auf Bäumen lebenden Hörnchen haben einen gut entwickelten Gleichgewichtssinn sowie hervorragende Augen. Ihre Sehkraft ermöglicht es ihnen, die zu überwindenden Distanzen präzise abzuschätzen, was besonders für Gleithörnchen von Bedeutung ist, die auf jeder Seite ihres Körpers Hautmembrane zwischen ihren Beinen haben. Dank dieser Hautlappen können sie von einem Baum zum anderen gleiten, wobei sie ihren Schwanz als Steuer verwenden.

Eichhörnchen bauen kugelförmige Nester (Kobel), in denen sie im späten Winter ihre Jungen zur Welt bringen.

Zu den Erdhörnchen gehören viele grabende Arten, etwa die Präriehunde Nordamerikas, die Murmeltiere und die Ziesel, die in der nördlichen Hemisphäre vorkommen. Auch das afrikanische Borstenhörnchen zählt dazu. Diese Arten haben häufig einen kurzen Schwanz, und ihre Vorderbeine, die sie fürs Graben brauchen, sind besonders groß und kräftig.

Die meisten Hörnchen sind Pflanzenfresser und halten während des Winters, wenn Nahrung knapp ist, einen Winterschlaf. Halte in Parkanlagen oder im Wald nach nahrungsuchenden Eichhörnchen Ausschau. Die Europäischen Eichhörnchen fressen Knospen von Nadelbäumen und knabbern die Basis der Tannenzapfenschuppen ab, um an die Samen zu gelangen. Dabei hinterlassen sie ordentliche Häufchen neben Baumstümpfen, die sie als Futtertische benutzen. Die Hauptfeinde des Eichhörnchens sind Marder und Greifvögel.

☞ *103 SCHWANZ, 337 SPUREN*

Papageitaucher-Tag

Der Ober- und Unterschnabel des Papageitauchers öffnet sich parallel, und in seinem Rachen sitzen nach hinten weisende Fortsätze. So kann der Vogel nach einem Fischzug in seinem Schnabel bis zu 60 kleine Fische zu seinem Nest transportieren.

Die vielfarbigen Streifen auf dem Schnabel des Papageitauchers bilden sich nur während der Brutzeit aus, wenn sich Hunderte von Paaren versammeln, um in Höhlen zu nisten, die sie im weichen Boden an Steilküsten und auf Inseln graben. Gleichzeitig wechselt auch die Farbe ihrer Füße von Blaßgelb zu einem leuchtenden Orange. Wie alle Angehörigen der Familie der Alken fühlen sie sich im Wasser wesentlich wohler als an Land. Sie haben ein wasserabweisendes Gefieder, einen stromlinienförmigen Körper und kurze Flügel, die sie in die Lage versetzen, unter Wasser schwimmend Fische zu jagen.

Der größte Feind des kleinen Papageitauchers ist die Mantelmöwe, die ihn im Flug fangen kann.

AN DEN FELSKÜSTEN Großbritanniens, Islands, der Färöer-Inseln, Norwegens und Alaskas gibt es große Kolonien von Papageitauchern. Vielleicht hast du einmal Gelegenheit, den Vögeln beim Landen zuzusehen; sie benutzen dabei ihre Beine als Ruder, da sie so gut wie keinen Schwanz haben, mit dem sie steuern könnten.

☞ *93 SCHNABEL, 304 FLAMINGO*

Der Schopfalk im Nordpazifik hat einen einfacher gefärbten Schnabel. In der Brutsaison wachsen ihm weiße Federn, die ihn verwegen erscheinen lassen.

Koala-Tag

Der Koala frißt nur die Blätter von drei oder vier Eukalyptusarten. Am besten schmecken ihm die Blätter des Manna-Gummibaums.

Der Koalabär, eines der beliebtesten Tiere der Welt, lebt in Ostaustralien. Er kommt nur in einem schmalen Streifen von Zentralqueensland bis Südvictoria vor. Wie sein enger Verwandter, der Wombat, hat der Koala keinen Schwanz, und sein Beutel ist nach hinten geöffnet. Seine Vorderpfoten besitzen lange Finger, und der Daumen und Zeigefinger sind den andern entgegengesetzt, so daß das Tier sich gut an Ästen festhalten kann.

Bei trockener Witterung verlassen die Koalas die Manna-Gummibäume und ernähren sich statt dessen von den Blättern des Sumpf-Eukalyptus, die mehr Wasser enthalten. Sie knabbern die Blätter zu kleinen rautenförmigen Teilchen, die dann durch ihren Magen und das kurze Verdauungssystem in das Caecum *(Blinddarm) wandern, wo sie von Bakterien im Lauf von bis zu acht Tagen fermentiert werden.*

DURCH BAKTERIELLE FERMENTIERUNG werden Stärke und Zellulose der Blätter in Zucker umgewandelt, den der Koala dann aufnehmen kann. Doch das ist ein sehr langsamer Prozeß, und der Koala muß daher mit sehr wenigen Kalorien auskommen. So versucht er, so wenig Energie wie möglich zu verbrauchen, indem er 18-19 Stunden des Tages verschläft. Sein Futter enthält jedoch nicht nur wenige Nährstoffe. Eukalyptusblätter können auch ziemlich giftig sein. Der Koala ist deshalb gezwungen, die Blätter bestimmter Bäume auszusuchen, die sich in einem speziellen Stadium ihres Wachstums befinden.

☞ *141 EUKALYPTUS*

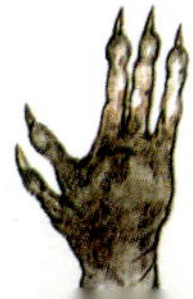

Wespen-Tag

Wespen sind teils sozial wie Hummeln und bilden jährlich Kolonien, teils leben sie einzelgängerisch und sind Parasiten. Während Bienen die Zellen der Waben mit Honig als Nahrung für die Larven ausstatten, versorgen Wespen sie mit anderen Insekten oder Larven. Dazu gehören auch andere Gliederfüßer wie zum Beispiel Spinnen. Wespennester können aus Schlamm oder Zellulose sehr sorgfältig gearbeitet sein.

Manche Grabwespen versorgen ihre Larven mit Spinnen, die sie zuvor mit ihrem Gift lähmen, aber nicht töten.

Papierwespen reißen Holz aus Pfählen und Pflanzenstengeln und zerkauen es zu einem Brei, mit dem sie ihre eleganten gestielten Nester bauen.

Wespen mögen Zucker (links). Die Lehmwespe (rechts) steckt eine gelähmte Raupe in die Lehmurne zu ihrer Brut.

DER LEBENSZYKLUS PARASITÄR LEBENDER WESPENARTEN ist viel ausgefeilter als der räuberischer Wespen, und sie sind in der Lage, auf den Nestbau zu verzichten – ihre Beute ist ihr Nest. Sie legen ihre Eier auf oder in den Wirt. Einige Arten injizieren Substanzen in die Wirte, um deren Immunsystem außer Kraft zu setzen, so daß die Wirte die Eier nicht bekämpfen können. Die parasitären Maden fressen sukzessive die Wirtslarven von innen her auf (einige fressen von außen). Allerdings geschieht dies so sorgfältig, daß der Wirt erst dann stirbt, wenn der Parasit ganz ausgewachsen und bereit ist, sich zu verpuppen.

☞ *82 HUMMEL, 325 PARASITEN*

Sekretär-Tag

Der Sekretär ist einer der ungewöhnlichsten Vögel des afrikanischen Flachlands. Er verdankt seinen Namen einem Federbüschel hinter seinem Kopf, das wie ein Bund Schreibfedern aussieht. Der Vogel schreitet durch die Savanne und sucht nach Schlangen, die er mit seinen kräftigen, mit kurzen, muskulösen Zehen und nagelartigen Krallen ausgerüsteten Füßen zu Tode stampft.

Die Sekretäre bauen große, unordentliche Nester in den Kronen dorniger Bäume.

Ausgewachsene Sekretäre erreichen eine Größe von ca. 1 m. Sie sind schneller zu Fuß als die meisten Menschen. Sie sammeln sich am Rand von Savannenfeuern, um dort Tiere zu fangen, die von den Flammen in ihre Richtung getrieben werden.

Wegen ihres adlerähnlichen Aussehens und der räuberischen Gewohnheiten haben die Systematiker die Sekretäre in eine Gruppe mit den Greifvögeln eingeordnet. Allerdings besitzen Sekretäre viele einmalige Eigenschaften und sind die einzige lebende Art in ihrer Familie.

VOR DER ERFINDUNG von Füllfederhaltern und Computern benutzten Sekretäre und Schreiber meist von Gänsen stammende Federkiele. Suche eine große Feder und schneide die Spitze so zu, daß sie etwa so aussieht wie die Feder deines Füllers. Dann spalte sie längs an der Spitze, damit Tinte in die dünne Röhre hineinfließen kann. Tauche die Feder in Tinte und versuche, damit zu schreiben und zu zeichnen. Experimentiere mit spitzen und flachen Schreibfedern, um die Dicke und Form der Buchstaben zu ändern.

☞ *163 SCHLANGE, 215 MUNGO, 270 ADLER*

Wüsten-Tag

Wassermangel und hohe Tagestemperaturen sind die größten Probleme, die Pflanzen und Tiere in der Wüste bewältigen müssen.

Das Nama-Flughuhn legt bis zu 60 km zurück, um Wasser in seinem Brustgefieder zu den Küken zu bringen.

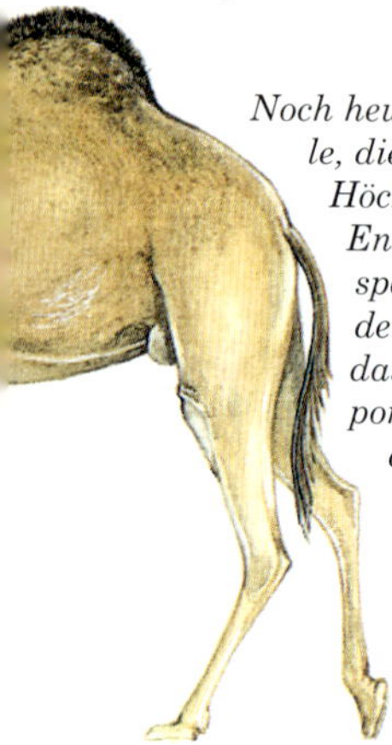

Noch heute sind Kamele, die in ihren Höckern Fett als Energiereserve speichern, für den Menschen das beste Transportmittel durch die Wüste.

Die großen Ohren des Wüstenigels dienen der Wärmeabstrahlung.

Einjährige Wüstenpflanzen keimen, blühen und verstreuen die Samen nach den seltenen Regenfällen während der kurzen ›Wüstenblüte‹.

Gegen Mittag ist der Sand unerträglich heiß, und der Wüstenrenner bleibt regelmäßig stehen, um abwechselnd ein Beinpaar zu heben, damit die Pfoten abkühlen können.

Der blinde Wüstengoldmull verbringt drei Viertel seines Lebens damit, knapp unter der Oberfläche zu graben und den Sandwühlen nachzustellen, die er durch sein Gehör und seinen feinen Tastsinn ausmacht.

Kakteen wie der 18 m hohe Sagudro in Mexiko und Arizona lagern Feuchtigkeit in wasserspeichernden Geweben ab, die durch eine dikke, wachsbeschichtete Oberfläche geschützt werden.

Die bizarre Welwitschia mirabilis *überlebt in der namibischen Wüste, indem sie durch sehr tiefe Wurzeln das Grundwasser erreicht und darüber hinaus auch den nächtlichen Tau absorbiert. Sie hat nur zwei Blätter, die beständig von den Basen am Boden aus nachwachsen und deren Spitzen von den Wüstenwinden zerfleddert werden.*

Tiere haben viele Strategien entwickelt, um mit der Wasserknappheit zurechtzukommen. Namibische Schwarzkäfer trinken den Tau, den die feuchte Luft, die vom Meer hergeweht wird, auf ihren Körpern ablädt. Skorpione decken ihren Bedarf an Flüssigkeit aus Insekten, die sie mit ihrem Giftstachel erlegen. Die australische Kreuz-des-Südens-Kröte kommt während der kurzzeitigen Regenfälle aus ihrem unterirdischen Schleimnest an die Erdoberfläche und laicht. Die Kaulquappen entwickeln sich sehr schnell, während die Tümpel wieder austrocknen. Die aus Asien und Afrika stammenden Wüsten- oder Rennmäuse trinken nicht, sondern erhalten alle Feuchtigkeit, die sie brauchen, aus den Samen, von denen sie sich ernähren.

Es ist schwierig, in losem Sand voranzukommen. Die Seitenwinder-Klapperschlange löst das Problem, indem sie Schlingen ihres Körpers seitlich wirft und dabei eine charakteristische Spur paralleler Linien hinterläßt.

Die nachtaktiven Wüstenfüchse haben große Ohren, mit denen sie Körperwärme abgeben und auch leiseste Geräusche wahrnehmen.

Zum nächtlichen Leben in den Steinwüsten in den südlichen USA gehören auch einige Schildkrötenarten. Sandwühlen (unten rechts) bewegen sich wellenförmig durch den Sand.

BEOBACHTE, WIE WÜSTENRENNMÄUSE, die man als Haustiere kaufen kann, nachts höchst aktiv werden. Dies geht auf das Verhalten ihrer frei in Wüsten lebenden Vorfahren zurück, die durch die nächtliche Nahrungssuche den Gefahren der Tageshitze entgehen.

☞ *54–55 LEBEN UNTER DER ERDE, 265 KAMEL*

Manati-Tag

Der Manati besitzt Brustdrüsen, die denen des Menschen ähneln. Vermutlich deshalb glaubt man weithin, daß diese Tiere der Grund für den Glauben an Meerjungfrauen sind. Manatis und Dugongs gehören zur Ordnung der Seekühe oder *Sirenia,* benannt nach den Sirenen, die der Sage nach Odysseus und seine Gefährten fast in den Tod gelockt hätten.

Durch Zählung der Jahresringe in den Stoßzähnen männlicher Manatis fand man heraus, daß die Tiere bis zu 70 Jahre alt werden können. Die Weibchen sind sehr liebevolle Mütter, die mit ihren Kälbern durch Schreien, Pfeifen und Quietschen kommunizieren.

In Amazonien, Mittelamerika und Westafrika leben drei Manati-Arten. Der Dugong ist an den nordaustralischen und indopazifischen Küsten zu Hause.

Wahrscheinlich haben Sirenia *und Elefanten einen gemeinsamen Vorfahren.* Sirenia *sind Pflanzenfresser, die das Seegras abweiden. Die Zähne nutzen sich schnell ab, werden aber ständig vom hinteren Kiefer her ersetzt. Die Nasenlöcher befinden sich oben am Kopf, so daß die Tiere zum Atmen nicht mit dem ganzen Körper aus dem Wasser kommen müssen. Ihre breiten Oberlippen sind mit empfindlichen Tasthaaren bedeckt.*

DIE AMERIKANISCHEN UND AFRIKANISCHEN MANATIS erreichen etwa 4 m Länge und bis zu 1500 kg Gewicht. Sie haben nur wenige natürliche Feinde, doch früher wurden sie in großer Zahl wegen ihres wohlschmeckenden Fleisches abgeschlachtet. Die Steller Seekuh, die bis ins 18. Jh. vor den Commander-Inseln vor der Küste Alaskas lebte, war doppelt so groß wie die heute noch lebenden Arten; sie wurde innerhalb von nur 30 Jahren nach ihrer Entdeckung vollständig ausgerottet.

☞ *26 WALROSS*

Huhn-Tag

Haushühner sind die Nachfahren des in Asien vorkommenden Wild- oder Bankivahuhns. Ihre verschiedenartige Größe und Gefiederfarbe zeigt, wie durch gezielte Zuchtwahl eine Vielzahl genetischer Variationen aus der Erbmasse der Wildhühner entstanden ist. Seltene genetische Varianten wurden vom Menschen wegen ihrer Schönheit, des Fleisches oder der Legequalitäten ausgewählt und weitergezüchtet.

Bankivahühner wurden ursprünglich möglicherweise für Hahnenkämpfe domestiziert. Für diese gibt es in China bereits seit 1000 v. Chr. Belege. In Großbritannien wurden Hahnenkämpfe erst 1849 verboten.

Verschiedene Arten wurden wegen diverser Vorzüge gezüchtet. Bantamhühner sind sehr klein und brauchen weniger Platz als das schöne, langschwänzige Yokohama-Huhn. Das nach dem Ersten Weltkrieg in Europa gezüchtete Maranhuhn ist für seine braunen Eier bekannt. Die im Mittelmeerraum verbreiteten Hühner wie das Leghorn und das Ancona-Huhn wurden von Geflügelliebhabern in den USA aus italienischen Tieren weitergezüchtet. Das für seine Legefreudigkeit berühmte Rhode Island Red stammt von den Leghorns ab.

HAUSHÜHNER HABEN BIS HEUTE einige Verhaltensweisen ihrer wilden Vorfahren behalten. Die Hühner auf dem Bauernhof scharren im Boden nach Insekten und Samenkörnern, genauso wie das Bankivahuhn im Urwald. Das laute Kikeriki der Hähne dokumentiert ihren Gebietsanspruch und ist bei Sonnenaufgang auch im Dschungel Asiens zu hören, wo der Bankivahahn sein Revier verteidigt.

☞ *90 TRUTHAHN*

Hummel-Tag

Hummeln gehören zur selben Gruppe (*Apoidea*) wie die Bienen, aber ihre Völker bestehen nicht jahrelang; bei ihnen überwintern nur die Königinnen und bilden jedes Jahr einen neuen Staat. Die ersten Hummeln, die schlüpfen, sind Arbeiterinnen, deren Aufgabe es ist, das Nest den ganzen Sommer über zu betreuen. Männchen und neue Königinnen schlüpfen erst im Herbst.

Nach den ersten warmen Tagen verläßt die Königin ihr unterirdisches Winterquartier.

Sie ernährt sich von Nektar und Pollen baut die ersten Wachszellen für ihr Nest.

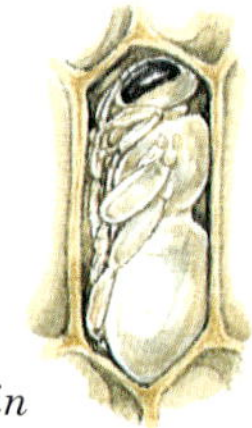

In jede dieser wenigen Zellen legt die Königin ein Ei und versorgt es mit etwas Honig.

Aus diesem ersten Gelege schlüpfen kleine Arbeiterinnen.

Statt der Königin sorgen von nun an die Arbeiterinnen für Futter und bauen das Nest weiter. Die nächste Arbeiterinnengeneration ist bereits größer.

EIN NISTQUARTIER FÜR HUMMELN ist leicht anzulegen. Grabe ein Loch, in das ein umgedrehter Blumentopf hineinpaßt. Lege eine Handvoll Sägemehl auf den Grund des Lochs, setze den Blumentopf umgekehrt darauf und fülle an den Rändern die Erde wieder auf. Der Boden des Blumentopfs sollte nun knapp über der Erdoberfläche liegen. Schütze das Loch vor Regen, indem du einen alten Dachziegel auf Steinen aufgestützt darüberlegst.

☞ 76 WESPE

Leierschwanz-Tag

Die feuchten Eukalyptuswälder Australiens sind die Heimat des fasanengroßen Leierschwanzes, dessen unscheinbares Gefieder sich bei den Männchen während der Paarungszeit wandelt. Das Zurschaustellen der langen leierförmigen Schwanzfedern gehört zu seinem Balzritual.

Leierschwänze sind die größten Singvögel und können andere Laute hervorragend nachahmen. Bis zu 80 % ihrer lauten Gesänge können von anderen Vögeln entlehnt sein. Leierschwänze können sogar bellende Hunde imitieren.

Insekten stellen die Hauptnahrung der Leierschwänze dar. Sie scharren sie methodisch mit ihren großen, mit scharfen Krallen versehenen Füßen aus dem Laub.

Jedes Männchen paart sich mit mehreren Weibchen, von denen jedes ein einziges Ei ausbrütet. Das Brüten dauert ca. 45 Tage, und die Jungen werden erst nach weiteren 50 Tagen flügge. Danach bleiben sie noch acht Monate bei ihrer Mutter und lassen sich von ihr füttern.

Leierschwänze sind schlechte Flieger. Sie klettern, von einem Ast zum nächsthöheren hüpfend, auf Bäume, um dort die Nacht zu verbringen. Bei Tagesanbruch gleiten sie wieder zur Erde. Sie sind schnelle, agile Läufer und im dichten Gestrüpp nur schwer auszumachen.

ZAHLREICHE VÖGEL IMITIEREN die Gesänge anderer Arten. Höre einmal den Rufen der Stare in den Städten zu, die sogar Düsenflugzeuge und Telefone nachahmen können.

☞ *276 PARADIESVOGEL*

Fingerhut-Tag

Viele Pflanzen enthalten wertvolle Substanzen zur Arzneimittelherstellung, und sie sind so eine Art natürlicher Apotheke. Manche tropischen Länder haben inzwischen Programme ins Leben gerufen, um die Regenwälder systematisch nach solchen Pflanzen zu durchforschen.

Das Extrakt aus dem Roten Fingerhut wurde jahrhundertelang verwendet, um Herzbeschwerden zu behandeln. Er enthält Digitalis, das in höherer Konzentration tödlich sein kann.

Der Fingerhut ist eine zweijährige Pflanze. Am Ende des ersten Jahres treibt er eine Rosette von Blättern, die auch überwintert. Im zweiten Jahr wird dann der hochwüchsige Stengel mit Blütenstand ausgebildet.

Die Samen reifen in kleinen Kapseln heran, aus denen sie herausgeschleudert werden, wenn die Rispe im Wind schwingt.

BEOBACHTE, WIE EINE HUMMEL die röhrenförmigen Blüten des Fingerhuts besucht. Der Boden der Blütenröhre dient ihr als Landeplattform, und das Tupfenmuster auf den Blütenblättern leitet das Insekt zu ihrem Nektarversteck. Während die Hummel danach sucht, streifen die Staubbeutel oben in der Blütenröhre die weißen Pollen auf dem Rücken des Tiers ab. Vermeide es, den Fingerhut zu berühren, denn alle Teile der Pflanze sind giftig.

☞ *162 GIFTIGE PFLANZEN, 332–333 HEILPFLANZEN, 344 ALOE*

Ebenen-Tag

Das trockene Klima nach der letzten Eiszeit ist verantwortlich für das Entstehen der großen Prärien im amerikanischen Mittelwesten. Auf den ›Great Plains‹ weideten einst riesige Herden grasfressender Tiere.

Die Zerstörung ihres Lebensraums durch Ackerbau führte dazu, daß von den einst etwa 40 Mio. Gabelböcken nur ungefähr 1 % übrig ist. Der Populationsrückgang konnte durch drastische Schutzmaßnahmen aufgehalten werden. Gabelböcke sind die schnellsten Landtiere Nordamerikas. Sie erreichen Höchstgeschwindigkeiten von bis zu 70 km/h und springen bis zu 15 m weit.

Präriehunde vermehrten sich explosionsartig, nachdem die Siedler ihre natürlichen Feinde, z. B. Kojoten und Pumas, dezimiert hatten. Im Jahr 1900 soll es eine Kolonie gegeben haben, die aus 400 Mio. Tieren bestand und soviel Gras verbrauchte wie eine Herde von 1,5 Mio. Rindern. Seither wurden die Bestände mit Gift bekämpft.

Vor der Ankunft der weißen Siedler lebten etwa 50 Mio. Bisons auf den Great Plains. Sie waren die Lebensgrundlage für Sioux-, Comanche- und Blackfoot-Indianer. Am Ende des 19. Jh. waren die donnernden Herden verschwunden: Professionelle Büffeljäger hatten bis auf etwa 800 Tiere alle Bisons erlegt.

DAS KLAGENDE HEULEN der Kojoten ist immer noch ein häufig zu hörender Laut in der nächtlichen Prärie, obwohl man seit mehr als 100 Jahren versucht, sie auszurotten. Die natürliche Beute der Räuber sind Steppenhühner und Präriehunde. – Im Sommer kommt es in den weiten Ebenen immer wieder zu Bränden; Trockenheit und Wind führen dazu, daß sich die Flammen rasend schnell ausbreiten; zurück bleibt fruchtbare Asche, die den tiefwurzelnden Pflanzen, die das Feuer überstehen, als Nahrung dient.

☞ *54–55 UNTER DER ERDE, 147 GRAS, 160 WILDHUND*

Gürteltier-Tag

Es gibt etwa 20 Arten von Gürteltieren. Die kleinsten wiegen lediglich 100 g, das Riesengürteltier wird bis zu 55 kg schwer. Oberseite und Schwanz sind mit Hornplatten bedeckt, die Gürtel bilden können und die durch normale Haut verbunden sind, so daß sich das Tier bewegen kann. Das Kugelgürteltier kann sich so zusammenrollen, daß es eine vollständig gepanzerte Kugel bildet.

Wie alle anderen Gürteltiere kann sich der Gürtelmull sehr schnell eingraben.

Riesengürteltiere haben 80-100 Backenzähne, die ständig nachwachsen. Dabei handelt es sich um die primitivsten Säugetierzähne, die man kennt – es sind lediglich Stifte aus weichem Zahnbein ohne harten Zahnschmelz.

Bei der Fortpflanzung der Gürteltiere kommt es zur Polyembryonie. Das bedeutet, daß sich das befruchtete Ei teilt, und es entwickeln sich zwei oder mehrere identische Embryos. Neunbindengürteltiere z. B. haben stets eineiige Vierlinge.

Das Neunbindengürteltier ist das einzige Gürteltier Nordamerikas. Es setzt seine Hinterfüße beim Gehen flach auf den Boden – eine Gangart, die man als ›Sohlengang‹ bezeichnet.

BIS VOR ETWA 4 MIO. JAHREN waren Nord- und Südamerika zwei separate Kontinente mit unterschiedlicher Fauna. Die Gürteltiere und ihre Verwandten kamen nur in Südamerika vor. Die geologischen Ereignisse, die die Anden formten, waren auch dafür verantwortlich, daß die Kontinente schließlich am Isthmus von Panama verbunden wurden, so daß die Tiere von Nord nach Süd und umgekehrt wandern konnten. Der dadurch entstehende Konkurrenzdruck durch die aus dem Norden stammenden höher entwickelten Säugetiere war verantwortlich für das Aussterben zahlreicher Arten in Südamerika.

☞ *359 PANZER*

Mais-Tag

Nach Weizen und Reis ist Mais das wichtigste Getreide und wird sowohl als Nahrungsmittel genutzt als auch zu Tierfutter verarbeitet. Süßen Mais erntet man, bevor die Maiskolben ausgereift sind, da die Körner dann noch ihren hohen Zuckergehalt besitzen, der später zu Stärke umgewandelt wird. Popcorn besteht aus gerösteten Maiskörnern – durch die Einwirkung der Hitze wird das Wasser in den Körnern zu Dampf, der explosionsartig entweicht und dabei die Schale sprengt.

Die Rispen auf der Pflanze bestehen aus männlichen Staubbeuteln, die Pollen abgeben. Aus den weiblichen Blüten an der Basis der unteren Blätter (Maiskolben) sehen seidige Griffel hervor. Der Wind trägt die Pollen von den Rispen zu den Griffeln. Daher pflanzen die Bauern Mais lieber in Blocks als in Reihen an, um sicherzustellen, daß die Befruchtung effizient ist und die Maiskolben wohlgefüllt sind.

HEUTIGE MAISKOLBEN sind zehnmal so groß wie die Samenträger ihrer wilden Vorfahren. Im Lauf von über 5000 Jahren haben viele Generationen jeweils die größten Kolben mit den meisten Körnern für den Anbau ausgewählt. Archäologen können diese Entwicklung sogar anhand von Mustern auf Tongeschirr belegen: In südamerikanischen Kulturen wurden getrocknete Maiskolben über noch feuchte Tongefäße gerollt, um Verzierungen in sie einzuprägen, und hinterließen auf diese Weise ›fossile‹ Samenspuren. Versuche einmal selbst, solche Muster in Modellierton herzustellen.

☞ *33 SONNENBLUME, 147 GRAS, 166 GETREIDE*

Nest-Tag

Es gibt Vogelnester in den verschiedensten Varianten, aber bei allen Vögeln ist der Nestbau ein instinktives Verhalten, da das Nest als sicherer Ort für das Ausbrüten der Eier und die Aufzucht der Jungen benötigt wird.

Die wohl elegantesten Nester werden von den Webervögeln in Asien und Afrika hergestellt. Das Männchen baut zunächst einen Sitzplatz und erweitert diesen dann zu einem Ring, der als Eingang zu einem hängenden, tropfenförmigen Nest dient, bei dem das Nistmaterial durch Ziehen und Schieben mit Knoten und Schleifen verwoben wird.

Der europäische Rohrsänger baut sein Nest zwischen Schilfrohren. Der Mauerläufer (ganz unten) nistet in Felsspalten, die amerikanische Trauertaube in Kakteen, wobei die Pflanze mit ihren Stacheln Räuber fernhält.

Die indischen Schneidervögel nähen ihre Nester zwischen zwei Blätter, wobei sie Fasern von Spinnennetzen durch kleine Löcher am Blattrand ziehen.

SUCHE IM WINTER in einer Hecke nach einem Nest vom letzten Jahr. Sieh dir genau an, auf welche Weise Materialien wie Zweige, Grashalme und Tierhaare in die Büsche hineingewoben sind. Manche Vögel verstärken das Nest mit Schlamm, andere bedecken es von außen mit Moos und Flechten, um es der Umgebung anzupassen. Um die instinktive Fähigkeit der Vögel richtig einschätzen zu können, versuche einmal selbst, aus den gleichen Materialien ein Nest herzustellen.

☞ *209 LAUBENVOGEL, 250 KUCKUCK*

Schwarzbären-Tag

Der Kragenbär kommt in Asien vor. Er trägt einen V-förmigen weißen Fleck auf Brust und Hals, dem er seinen Namen verdankt. Fühlt er sich bedroht, läßt er sich, zu einer Kugel zusammengerollt, Abhänge hinunterrollen.

Der amerikanische Schwarzbär (Mitte links) war einst fast im gesamten Gebiet der heutigen USA verbreitet. Inzwischen kommt er nur noch in abgelegenen Waldregionen vor, auch wenn manchmal Tiere in bewohnte Gegenden wandern, um dort die Abfalleimer zu durchwühlen. Wie die meisten Bären sind auch Schwarzbären Allesfresser, die sich von Knollen, Beeren, Fisch und Aas ernähren.

Der Lippenbär ist eine schwarzpelzige Art, die in Indien und auf Sri Lanka vorkommt. Er ernährt sich von Termiten, die er mit seinen beweglichen Lippen aufnimmt.

Im Sommer dringt der Kragenbär in den asiatischen Gebirgen auf Höhen von bis zu 4000 m vor, im Winter kehrt er in die Täler zurück, wo er auch seinen Winterschlaf hält.

IHR DICKER PELZ läßt die Bären so knuddelig wirken, was sie zu einem beliebten Thema für Zeichner und Kinderbuchautoren macht. Puh, der Bär, von A. A. Milne ist der wohl berühmteste Bär der Literatur, und wenn es ein wirkliches Vorbild für ihn gibt, so ist das wahrscheinlich der Malaienbär. Dieser ist mit nur 1,5 m Länge die kleinste Bärenart, hat einen glatten, kurzen, weichen braunen Pelz, bewegt sich sehr langsam und liebt Honig und Sirup über alles.

☞ 279 EISBÄR

Truthahn-Tag

Der Truthahn, der heute in vielen Familien das traditionelle Weihnachtsessen ist, wurde erstmals im frühen 16. Jh. von den Spaniern nach Europa gebracht, die ihn als einen verbreiteten Hausvogel im gerade eroberten Mexiko kennengelernt hatten. Bereits 100 Jahre später waren gebratene Truthähne ein beliebtes Essen an Festtagen. Wildlebende Truthähne gibt es noch im Süden und Osten der USA sowie in Mexiko.

Der Weiße Beltsville, der zunächst nur in den USA gezüchtet wurde, ist inzwischen eine weltweit verbreitete Rasse.

Die Norfolk Schwarzrasse (unten) war über Hunderte von Jahren der britische Truthahn schlechthin. Er ist ein Abkömmling des wildlebenden Bronzetruthahns und wurde auf mexikanischen und amerikanischen Farmen bis ins frühe 20. Jh. gezüchtet.

Das wilde Truthuhn, Meleagris gallopavo, *ist die heute noch lebende Wildform.*

Um die Erzeugung von Fleisch preiswerter zu machen, wurde der Truthahn selektiv gezüchtet, so daß er rapide wächst und für ein Minimum an Ernährung ein Maximum an Gewicht zulegt, und infolgedessen ist der Brustmuskel (jener Teil, den wir am liebsten essen) riesig geworden.

Bei vielen modernen Rassen ist die Brust so groß, daß die Tiere sich nicht mehr paaren können. Deshalb wird dem Weibchen Sperma injiziert, damit seine Eier befruchtet werden.

☞ *81 HUHN*

Buschbaby-Tag

Buschbabies oder Galagos leben in den afrikanischen Wäldern. Ihr ansprechendes Aussehen, das durch die großen Augen noch verstärkt wird, hat sie zu populären Zoo- und Haustieren gemacht. Die nachtaktiven Halbaffen ernähren sich von Insekten und ergänzen ihre Speisekarte durch Früchte, Blüten, zarte Blätter und Baumsäfte.

Buschbabies bauen alle zwei oder drei Wochen ein neues kugelförmiges Blätternest.

Kielnagelgalagos (unten) haben klauenartige Fortsätze mitten auf jedem Nagel, um Insekten aus Spalten hervorziehen zu können.

Die kleinste der fünf Arten, der Urwaldgalago, wiegt lediglich 60 g.

Die Augen der Buschbabies und vieler anderer nachtaktiver Tiere leuchten in der Dunkelheit, wenn ein Lichtstrahl sie trifft. Dafür ist das sogenannte *Tapetum lucidum* verantwortlich, eine Schicht, die hinter der Netzhaut liegt und das diese durchdringende Licht auf sie zurückspiegelt.

Die Katzenaugen an deinem Fahrrad funktionieren nach demselben Prinzip, sie reflektieren das einfallende Licht.

☞ *104–105 NACHTAKTIVE TIERE, 211 LEMUR*

Wasseroberflächen-Tag

Zwei Tiergruppen haben die Wasseroberfläche als Lebensraum erobert: Die eine entwickelte bojenähnliche Hilfsmittel, um sich dort aufzuhalten, während die andere die Oberflächenspannung ausnutzt.

Sprungschwänze laufen auf der Wasseroberfläche.

Die Hydra hängt in Teichen knapp unter der Wasseroberfläche und fängt mit ihren giftigen Tentakeln Wasserflöhe.

Taumelkäfer tragen unter ihren Deckflügeln eine Luftblase.

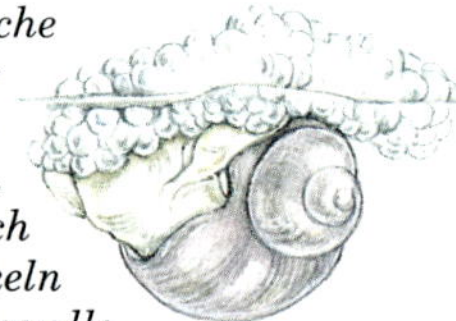

Schleimbläschen halten die subtropische Veilchen- oder Floßschnecke an der Oberfläche. Sie ernährt sich von den Tentakeln der Segelqualle.

Die Portugiesische Galeere treibt an der Oberfläche, getragen von einem großen, gasgefüllten Schwimmkörper.

Wasserjäger (oben) und Wasserläufer (rechts) nutzen die Oberflächenspannung des Wassers.

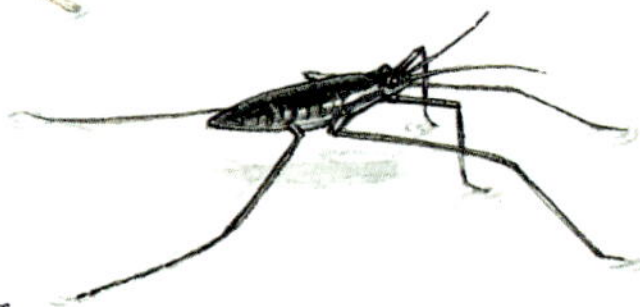

Stechmückenlarven hängen am Oberflächenfilm und atmen durch einen Schnorchel.

Du kannst die Tragkraft des Oberflächenfilms nachweisen, indem du ein Stück Küchenkrepp darauf schwimmen läßt, auf das du eine kleine Nähnadel legst. Der nasse Krepp geht unter, während die Nadel auf dem Wasser treibt.

☞ *56 TEICH, 176 HYDRA, 254 PLANKTON*

Schnabel-Tag

Der Schnabel der Vögel ist eine Verlängerung der Kiefer, die in einer hornigen Hülle stecken. Seine vorrangige Aufgabe ist es, Nahrung aufzunehmen, aber er dient auch zum Nestbau, zum Säubern des Gefieders und als Waffe.

Der kräftige Schnabel des Papageis bricht harte Früchte auf und knackt Nüsse und Samen.

Der lange Schnabel des Löfflers ist am Ende abgeflacht, und der Vogel bewegt ihn beim Waten im Wasser hin und her. Wenn die empfindlichen Nervenenden die Beute (meist kleine Krebse) ausmachen, schnappt der ›Löffel‹ zu, und der Vogel wirft den Kopf zurück und verschluckt seinen Fang.

Warum der Tukan einen so unverhältnismäßig großen Schnabel hat, ist unklar. Es könnte sein, daß er mehr als Schaustück dient als zur Nahrungsaufnahme.

Nektarvögel saugen mit Hilfe ihres langen dünnen Schnabels den süßen Saft aus röhrenförmigen Blüten.

Die Schnäbel der Kormorane sind an den Rändern rauh, damit sie schlüpfrige Fische festhalten können.

Der Schnabel des Flamingos eignet sich gut dazu, kleine Tiere aus flachem Wasser zu filtern.

MIT EINEM FERNGLAS kannst du am Strand Wasservögel beim Fressen beobachten. Du wirst feststellen, daß die verschiedenen Arten, wie Rotschenkel, Austernfischer, Brachvögel, unterschiedlich lange Schnäbel haben, was sie für verschiedene Beutetiere geeignet macht, nach denen die Vögel im sandigen und schlammigen Untergrund suchen; auf diese Art vermeiden sie eine direkte Nahrungskonkurrenz.

☞ *88 NEST, 123 TUKAN, 200 SPECHT, 205 KOLIBRI, 304 FLAMINGO*

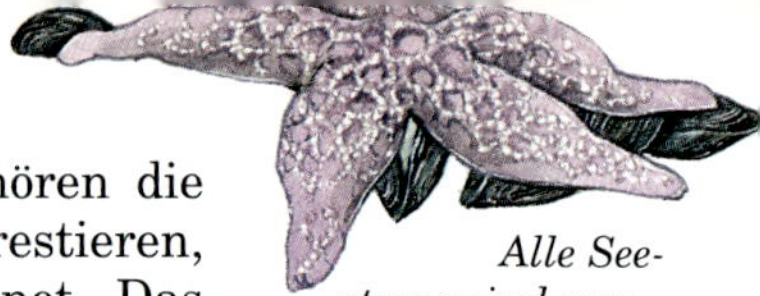

Seestern-Tag

Neben Seeigeln und Seegurken gehören die Seesterne zu einer Gruppe von Meerestieren, die man als *Echinodermen* bezeichnet. Das Wort bedeutet ›Stachelhäuter‹ – und tatsächlich fühlt sich der Seestern sehr rauh an.

Sonnensterne haben einen kleinen Körper in der Mitte und lange, bewegliche Arme. Ihre Röhrenfüße haben keine Saugnäpfe.

Alle Seesterne sind symmetrisch gebaut und haben meist fünf Arme; die sogenannten Sonnensterne können bis zu 13 aufweisen.

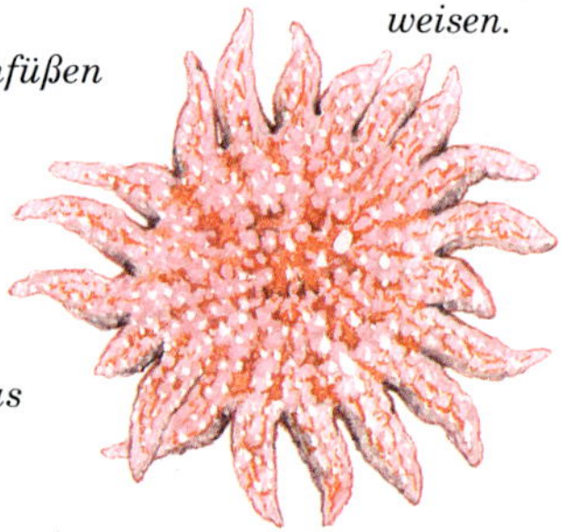

An der Spitze der Röhrenfüße sitzen kleine Saugnäpfe. Mit diesen greift der Seestern die beiden Schalenhälften von Muscheln, so daß er sie mit seinen Armen umschließt. Dann zieht er die Schalen auseinander, schiebt sein Maul und seinen ausstülpbaren Magen hinein und verdaut das Muschelfleisch.

Reihen von Röhrenfüßen dienen zur Fortbewegung wie zur Nahungsaufnahme. Die Füße werden mit Hilfe eines hydraulischen Mechanismus bewegt.

WENN DU EINEN LEBENDEN SEESTERN findest, lege ihn zusammen mit lebenden Herz- oder Kammuscheln in ein mit Meerwasser gefülltes Gefäß. Die Muscheln werden durch Bewegungen mit ihren Schalen versuchen, sich von dem Seestern zu entfernen. Sie reagieren genauso, wenn du sie in Wasser setzt, in dem sich vorher ein Seestern befunden hat: Die Muscheln können die Körperabsonderungen ihres Feindes wahrnehmen.

☞ *153 MUSCHEL, 331 SEEGURKE*

Lebende-Fossilien-Tag

Als ›lebende Fossilien‹ bezeichnet man Tiere oder Pflanzen, die die letzten Vertreter einer alten Evolutionslinie sind. Lebende Fossilien sind also die noch existierenden Exemplare von sogenannten primitiven Gruppen. Sie sind besonders für Biologen wertvoll, da man an ihnen Eigenheiten des Körperbaus studieren kann, die – vorwiegend bei den Weichteilen – in den fossilen Überresten nicht erhalten sind.

Fleischfressende Blindwühlen (oben) sehen aus wie riesige Regenwürmer, sind aber primitive Amphibien ohne Arme und Beine.

Der Hornhecht (rechts) ist der letzte Überlebende einer Gruppe von Fischen, die vor 100 Mio. Jahren weit verbreitet waren. Die fossilen Verwandten des Stummelfüßers (links) sind 550 Mio. Jahre alt.

Hoatzinjunge haben Krallen an den Flügeln wie der Archaeopteryx.

BIS 1938 HATTE MAN ANGENOMMEN, daß die Quastenflosser ausgestorben sind. Damals fand man ein lebendes Exemplar im Netz eines südafrikanischen Fischers. Die Entdeckung machte Schlagzeilen, aber erst 1952 wurde ein weiterer gefunden. Der Fang vor der südafrikanischen Küste war ein Zufall gewesen. Inzwischen hat man etwa 120 Exemplare gesammelt und untersucht und die Fische sogar in ihrer natürlichen Umgebung, im tiefen Wasser vor den Komoren, gefilmt.

☞ *170 PRIMITIVE PFLANZEN, 320 SCHACHTELHALM*

Erdnuß-Tag

Wahrscheinlich sind die östlichen Anden das Gebiet, aus dem die Erdnußpflanze ursprünglich stammt. Die Erdnuß, seit mindestens 3 000 Jahren kultiviert, wird heute in fast allen tropischen Ländern angebaut. Die wichtigsten Erzeugerländer sind Indien, China und die USA. Aus dem Öl, das aus der Erdnuß gepreßt wird, macht man Speiseöl, Margarine, man legt Sardinen darin ein und gewinnt sogar Seife daraus.

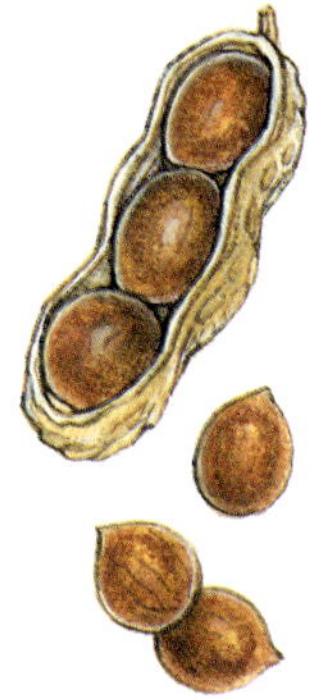

Erdnüsse sind sehr nahrhaft und enthalten etwa 30 % Proteine und bis zu 50 % Öl. Erdnußbutter gewinnt man, indem man die gerösteten Samen mahlt.

Aus den kleinen gelben Blüten entstehen spröde Schoten. Die Stiele verlängern sich, und die Hülsen bohren sich in die Erde, wo sie dann ausreifen. Dieses Phänomen, daß die Pflanze ihre Samen selbst sät, bezeichnet man als unterirdische Reifung, was im lateinischen Namen der Erdnuß, Arachis hypogaea, *ausgedrückt ist.*

ERDNUSSPFLANZEN kannst du auf einer warmen Fensterbank im Blumentopf aus Kernen selbst ziehen. Wie alle Hülsenfrüchter *(Leguminosae)* haben Erdnüsse Knöllchen an ihren Wurzeln, die symbiotische Bakterien der Gattung *Rhizobium* enthalten, die den Stickstoff aus der Luft in Nitratdünger umwandeln.

☞127 BOHNE, 326 PARTNERSCHAFT

Wolf-Tag

Das traurige Heulen der Wölfe hört man in Nordamerika immer seltener, da ihnen Jäger bis heute nachstellen. Diese großen Fleischfresser bewohnen sowohl offenes Land wie auch Wälder und ernähren sich von Karibus, Hirschen und sogar Pferden. Normalerweise jagen sie im Sommer allein oder in Paaren, sammeln sich aber im Winter zu Rudeln, die durch das Heulen zusammengerufen werden.

Der Wolf war früher in Europa, Asien und Nordamerika weit verbreitet, wurde aber fast überall systematisch ausgerottet.

Kojoten, die in den wenig bevölkerten Gebieten Nordamerikas anzutreffen sind, sind kleiner als Wölfe und ernähren sich dementsprechend von kleineren Tieren wie Kaninchen. Nach Jahrhunderten erbarmungsloser Verfolgung erkannte man inzwischen, welch wichtige Rolle die Kojoten spielen, da sie die Populationen der Ratten, Mäuse und anderer Schädlinge eingrenzen.

DER WOLF IST in Deutschland seit langem weitgehend ausgerottet. Sein Hauptverbreitungsgebiet befindet sich heute in Asien und einzelnen Gegenden Nordamerikas. Trotz der zahlreichen Geschichten greifen Wölfe sehr selten, wenn überhaupt, Menschen an. Wahrscheinlich findest du zwar keinen Wolf bei euch hinterm Haus, aber statt dessen vielleicht eine Wolfsspinne, die auf einem Stein in der Sonne Wärme tankt. Diese Spinnenart webt keine Netze, sondern verfolgt ihre wirbellosen Beutetiere, bis sie ermüden, ähnlich wie es Wölfe mit Hirschen und Rehen tun.

☞ *140 FUCHS, 160 WILDHUND*

Fischadler-Tag

Fischadler waren einst auf der ganzen Welt verbreitet, mit Ausnahme von Neuseeland und den Polarregionen. Heute sind die Bestände vielerorts ausgerottet oder stark gefährdet. Wenn die großen und weithin sichtbaren Vögel fliegen, kann man ihre schwarzweiße Färbung, ihren kurzen Schwanz und ihre abgewinkelten Flügel gut erkennen.

Der äußere Zeh des Fischadlers ist drehbar wie der einer Eule, so daß er den Fisch sicher mit zwei Zehen vorn und zwei hinten umgreifen kann.

Fischadler kreisen 20-40 m über dem Wasser. Wenn sie ihre Beute ausgemacht haben, stoßen sie mit vorgestreckten Klauen auf sie herab.

Der Fischadler kehrt mit dem Fisch in den Klauen zu seinem Nest oder einem bequemen Sitz zurück.

Fischadler bauen in der Regel auf Bäumen gewaltige Nester aus großen Stöcken und Ästen. Sie kehren Jahr für Jahr zu diesem Nest zurück und bauen weiter daran. Das Gelege besteht gewöhnlich aus drei Eiern, die hauptsächlich vom Weibchen ausgebrütet werden.

WILDHÜTER, DIE ÜBERZEUGT WAREN, daß Fischadler Forellen und Lachse raubten, Eiersammler, die ihren schönen Eiern nachstellten, und nicht zuletzt die Verschmutzung der Gewässer vertrieben Ende des 19. Jh. die letzten Fischadler aus Mitteleuropa. In Deutschland ist der Fischadler als Brutvogel fast völlig ausgerottet. Lediglich in Mecklenburg nisten noch einige Paare. Informationen über Vogelschutzmaßnahmen erhältst du vom Naturschutzbund Deutschland (NABU) e.V., Herbert-Rabius-Straße 26, 53225 Bonn.

☞ *270 ADLER, 360 BASSTÖLPEL*

Kaffee-Tag

Kaffee stammt ursprünglich aus Afrika, wird heute aber weltweit in den Tropen angebaut, wobei die besten Qualitäten von hochgelegenen Pflanzungen kommen. Er ist ein wertvolles Handelsgut und wird vor allem nach Europa und Nordamerika verkauft. Brasilien ist der größte Kaffeeproduzent, doch auch für viele kleinere Länder in Afrika, Mittel- und Südamerika stellt er das wichtigste Exportgut dar.

Kaffeeblüten haben einen angenehmen Duft.

Unreife Kaffeekirschen sind grün.

Aus gerösteten Zichorienwurzeln (rechts) stellte man während des Kriegs in Europa den sogenannten Kaffee-Ersatz her. Heute wird er noch manchmal echtem Kaffee zugesetzt, um seinen Geschmack zu verbessern.

Wenn die Beeren des Kaffeestrauchs, die sogenannten Kaffeekirschen, rot sind, sind sie reif. Jede Beere enthält zwei Kaffeebohnen.

Die Früchte werden oft noch von Hand von den 4-5 m hohen Kaffeesträuchern gepflückt, anschließend wird das Fruchtfleisch maschinell entfernt. Man läßt den Brei aus Fleisch und Bohnen fermentieren, wäscht dann die Reste des Fruchtfleisches ab und trocknet die Kaffeebohnen in der Sonne. Bevor die Bohnen in den Laden kommen, müssen sie geröstet werden. Nur so entwickeln sie ihren typischen Duft. Vor dem Aufgießen werden die Bohnen gemahlen.

☞ *44 TEE*

Tag des eßbaren Tangs

Auf der ganzen Welt essen Menschen, die an der Küste leben, Seetang, aber die Japaner sind die Hauptkonsumenten dieser marinen Alge. Tang enthält viel Vitamin A und C und nimmt darüber hinaus viel Jod auf, so daß die Menschen, die sich davon ernähren, nie einen Kropf bekommen, also an einer Fehlfunktion der Schilddrüse erkranken, die durch Jodmangel entsteht.

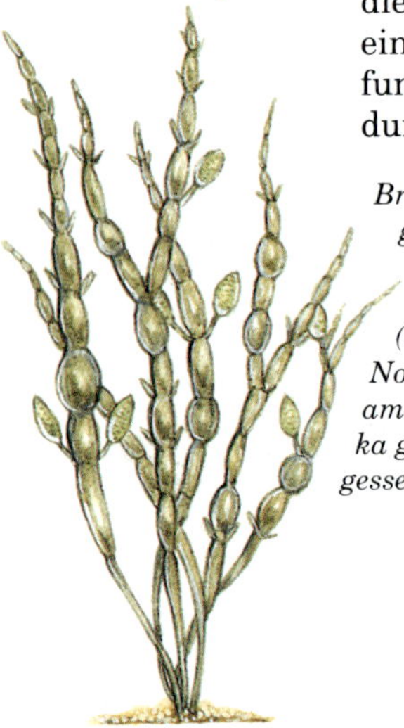

Braunalgen (links) enthalten Alginate, die in der Nahrungsmittelindustrie eingesetzt werden. Speise-Rotalgen (rechts) werden in Nordamerika gegessen.

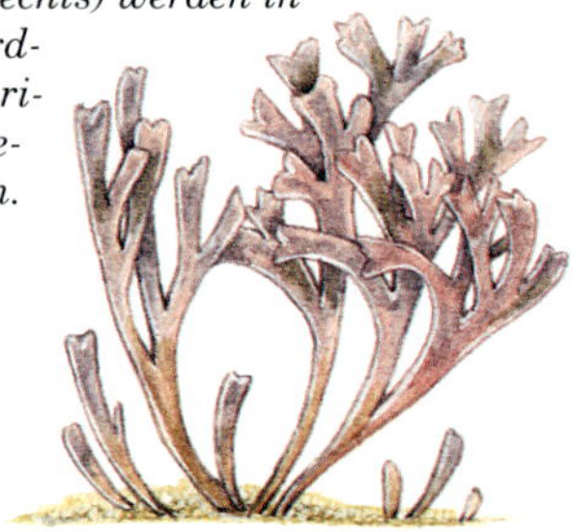

Der Purpurtang (oben) wird in Südwales gebraten; das Gericht bezeichnet man als Lavabrot. In Japan backt man damit flache Kuchen, genannt Nori.

In Irland sammelt man Knorpeltang, den man mit Kakao zu einem heilenden Getränk gegen Lungenkrankheiten verarbeitet. Manchmal verwendet man dort Meersalat (unten links) für Salate.

Der Anbau von Seetang zur kommerziellen Nutzung zusätzlicher natürlicher Nahrungsquellen ist ein wichtiger Wirtschaftszweig. Sieh dir die Liste der Zusatzstoffe bei Tütensuppen an. Viele enthalten Agar-Agar und Alginate – beides Produkte aus Seetang.

☞ 315 GEZEITENTÜMPEL

Schaben-Tag

Es gibt 3000 bis 4000 Schabenarten, und die Gruppe hat einen sehr langen Stammbaum. Fossilien aus dem Karbon (vor etwa 320 Mio. Jahren) weisen kaum Unterschiede zu den heutigen Arten auf. Schaben sind allesfressende Vertilger von Unrat, und fast alle Arten sind nachtaktiv. Einige wurden zu einer Plage: In Küchen, Abwasserrohren und Mülleimern suchen sie nach Nahrung und übertragen Krankheitserreger.

In der freien Wildbahn leben Schaben in Spalten unter der Baumrinde, in Felsspalten und zwischen Blättern am Waldboden. Ihr abgeflachter Körper ist gut an das Leben in schmalen Zwischenräumen angepaßt.

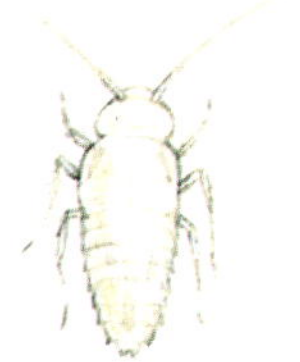

Schabeneier sehen wie kleine Bohnen aus. Die frischgeschlüpften Larven (oben) sind fast weiß, werden aber schnell braun.

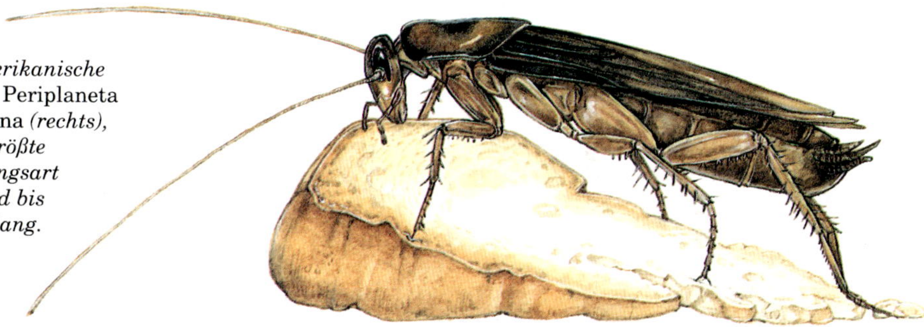

Die Amerikanische Schabe, Periplaneta americana *(rechts), ist die größte Schädlingsart und wird bis 80 mm lang.*

SCHABEN SIND *exopterygote* Insekten (›Außenflügler‹), d. h., die Flügel entwickeln sich nach und nach an der Außenseite des Körpers, mit jeder Häutung etwas mehr. *Endopterygote* Insekten (›Innenflügler‹) machen eine Metamorphose von der Larve über die Puppe zu mit ganzen Flügeln versehenen ausgewachsenen Tieren durch. Die Entwicklung der *exopterygoten* Insekten, bei der die Larven dem Elterntier schrittweise immer ähnlicher werden, bezeichnet man als unvollkommene Verwandlung.

☞ *273 HEUSCHRECKEN*

Fischschnauzen-Tag

Mit seiner langen, nach unten hängenden Schnauze kann der nachtaktive Tapirfisch Würmer vom Grund afrikanischer Seen aufnehmen, die er mittels elektrischer Entladungen ausmacht.

In einem einzigen Lebensraum können zahlreiche Arten nebeneinander existieren, wenn jede spezifische Anpassungen entwickelt, mit deren Hilfe sie eine bestimmte Nahrungsquelle effizienter ausschöpfen kann als ihre Konkurrenten. Daher sind die Mäuler von Fischen oft hochspezialisiert.

Die im Atlantik lebenden Hornhechte haben einen langen Schnabel und rasiermesserscharfe Zähne.

Die breite Schnauze des Hammerhais enthält ebenfalls ein Beutesuchsystem, und die an ihren Rändern sitzenden Augen verleihen ihm ein weites Blickfeld.

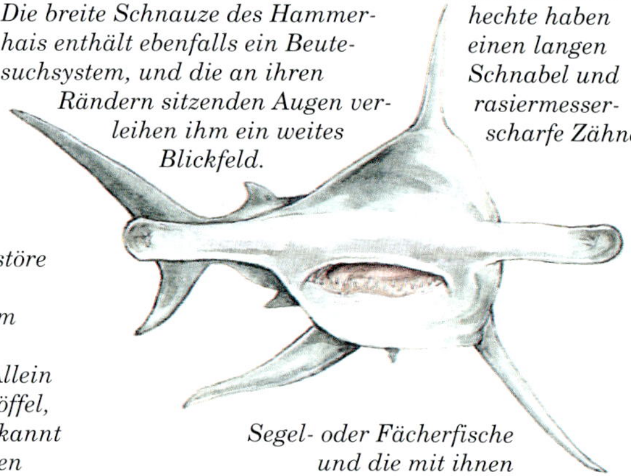

Löffelstöre kommen im Mississippi und im Jangtsekjang vor und werden bis zu 3 m lang. Allein 1 m davon entfällt auf den Löffel, dessen Funktion bis heute unbekannt ist. Möglicherweise beherbergt er einen Sensor, mit dem die Fische Planktonschwärme ausmachen können. Andere Theorien gehen davon aus, daß die Fische damit im Schlamm wühlen, Wassertiere von Pflanzen streifen oder daß die Schnauze als Stabilisator wirkt, der den Zug ihres großen geöffneten Mauls ausbalanciert.

Segel- oder Fächerfische und die mit ihnen verwandten Schwertfische und Narline haben lange Schnauzen, die sie auch als Waffen verwenden. Schwertfische können den Boden eines Bootes durchbohren.

☞ *1 HAI, 93 SCHNABEL, 148 SELTSAME NASEN, 254 PLANKTON*

Schwanz-Tag

Der Schwanz ist viel mehr als nur ein Überbleibsel der Evolution. Er wird zum Klettern, Drohen, Ausbalancieren oder Ausdrükken von Empfindungen verwendet.

Wollaffen und Schuppentiere besitzen Greifschwänze; der Schwanz des letzteren kann mit seinen messerscharfen Schuppen böse Wunden verursachen.

Die Schwanzfedern der Quetzals, rotschwänziger tropischer Vögel, Kolibris, Elstern und Häher haben nur die Aufgabe, Weibchen anzulocken.

Wenn ein Stinktier seinen Schwanz hebt, ist das ein Zeichen, daß es seinen Feind gleich mit einer stinkenden Flüssigkeit bespritzen wird.

Der Schwanz des Elefanten funktioniert wie eine kurze Lederpeitsche und dient dazu, Fliegen von seinem Hinterteil zu verscheuchen.

Der Schwanz des Känguruhs ist ein drittes Bein: Sitzt das Tier still, stützt es sich darauf ab. Springt es dagegen, dient er als Gegengewicht und Balance. Auch die gestreiften Schwänze der Kattas sind ein wichtiges Balanceorgan.

BEOBACHTE DIE BEWEGUNGEN einer Hauskatze. Wie andere Säugetiere, z. B. Füchse, Löwen und Tiger, benutzt sie den Schwanz, um bei raschen Körperbewegungen die Balance zu halten. Er kann aber auch signalisieren, ob das Tier aggressiv ist oder sich unterlegen fühlt. Man vermutet, daß auch die Schwanzflossen von Walen zur Kommunikation mit Artgenossen eingesetzt werden.

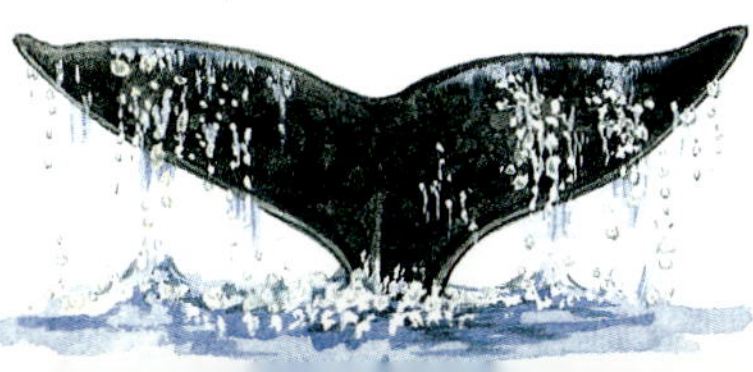

☞ *22 ZWERGMAUS, 151 PFAU, 189 TOTENKOPFÄFFCHEN*

Nachtaktive-Tiere-Tag

Tiere, die nachts jagen, haben in der Regel einen sehr feinen Geruchssinn, gute Ohren und hervorragende Augen, die es ihnen erlauben, ihre Beute auch bei Dunkelheit auszumachen.

Die Loris bewegen sich langsam und lautlos durch die Bäume und greifen dann plötzlich nach ihrer Beute.

Der Linsang (oder Pojana) gehört zur Familie der Schleichkatzen, die mehr als 70 Arten umfaßt, darunter auch Ginster- und Zibetkatzen. Diese nachtaktiven Jäger erbeuten Hühner, kleine Säugetiere und Vögel. Die meisten von ihnen bekommt der Mensch nie zu Gesicht, und man weiß noch recht wenig über sie.

Im australischen Busch leben die Schnabeligel, eierlegende Säugetiere, die nachts nach Termiten, Insekten und Würmern graben.

Die allesfressenden Nachtaffen oder Mirikinas Südamerikas sind die einzige nachtaktive Affenart. Wie Loris und Makis haben sie sehr große Augen, mit denen sie auch bei Nacht ausgezeichnet sehen.

Zu den fliegenden nächtlichen Jägern zählen Fledermäuse, die im Dunkeln ihre Beute – vor allem Insekten – mit Hilfe eines Echoortungssystems ausmachen. Die Fledermaus erzeugt in ihrem Kehlkopf Ultraschallwellen, die durch den Mund oder die Nase ausgesandt werden und eine Reichweite von 4-5 m haben. Wenn diese Wellen auf Hindernisse treffen, nimmt die Fledermaus ein Echo wahr, das ihr eine Art gehörtes Raumbild vermittelt.

Das Honigopossum, ein kleines, mausartiges Beuteltier, ernährt sich bei Nacht von Nektar und Insekten. Man bekommt es selten zu Gesicht – außer wenn es von einer Hauskatze erbeutet wird.

Es ist schwierig, das Verhalten nachtaktiver Tiere wie der Schlankloris zu beobachten, und hier gibt es für die Forscher noch viel zu tun.

Koboldmakis, die überall auf den Philippinen, Sumatra und Borneo vorkommen, haben große Ohren und Augen, deren dunkle Pupillen sich im Tageslicht auf die Größe eines Stecknadelkopfs zusammenziehen. Sie ernähren sich von Insekten und kleinen Vögeln, während sie von Ast zu Ast springen.

Die Dunkelheit erschwert die Kommunikation. Männliche Glühwürmchen versuchen, die Aufmerksamkeit der Weibchen mit Hilfe eines Leuchtorgans am Hinterleib zu erregen, während der Ruf des Waldkäuzchens ein hörbares Balzsignal darstellt.

Die Lebensgewohnheiten des europäischen Dachses sind mit Hilfe von Infrarotkameras genau beobachtet und ausgewertet worden.

Geh bei Dunkelheit mit einer Taschenlampe in den Garten und suche nach kleinen Tieren, die nächtliche Räuber anziehen. Du wirst Nacktschnecken finden, Würmer und Falter, die vom Schein der Taschenlampe angezogen werden. Alle diese Tiere sind Teil einer Nahrungskette: Sie werden von Fröschen und Mäusen gefressen, die ihrerseits die Beute größerer Räuber wie Igel, Dachse und Eulen sind.

☞ *253 EULE, 271 FLEDERTIERE, 286 BIOLUMINESZENZ, 345 ALGE, 363 DACHS*

Magnolien-Tag

Fossile Funde beweisen, daß die heutigen Magnolien viel mit den ersten blühenden Pflanzen gemeinsam haben, die es auf der Erde gab. Andere primitive Blüten wie die der *Degeneria* auf den Fidschi-Inseln (unten rechts) lassen vermuten, daß viele Pflanzen zur Zeit der Dinosaurier den heutigen Magnolien glichen.

Es gibt 125 Magnolienarten, die auf dem Himalaya, in Japan, Malaysia und Nordamerika blühen.

In diesen Fruchtblättern sitzen die Samenanlagen.

Blüten müssen bestäubt werden, ehe sie Samen entwickeln können. Die ersten Insekten, die diese Befruchtung ermöglichten, waren wahrscheinlich Käfer, die eigentlich die Blüten besuchten, um die Staubbeutel (mit den Pollen) und die Fruchtblätter (mit den Eizellen) zu fressen. Primitive Pflanzen wie Magnolien und Degeneria *haben große, widerstandsfähige Blüten und viele Staubbeutel und Fruchtblätter, um sicherzustellen, daß wenigstens ein paar Pollen und Eizellen überleben.*

RIECHE AN EINER MAGNOLIENBLÜTE. Sie verbreitet einen süßlichen Duft, der typisch für Pflanzen ist, die mit Hilfe von Käfern befruchtet werden. Öffne ein Fruchtblatt – in seinem Inneren findest du eine kleine durchscheinende Samenanlage, die durch die feste Außenhaut vor den Angriffen der Käfer geschützt ist.

☞ *196 BLÜTE, 318 KIEFER*

Zikaden-Tag

Die Zikade gehört einer Unterordnung der Insekten an, die als Schnabelkerfe (*Homoptera*) bezeichnet werden und sich von Pflanzensaft ernähren, den sie aufsaugen. Die Weibchen legen ihre Eier in den Zweigen ab, und die Larven kriechen dann den Stamm hinunter und graben sich mit Hilfe ihrer vergrößerten Vorderbeine in den Boden ein, wo sie den Saft aus den Baumwurzeln saugen und sich mehrere Jahre lang entwickeln.

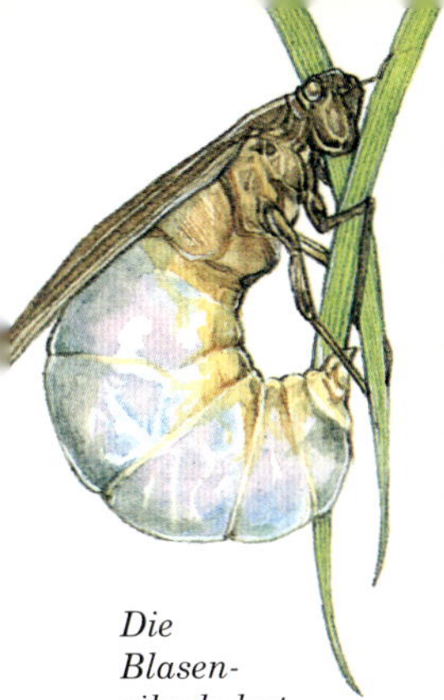

Die Blasenzikade hat einen vergrößerten Hinterleib.

Die transparenten Membranflügel der Zikaden bilden sich erst bei der letzten Häutung der Larve aus.

Die *Siebzehnjahr-Zikade hält den Rekord in langsamer Entwicklung: Sie bleibt 17 Jahre unter der Erde! Die Nymphen kommen oft in riesigen Mengen an die Erdoberfläche und erklettern dann die Baumstämme, wo die ausgewachsenen Tiere nur zwei bis drei Wochen leben, ihre Liebeslieder singen, sich paaren und sterben.*

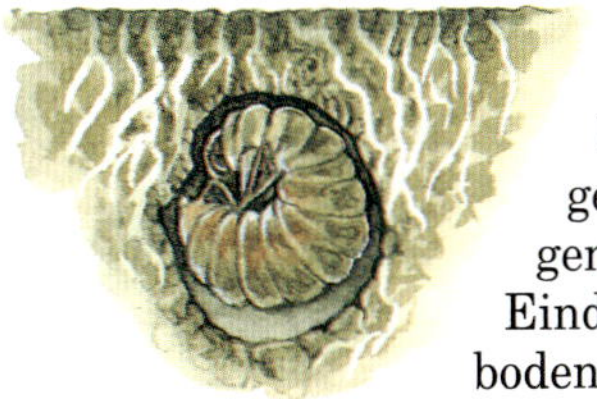

DIE PAARUNGSRUFE DER ZIKADEN werden von einem Paar harter Membrane am Hinterleib der Männchen hervorgebracht, die durch Muskelkonktraktionen in Schwingungen versetzt werden. Das Geräusch entsteht durch das Eindellen und Zurückspringen der Membran; als Resonanzboden dient eine große Blase im Hinterleib. Du kannst denselben Effekt erzielen, indem du ein großes Stück steifen Karton an den Rändern festhältst und zum Schwingen bringst.

☞ *61 MILBE, 273 HEUSCHRECKE*

Seepferdchen-Tag

Seepferdchen zählen zu einer Gruppe von Fischen, die als Seenadeln bezeichnet werden. Sie haben langgestreckte Körper mit einer langen Schnauze und einer einzigen Rückenflosse, die den Fisch mit schnellen wellenartigen Bewegungen vorwärtstreibt. Bei Seepferdchen ist der Kopf im 90°-Winkel zum Körper gebogen, und es besitzt einen beweglichen Greifschwanz.

Die lange Schnauze funktioniert wie ein Staubsauger: Sie saugt kleine Nahrungspartikel aus der Umgebung an.

Seepferdchen kommen in allen warmen Meeren der Welt vor, und die im Mittelmeer heimische Art gelangt mit warmen Meeresströmungen manchmal bis vor die Küsten Großbritanniens. Die interessantesten Seepferdchen leben in tropischen Gewässern, z. B. der blattförmige Fetzenfisch (unten), der vor der Küste Südaustraliens vorkommt. Aufgrund seiner Körperform ist er zwischen Seetang hervorragend getarnt.

DAS FORTPFLANZUNGSVERHALTEN DER SEEPFERDCHEN ist noch seltsamer als ihr Aussehen, denn bei ihnen bringen die Männchen lebende Junge zur Welt. Die Weibchen legen die Eier in einen gepanzerten Beutel, das *Marsupium*, am Bauch des Männchens. Dieses befruchtet die Eier und brütet sie etwa vier Wochen lang in seinem Beutel aus. Dann durchlebt das Männchen etwa 24 Stunden lang Kontraktionen, durch die die vollständig ausgebildeten jungen Seepferdchen ausgestoßen werden.

☞ *152 MAULBRÜTER, 305 BEUTELTIERE*

Schuppentier-Tag

Schuppentiere sind mit übereinanderliegenden Schuppen bedeckt. Bei der Geburt sind diese noch weich, werden aber bald hart. Wenn es sich bedroht fühlt, kann sich das Schuppentier zu einem Ball einrollen und so seinen Kopf und die weiche Unterseite seines Körpers schützen. Alle Schuppentiere können auf Bäume klettern – alle drei afrikanischen Arten sind Baumbewohner und setzen ihre Greifschwänze als fünfte Gliedmaße ein.

Der andere Name des Schuppentiers, Pangolin, stammt vom malaiischen Wort ›Tenggilin‹: das Tier, das sich einrollt.

Das etwa 1 m lange nachtaktive Schuppentier hat keine Zähne, sondern benutzt seine lange, klebrige Zunge, um Termiten und Ameisen zu erbeuten.

Die kräftigen Klauen des Schuppentiers dienen ihm dazu, Ameisen- und Termitenhügel aufzubrechen.

DIE SCHUPPEN des Schuppentiers ähneln Finger- oder Zehennägeln und bestehen tatsächlich aus demselben Material: Keratin. Wenn man diesen Stoff verbrennt, entwickelt er einen charakteristischen süßlichen Geruch. Bitte deine Eltern, dir beim Verbrennen abgeschnittener Fingernägel zu helfen. Eine Schuppe eines Schuppentiers riecht ebenso, wenn sie mit Feuer in Berührung kommt. Versuche es nun mit Wolle, Borsten aus einer Bürste, einer Feder und einer Haarsträhne – all das besteht ebenfalls aus Keratin.

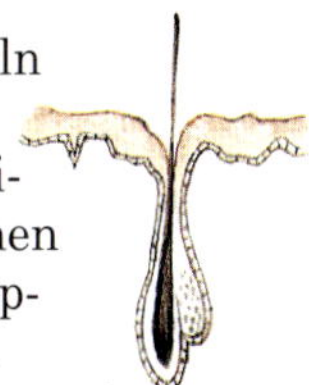

☞ *103 SCHWANZ*

Faultiere bewegen sich mit einer max. Geschwindigkeit von nur 2 km/h.

Faultier-Tag

Faultiere sind Säugetiere mit langen Klauen an starken Armen und Beinen, die den größten Teil ihres Lebens, den Rücken nach unten gerichtet, an Ästen hängend verbringen. Sie können den Kopf um 270 Grad drehen. Ihr Fell ist steif und rauh, so daß das Regenwasser gut von ihrem Körper ablaufen kann.

Das Fell des Faultiers hat in feuchter Umgebung einen grünlichen Schimmer, da Algen auf seinen Haaren wachsen. So ist es im Laubdach der tropischen Regenwälder gut getarnt.

Das Dreifinger-Faultier schläft jeden Tag 18 Stunden.

Faultiere können auf dem Boden nicht laufen, vielmehr ziehen sie sich liegend mit ihren Klauen vorwärts.

DAS HERZ DES FAULTIERS schlägt nur fünfzehnmal in der Minute, das der Spitzmaus dagegen fast 1000mal. Wenn dein Herz schlägt, pumpt es das Blut durch deinen Körper. Mit jedem Herzschlag dehnen sich die Arterien dabei ein wenig aus. Fühle deinen Puls und zähle, wie oft er schlägt. Nun laufe eine Weile auf der Stelle oder renne Treppen auf und ab. Prüfe dann noch einmal deinen Puls. Er schlägt nun schneller. Dein Herz schlägt nämlich ebenfalls schneller, um den Körper mit dem zusätzlich benötigten Sauerstoff zu versorgen.

☞ *326 PARTNERSCHAFT*

Feigenkaktus-Tag

Zu Beginn des 20. Jh. breitete sich der Feigenkaktus, der als Heckenpflanze in Australien eingeführt worden war, auf Tausenden von Quadratkilometern Weideland aus.

Bei dem aus Mittelamerika stammenden Feigenkaktus, *Opuntia*, handelt es sich zwar um einen Kaktus, aber nicht um die typische langsam wachsende Form. Außerhalb seines angestammten Lebensraums kann er zu einem lästigen Unkraut werden, da er schnell wächst und undurchdringliche stachlige Dikkichte von über 3 m Höhe bildet, die alle anderen Pflanzen ersticken und bei Haustieren böse Wunden verursachen können.

Bei Untersuchungen der Opuntia *in Südamerika fand man heraus, daß die Verbreitung der Pflanze dort durch den Befall der Raupe einer kleinen Falterart in Grenzen gehalten wird.*

Die Raupen des Cactoblastis cactorum *wurden nach Australien eingeführt und dort gezüchtet, bis man sie in großer Zahl in die freie Wildbahn entlassen konnte.*

Innerhalb von nur zehn Jahren war die Kaktusfeige in Australien kein Schädling mehr.

DIE FRÜCHTE EINIGER ARTEN des Feigenkaktus sind eßbar und werden auch bei uns angeboten. Du mußt sie vor dem Essen gründlich schälen. Aus den kleinen Kernen kannst du in feuchter Blumenerde kleine Kaktuspflanzen ziehen. Sie gedeihen gut auf einer sonnigen Fensterbank und können im Sommer auch draußen stehen.

☞ *149 KAKTUS*

Kohl-Tag

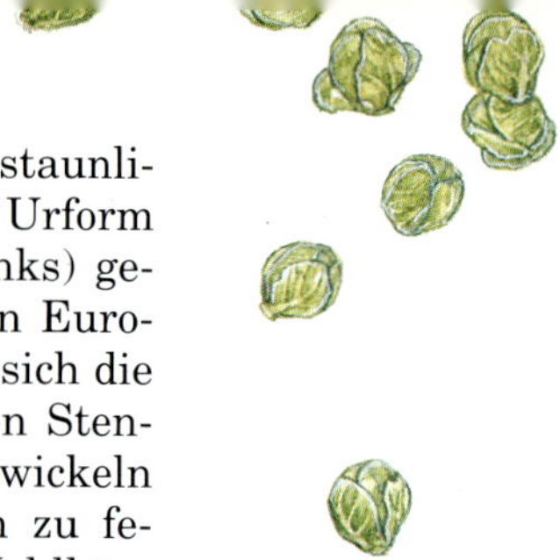

Rotkohl erhält seine Farbe von dem Pigment Anthocyanin.

Kohl, *Brassica oleracea*, wurde in erstaunlicher Vielfalt aus nur einer einzigen Urform gezüchtet. Der wilde Kohl (unten links) gedeiht an den felsigen Küstenregionen Europas. Bei den Kulturformen schließen sich die Blätter zu einer festen Kugel um den Stengel der Pflanze. Bei Rosenkohl entwickeln sich die blattachselständigen Blüten zu festen kleinen Kugeln, die winzigen Kohlköpfen gleichen und am Stengel sitzen.

Broccoli bildet viele kleine lockere Blütenköpfchen. Was wir essen, sind die unreifen Knospen. Leicht lilafarbene Arten werden grün, wenn man sie kocht.

Grünkohl ist sehr widerstandsfähig und garantiert daher den ganzen Winter über die Versorgung mit frischem Gemüse. Viele Arten verwendet man auch als Viehfutter.

UM DEN FARBSTOFF ANTHOCYANIN aus Rotkohl zu extrahieren, nimm einige Blätter und laß sie in etwas Wasser kochen; gieß die Flüssigkeit durch ein Sieb und verteile sie in zwei Gefäße. Das Pigment ändert seine Farbe, je nachdem, ob die Flüssigkeit, in der es gelöst ist, sauer oder alkalisch reagiert: Wenn du Bleichsoda (alkalisch) zugibst, wird sie grün, bei Essig hingegen nimmt sie eine rosa Färbung an.

☞ *197 PFLANZENFARBE*

Riesenmuschel-Tag

Insgesamt gibt es sieben Riesenmuschelarten, die alle von einer mikroskopisch kleinen einzelligen Alge, der Zooxanthella, *abhängen. Die Alge produziert mittels der Photosynthese Kohlenwasserstoffe, die die Muschel zum Überleben braucht.*

In Schauergeschichten und Abenteuerromanen sind Riesenmuscheln oft gefährliche Tiere, die sich fest um die Beine nichtsahnender Taucher schließen. Tatsächlich sind sie aber durch gedankenloses Sammeln stark gefährdet. Im gesamten indopazifischen Raum gilt das Fleisch der Riesenmuschel als Delikatesse, und die Schließmuskeln, die die beiden Schalen der Muschel zusammenziehen, werden für viel Geld gehandelt. Die Schalen können bis zu 1 m Durchmesser erreichen.

DIE KULTIVIERUNG MEERESBEWOHNENDER TIERE und Pflanzen ist ein schnell wachsender Wirtschaftszweig. Inzwischen gibt es auch Farmen für Riesenmuscheln. Die jungen Muscheln benötigen lediglich klares, warmes Wasser und Sonnenlicht. Sie werden in Meerwasseraquarien gezüchtet, bis sie etwa 2 cm groß sind. Danach setzt man sie in Plastikkäfigen in den Ozean ein, bis sie einen Durchmesser von ca. 20 cm erreicht haben und damit groß genug sind, um den Transport und die Aussetzung auf einem Riff zu überstehen. Die wirklich riesigen Muscheln sind nicht selten 50 Jahre alt und älter.

☞ *153 MUSCHEL*

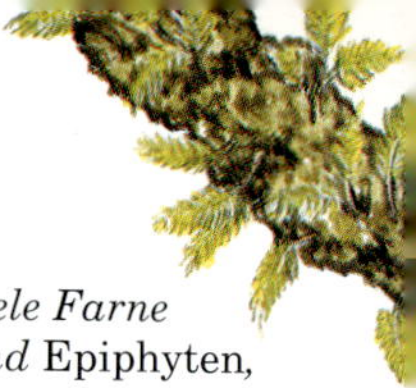

Farn-Tag

Farne sind uralte Pflanzen – sie kolonisierten die Erde 200 Mio. Jahre vor den ersten Blütenpflanzen und machten die Mehrzahl der Gewächse in den Wäldern aus, in denen die Dinosaurier lebten. Die kleinsten Farne sind nur 2 oder 3 cm groß, doch der Baumfarn (links) kann 25 m hoch werden.

Viele Farne sind Epiphyten, *d. h., sie wachsen auf Baumstämmen oder Ästen.*

Die Farnwedel entsprechen den Blättern bei Blütenpflanzen. Sie sprießen spiralig aufgerollt aus der Erde und entrollen sich dann. Die Farnsporen entwickeln sich in den Sori *– braunen Flecken an der Unterseite der Farnwedel.*

Andere Arten wachsen im Boden oder sogar im Wasser.

SUCHE EINEN FARNWEDEL mit reifen *Sori*. Gib etwas feuchten Torf in einen Blumentopf und schüttle den Farnwedel darüber aus. Decke den Blumentopf mit einer Plastiktüte ab und bewahre ihn an einem warmen, feuchten, schattigen Ort auf. Nach einer Weile zeigen sich runde oder herzförmige grüne *Prothalli*. Die winzigen männlichen Samenzellen an einem Ende des *Prothallium* bewegen sich zum anderen Ende, treffen dort auf eine weibliche Zelle und befruchten sie. Daraus wächst dann der neue Farn, während das *Prothallium* verwelkt.

☞ *62 MOOS, 170 PRIMITIVE PFLANZEN, 320 SCHACHTELHALM*

Gnu-Tag

Das Gnu ist eine wenig attraktive Kuhantilope. Es gibt zwei Arten: das Weißschwanz- und das Streifengnu (unten). Verwirrenderweise bezeichnet man eine Unterart des Streifengnus auch als Weißbartgnu. Gnus leben in den afrikanischen Savannen, wo sie zu den zahlenmäßig stärksten Grasfressern gehören.

Vor dem Beginn der Regenzeit in Ostafrika ziehen die Gnus in gewaltigen Herden nach Süden und Westen in die Gegenden, wo der Regen zuerst fallen wird.

Die Herden wirbeln so große Staubwolken auf, daß man sie von Passagierflugzeugen in normaler Flughöhe aus sehen kann. Gnus können auch mit dem Wind über 100 km entfernten Regen riechen.

WENN DIE LEITTIERE mittels ihres Geruchssinnes feststellen, daß der Regen kommt, ziehen sie mit ihren Herden gegen den Wind dem Wasser entgegen. Wo es geregnet hat, sprießt das Gras, und die Gnus kommen gerade rechtzeitig an, um die saftigen jungen Triebe abzugrasen. Die Ankunft der Gnus und zahlreicher anderer Pflanzenfresser wiederum bedeutet reiche Beute für Löwen und Geparden. Während der Regenzeit gibt es genügend Futter, und so bringen die weiblichen Gnus jetzt ihre Jungen zur Welt.

☞ *59 HIRSCH, 118 WANDERUNG*

Erdbeer-Tag

Die ersten Erdbeerpflanzen kamen um 1600 nach Europa. Sie stammten von der Ostküste Amerikas. Etwa 100 Jahre später importierte man eine weitere Erdbeerart von der amerikanischen Westküste. Die aus der Kreuzung dieser beiden Arten hervorgegangenen Hybriden sind die Vorfahren unserer heutigen Erdbeerpflanzen.

Die Erdbeeren im Garten müssen mit Netzen vor Vögeln, Eichhörnchen und Mäusen geschützt werden.

Viele Erdbeerarten werden von Insekten bestäubt. Besonders Bienen lieben die im Spätfrühling erscheinenden Erdbeerblüten.

Erdbeeren sind sogenannte Scheinfrüchte – die Samen liegen an der Außenseite des fleischigen, verdickten Blütenbodens. Eigentlich ist jeder Same, jedes der kleinen Körnchen, eine eigene Frucht.

Wilde Alpenerdbeeren werden – im Unterschied zu den Kultursorten – nicht von Vögeln gefressen.

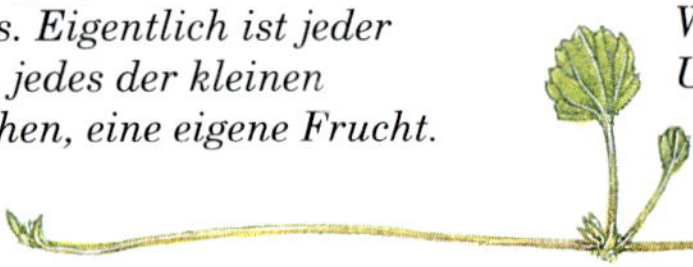

Erdbeeren können sich nicht nur aus Samen vermehren, sondern auch durch sogenannte Ausläufer, an denen sich neue Pflanzen bilden.

FÜR DIE KLASSIFIZIERUNG von Lebewesen ist es wichtig, verschiedene Merkmale zu vergleichen. Die Früchte des Erdbeerbaums z. B. sehen Erdbeeren ähnlich, obwohl er ein Heidekrautgewächs ist und zu einer ganz anderen Pflanzenfamilie gehört. Erdbeeren gehören zur Familie der Rosengewächse (*Rosaceae*), und wenn du dir die Blüten von wilden Rosen und wilden Erdbeeren näher anschaust, wirst du Ähnlichkeiten feststellen.

☞ 38 WILDROSE

Muschel-und-Schneckenschalen-Tag

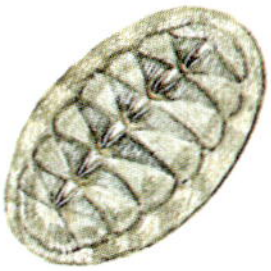

Schalen sind aus Kalk bestehende Schutzhüllen, die hauptsächlich von zwei Gruppen von Mollusken gebildet werden, den Schnecken (Napfschnecken, Weinbergschnecken usw.) und den zweischaligen Muscheln (Venusmuscheln, Miesmuscheln, Kammuscheln usw.). Zu den schalenbildenden Mollusken gehören auch Nautilus und Papierboot, Kahnfüßer, Käferschnecken und Urmützenschnecken.

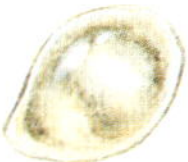

Der Glanz der Lippe der Porzellan- oder Kaurischnecke entsteht, wenn der Mantel über die Schale gleitet, während er sie aufbaut.

Kegelschnecken sind Jäger, die Würmer, andere Mollusken und sogar kleine Fische mit einem winzigen Pfeil harpunieren, der mit einem tödlichen Nervengift versehen ist.

Kammuscheln sind zweischalige Muscheln und haben gut entwickelte Sehorgane. Sie können schwimmen, indem sie ihre Schalen öffnen und schließen, wobei sie Wasser herauspressen und sich so vorwärts treiben.

DU KANNST LEERE MUSCHELSCHALEN sammeln, die an den Strand gespült werden, und sie mit Hilfe von Bestimmungsbüchern identifizieren. Du wirst feststellen, daß bei manchen Arten die Schalen sehr unterschiedlich gefärbt sein können, was mit der Ernährung der Tiere zu tun hat.

☞ *34 NACKTKIEMERSCHNECKE, 153 MUSCHEL, 355 SCHNECKE*

Wanderungs-Tag

Tiere unternehmen Wanderungen, um ungünstigen Witterungsbedingungen auszuweichen, sich fortzupflanzen oder ausreichend Nahrung zu finden. Bei diesen Wanderungen müssen sie oft nicht nur gewaltige Strecken zurücklegen, sondern auch den richtigen Weg finden.

Aale wandern von europäischen Flüssen bis in die Sargasso-See, wo sie laichen. Die jungen Aale finden dann nur mit Hilfe ihres Instinkts den Weg zurück in die Flüsse.

Buckelwale bringen ihre Jungen in tropischen Gewässern zur Welt, doch die ausgewachsenen Tiere kehren jedes Jahr in die hohen Breitengrade zu den planktonreichen Gewässern um die Antarktis zurück.

Küstenseeschwalben nisten während des nördlichen Sommers in den subarktischen Regionen und ziehen dann nach Süden zu den antarktischen Ozeanen, um dem nördlichen Winter zu entgehen und die reichen Jagdgründe des antarktischen Sommers zu nutzen.

Monarchfalter wandern von Nordamerika in die Südstaaten der USA und nach Mexiko, um dem strengen nördlichen Winter auszuweichen.

Das afrikanische Gnu verbringt die Trockenzeit in Waldgebieten, doch die Regenzeit löst alljährlich eine Massenwanderung in die südlichen Savannen aus, die der Regen in sattes Weideland verwandelt. Lange Kolonnen von Tausenden von Gnus, oft in einer gewaltigen Staubwolke, sind eines der beeindruckendsten Naturereignisse Afrikas.

Die meisten europäischen Singvögel ziehen in der kalten Jahreszeit, wenn das Futter hier knapp wird, nach Süden und kehren erst im Frühjahr zurück. Besuche im Spätsommer oder Herbst die Küstengegend, wo Tausende von Vögeln auf dem Zug in den Süden sich ausruhen oder sich für ihre lange Reise in die Winterquartiere sammeln.

☞ *128 KÜSTENSEESCHWALBE, 154–155 WINTERSCHLAF, 362 AAL*

Schwertwal-Tag

Schwertwale oder Orcas sind in allen Ozeanen vertreten, kommen aber am häufigsten in den Meeren der Arktis und der Antarktis vor. Die Männchen werden bis zu 10 m lang und wiegen etwa 6000 kg; die Weibchen sind nur etwa halb so groß. In Gruppen von 2-40 Tieren jagen sie kleine und vor allem verletzte Wale, Robben, Delphine und Pinguine.

Schwertwale benutzen ihre Köpfe als Rammböcke, um bis zu 1 m dicke Eisschollen zu durchstoßen.

Schwertwale, die zur Familie der Delphine gehören, sind sehr intelligent und verspielt. In Delphinarien dressierte man sie dazu, erstaunliche Vorstellungen zu geben. »Orky« lebt seit 1964 in Marineland in Los Angeles und ist der größte in Gefangenschaft lebende Schwertwal.

Auch am Strand sind die Robben nicht sicher: Orcas schwimmen schnell auf den Strand zu, schießen aus dem Wasser, schnappen sich eine Robbe und lassen sich ins Wasser zurückfallen.

Der Fotograf in Robert Scotts Antarktisexpedition von 1911 baute seine Kamera auf einer Eisscholle auf, um Schwertwale zu fotografieren. Die Wale brachten die Eisscholle zum Schaukeln und versuchten sie umzukippen, so daß der Fotograf um sein Leben rennen mußte. Doch bislang wurden weder Waltrainer in Delphinarien noch Taucher im Meer von Orcas angegriffen.

☞ *1 HAI, 23 DELPHIN, 102 FISCHSCHNAUZEN*

Gehör-Tag

Geräusche erzeugen und wahrnehmen zu können, ist für Lebewesen von zentraler Bedeutung. Es dient sowohl der Kommunikation mit Artgenossen, als auch dem Aufspüren von Beutetieren. Gesang ist z. B. bei Vögeln, Fröschen und Walen wichtiger Bestandteil von Paarungsritualen.

Manche Falterarten können die Ultraschalltöne von Fledermäusen wahrnehmen. Frühzeitig gewarnt, lassen sie sich zu Boden fallen.

Eulen haben ein sehr empfindliches Gehör. Ihre Ohren sitzen asymmetrisch am Kopf, so daß sie sehr gut räumlich hören können.Die Federbüschel haben keine Funktion.

Große Ohren sind bessere Geräuschdetektoren, können aber auch noch einen weiteren Nutzen haben: Bei Elefanten, Feneks und Eselhasen sind sie von zahlreichen Blutadern durchzogen und strahlen Körperwärme ab.

Im Regenwald leben Myriaden von Fröschen. Das Gehör jeder Froschart umfaßt nur einen sehr engen Frequenzbereich, so daß sie die Rufe der Artgenossen erkennen können.

Delphine (unten) kommunizieren und jagen mit Hilfe von Ultraschall.

Wie nützlich große Ohren sind, kannst du mit folgendem Experiment feststellen: Du brauchst einen tragbaren Kassettenrekorder, ein Mikrofon und einen großen Trichter. Befestige das Mikrofon im Trichter, richte es auf eine Geräuschquelle, und nimm den Ton auf. Wiederhole die Aufnahme ohne den Trichter, und wenn du nun beide Aufnahmen bei gleichbleibender Lautstärke abspielst, wirst du bemerken, daß das ›Trichter-Ohr‹ die Leistung deines Mikrofons verbessert hat.

☞ *78–79 WÜSTE, 317 GERUCH UND GESCHMACK, 345 AUGE*

Geschwindigkeits-Tag

Die Geschwindigkeit ist oft ein entscheidender Faktor im Gleichgewicht zwischen Jäger und Beute in der Nahrungskette.

Mit nur 1 km/h sind Schildkröten sehr langsam. Allerdings haben sie ihre Geschwindigkeit gegen einen schützenden Panzer eingetauscht. Auch Schlangen bewegen sich relativ langsam, wenngleich Schwarze Mambas über kurze Strecken bis zu 15 km/h erreichen.

Lange Beine sind wichtig. So erreicht eine Maus trotz ihres rasenden Trippelns nur wenige Stundenkilometer, während der scheinbar so gemächliche Galopp von Kamelen und Giraffen die Tiere mit 40-50 km/ h davonträgt.

Füchse und Hasen sind mit ca. 60 km/h etwa gleich schnell. Doch die ausgeprägte Wendigkeit der Hasen und ihre Fähigkeit, sehr schnell Haken zu schlagen und die Richtung zu wechseln, bewahrt sie häufig vor dem Tod. Strauße sind mit Höchstgeschwindigkeiten um 65 km/h die schnellsten flugunfähigen Vögel.

EINER DER SCHNELLSTEN FLIEGER ist der Stachelschwanzsegler, der bei seinen Balzflügen bis zu 330 km/h erreicht. Das schnellste an Land lebende Tier ist der Gepard, der beim Verfolgen von Impala-Antilopen über kurze Strecken auf über 100 km/h beschleunigen kann. Die Antilopen sind zwar langsamer, machen dies aber durch ihre größere Ausdauer wett. Nimm mit einer Stoppuhr die Zeit in Sekunden, die Schnecken, Kugelasseln und andere kleine Wirbellose für eine Strecke von 10 cm benötigen und berechne dann die Geschwindigkeit in Stundenkilometern.

☞ *316 GEPARD, 359 PANZER*

Rotgesichtsmakaken-Tag

Rotgesichtsmakaken sind die nach dem Menschen am weitesten nördlich lebenden Primaten. Auf Honshu, der größten Insel Japans, kommen sie bis in Höhen von über 1600 m vor. Am anderen Ende des eurasischen Kontinents, auf Gibraltar, leben die einzigen wilden Affen Europas, die Berberaffen, eine andere Makakenart.

Ausgewachsene Rotgesichtsmakaken kuscheln sich eng an ihre Jungen, um sie während eines Schneesturms warmzuhalten.

Im Shiga-Hochland des Joshinetsu-Kogen-Nationalparks überleben die Makaken den strengen japanischen Winter, indem sie baden. Das heiße Gestein tief im vulkanischen Gebirge von Honshu heizt Wasser auf, das in warmen Quellen an die Erdoberfläche kommt und sich in dampfenden Becken sammelt. Wenn Schnee fällt, sitzen die Affen bis zur Brust im warmen Wasser. Der dicke Pelz der Affen hält die schlimmste Winterkälte ab.

TAUCHE DEINE LINKE HAND in eine Schüssel mit heißem Wasser, die rechte in kaltes. Nimm sie nach einer Minute heraus und halte beide Hände in lauwarmes Wasser. Es müßte sich eigentlich an beiden Händen genau gleich anfühlen, aber die linke Hand empfindet es als kühl, die rechte dagegen als heiß. Es dauert eine Weile, bis dein Gehirn registriert, daß die Temperatur jetzt für beide Hände gleich ist.

☞ *43 SCHNEE, 283 TIEFSEE*

Tukan-Tag

Tukane sehen aus, als hätte man ihren Kopf in ein sehr bunt gefärbtes Kuhhorn gesteckt. Ihre seltsamen Schnäbel lassen selbst die Schnäbel der Nashornvögel langweilig erscheinen. Die größte Art wurde ursprünglich von den Tupi-Indianern ›Toco‹ genannt, woraus die Europäer dann Tukan machten, und die 37 kleineren Arten hießen ›Arassari‹, ein Name, der noch heute für sie verwendet wird.

Der Rotschnabeltukan unterscheidet sich vom Weißbrusttukan (rechts) nur durch den rotrandigen Latz auf seiner Brust.

Tukane bewohnen den Kronenbereich der Bäume, die größeren Arten sind in den im Tiefland gelegenen Regenwäldern Zentral- und Südamerikas zu Hause, während die kleineren Arten eher in den Bergwäldern der Anden vorkommen.

Tukane ernähren sich vor allem von Früchten, die sie mit ihren grob gezähnten Schnäbeln abreißen.

DIE VOGELKUNDLER fragen sich seit langem, welchen Zweck die eigenartigen Tukan-Schnäbel erfüllen, ist es doch zum Fressen von Früchten nicht nötig, einen Schnabel zu haben, der fast so groß ist, wie der ganze Körper. Man vermutet, daß er bei der Balz und den sozialen Ritualen eine Rolle spielt. In jedem Fall trägt er zum auffälligen Erscheinungsbild der Tukane bei, einem Erscheinungsbild, das bei den Tieren des Regenwalds häufig zu beobachten ist: große Flecken von heller und dunkler Farbe, die ihre Umrisse verschwimmen lassen.

☞ *93 SCHNABEL*

Biber-Tag

Biber sind große Nagetiere, die sich von Baumrinde, Blättern und Zweigen ernähren. Mit ihren kräftigen Schneidezähnen nagen sie Bäume durch, um sie zusammen mit kleinen Stöckchen und Schlamm für den Bau ihrer Dämme und Burgen zu verwenden. Die Dämme halten Jahre und können mehrere hundert Meter lang sein. Im Stausee hinter dem Damm lagern die Biber unter der Wasseroberfläche Futter für den Winter.

Biberdämme verlangsamen den Fluß des Wassers, der Grundwasserspiegel steigt und Trockenzeiten werden besser überstanden.

Die Burg des Bibers ist kuppelförmig aufgeschichtet, die Eingänge liegen unter Wasser.

Sie erlauben es den Bibern, auch im Winter ihre Vorratslager zu erreichen, wenn der See zugefroren ist.

Die eurasischen Biber sind eine andere geographische Rasse als die nordamerikanischen und bauen nur selten Dämme oder Burgen.

DIE ZÄHNE DES BIBERS wachsen ständig nach wie bei allen Nagetieren. Er kann seine Lippen um das Zahnfleisch schließen und es so vor Splittern schützen, die entstehen, wenn er an einem Baum nagt. Der Biber benutzt seine beiden vorderen oberen Schneidezähne, um Holz durchzunagen. Sie werden dabei an der Spitze abgewetzt und wachsen aus dem Kiefer heraus nach. Die Schneidezähne des Menschen werden nur einmal im Leben ersetzt. Sie werden schnell groß und hören dann auf zu wachsen. Die meisten Kinder verlieren die ersten Schneidezähne im Alter von sieben Jahren.

☞ *329 FLUSSUFER*

Bananen-Tag

Wenn alle Früchte reif sind, kann die Rispe bis zu 200 Bananen tragen und etwa 40 kg wiegen.

Die etwa 10 m hohen Bananenstauden sind keine Bäume, sondern krautige Pflanzen, deren ›Stämme‹ aus fest umeinandergewickelten Blattscheiden bestehen. Sie stammen ursprünglich aus Südostasien, und die eßbaren Unterarten sind sterile Hybriden, die wahrscheinlich schon von den Menschen der Jungsteinzeit gezüchtet wurden. Heute baut man überall in den Tropen Bananen an. Sie werden durch Wurzelstücke vermehrt.

Die männlichen Blüten sitzen an der Spitze der Rispe zwischen den violetten Hochblättern, die weiblichen wachsen weiter hinten.

Aus den weiblichen Blüten entwickeln sich samenlose Bananen. Da die Pflanze steril ist, haben die männlichen Blüten an der Spitze der Rispe keinerlei Funktion.

Es gibt mehrere hundert Unterarten von Bananen, von denen in Europa aber nur die wenigen auf den Markt kommen, die den langen Transport am besten überstehen.

BANANEN WERDEN GRÜN GEERNTET und mit Hilfe von Äthylen bei uns zur Reife gebracht. Dieses Gas fördert die Fruchtreife bei fast allen Pflanzen. Lege eine grüne und eine überreife Banane in einem gut verschlossenen Plastikbeutel an einen warmen dunklen Platz, und lege eine weitere grüne Banane zum Vergleich beiseite. Nach zwei Tagen wird die Banane in der Tüte unter dem Einfluß des Äthylens aus der überreifen Frucht reif sein, während deine Vergleichsbanane immer noch grün ist.

☞ *6 ANANAS*

Krallenaffen-Tag

Diese Familie kleiner Affen, von denen die größten nur 33 cm lang werden, umfaßt 20 Arten, die nur in den Regenwäldern des östlichen und zentralen Südamerika vorkommen. Die meisten Krallenaffen sind Insektenfresser, doch einige Arten lieben auch den süßen Saft der Bäume, die sie anzapfen, indem sie die Rinde durchnagen. Diese Saftquellen werden mit Duftmarken versehen und energisch verteidigt.

Geoffreys Perückenaffe lebt im Blätterdach des Regenwaldes und ernährt sich vorwiegend von Insekten.

Das Löwenäffchen kommt nur in den Küstenwäldern Brasiliens vor.

Die Nasenlöcher der amerikanischen Affen sind nach der Seite gerichtet, während die der Altweltaffen nach unten weisen.

Braunrückentamarin

KRALLENAFFEN (MARMOSETTEN UND TAMARINE) reagieren sehr empfindlich auf Störungen in ihrem Lebensraum. Die Abholzung des Regenwaldes hat daher schon einige Arten an den Rand der Ausrottung gebracht. Auch der illegale Handel mit den Affen als Schoß- und Zootiere hat die Populationen dieser Äffchen sehr reduziert.

☞ *130–131 BEDROHTE ARTEN*

Lisztäffchen werden nur 20 cm lang, doch ihr aufgeplustertes Fell läßt sie größer erscheinen, als sie sind.

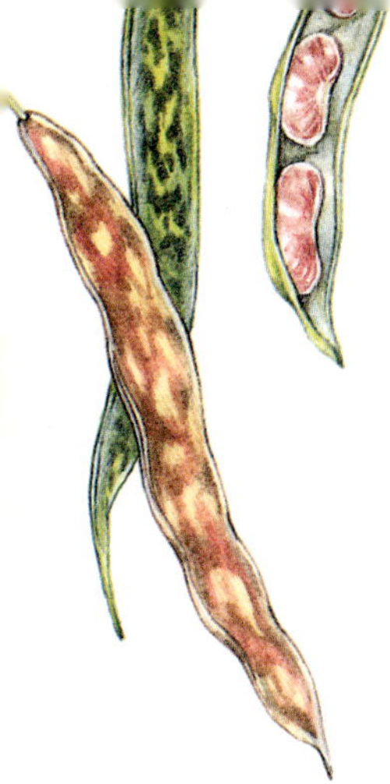

Bohnen-Tag

Bohnen gehören zur Ordnung der Hülsenfrüchter oder *Leguminosae*. Die Schote – die Frucht – enthält mehrere Bohnenkerne. Sie stellen einen wichtigen Teil der menschlichen Nahrung dar, da sie sehr nährstoffreich sind und in den unterschiedlichsten Klimata und Böden angebaut werden können. In manchen Gegenden, z. B. in Indien, sind Bohnen ein Grundnahrungsmittel.

Bohnen können auch in schlechtem Boden angebaut werden, da sie ihren eigenen Dünger produzieren. Ihre Wurzeln haben Knöllchen, in denen symbiotische Bakterien leben, die Stickstoff aus der Luft erzeugen. Das gewonnene Nitrat verwendet die Bohnenpflanze, um daraus Protein, Eiweiß, herzustellen.

UNTERSUCHE BOHNEN auf ihren Gehalt an Stärke und Eiweiß. Zerkleinere einige frische Bohnen in einem Mixer, und gib etwas davon in ein Reagenzglas mit Wasser. Füge ein paar Tropfen Jodlösung hinzu und schüttle die Mischung. Wenn die Flüssigkeit schwarz wird, enthält sie Stärke. Gib zu einer zweiten Probe etwa 1 ml Ätznatron (Vorsicht!, s. S. 369) hinzu, dann noch etwa 1 ml Kupfersulfatlösung und schüttle sie gut durch. Wird die Mischung im Reagenzglas nun violett, enthält sie Eiweiß.

☞ *96 ERDNUSS*

Küstenseeschwalben-Tag

Küstenseeschwalben unternehmen eine der längsten Wanderungen in der Tierwelt: Im Frühjahr ziehen sie zu ihren Brutgebieten nördlich des Polarkreises und kehren im Winter zu ihren Jagdgebieten in der Antarktis zurück. Diese Meisterleistung ist um so bemerkenswerter, als die Paare sich ein Leben lang treu bleiben und jährlich an denselben Nistplatz zurückkommen.

Die Seeleute nannten die Seeschwalben wegen ihres hüpfenden, unruhigen Flugstils ›Meeresschmetterlinge‹. Seeschwalben flattern über der Oberfläche, tauchen aus vollem Flug ins Wasser und packen den Fisch.

Küstenseeschwalben greifen Eindringlinge an, die sich ihren Nistplätzen nähern. Mit ihren scharfen Schnäbeln können sie Menschen schmerzhafte, blutende Kopfwunden zufügen.

DIE MEISTEN SEESCHWALBEN benutzen nur eine flache Mulde als Nest und verlassen sich darauf, daß die Tarnfarbe ihre Eier genügend vor Räubern schützt. Die Eier sind fast unsichtbar, wenn sie zwischen Steinen auf den Kiesstränden liegen, und das gefleckte Federkleid der Küken dient demselben Zweck. Benutze ein Buch mit Abbildungen von Seevogeleiern als Zeichenvorlage und stelle fest, wie gut die Tarnung funktioniert: Bitte deine Freunde, Eier, die du bemalt und in eine passende Umgebung gelegt hast, zu suchen. Verwende auch unbemalte Eier, um den Unterschied zu sehen.

☞ *118 WANDERUNG, 289 TARNUNG*

Im Herbst lassen die Bullen ihre Brunftschreie hören und brechen durch das Unterholz, sobald sie die Antwort der Kühe vernehmen. Die Indianer ahmten den Antwortschrei nach und brauchten nur zu warten, bis der Bulle in die Falle ging.

Elch-Tag

Elche leben in den Wäldern und Tundren im nördlichen Europa, Asien und Nordamerika. Ihre Geweihe sind schwerer und breiter als die aller anderen Hirscharten. Der europäische Elch ist kleiner als sein amerikanischer Verwandter, ähnelt ihm aber sehr in Aussehen und Lebensweise. Nur die männlichen Tiere tragen ein Geweih, das eine Spanne von bis zu 2 m erreichen kann.

Im Sommer waten Elche durch Seen und Flüsse und fressen Seerosen. Durch das halbaquatische Leben versuchen sie auch den Mückenschwärmen zu entgehen, eine sommerliche Plage in den subarktischen Regionen. Im Winter bedecken dichte Schneeschichten die Pflanzen, doch dank seiner Größe und seines Gewichts kann der Elch junge Bäume niederbiegen und kommt so an die saftigen jungen Triebe.

NATURFORSCHER VERWENDEN OFT TONBANDAUFNAHMEN mit den Stimmen verborgen lebender Vögel und anderer Tiere, damit sie antworten und dadurch verraten, wo sie sich aufhalten. Hör dir Aufnahmen mit Vogelstimmen und den Lauten von Säugetieren an und lerne auch Tiere zu erkennen, die du nicht zu Gesicht bekommst.

☞ *59 HIRSCH*

Es dauert fast zwei Jahre, bis die Jungtiere völlig selbständig sind.

Bedrohte-Tiere-Tag

Man bezeichnet eine Tierart als bedroht, wenn weniger Tiere geboren werden als sterben. Die Zerstörung zahlreicher Lebensräume durch den Menschen und die Jagd nach wertvollen Fellen, Fleisch, Horn oder Elfenbein haben dazu geführt, daß viele Tierarten vom Aussterben bedroht sind.

Der nachtaktive und ein sehr großes Revier beanspruchende Indri, der größte lebende Lemur, ist wegen der Abholzung der madegassischen Bergregenwälder recht selten geworden.

Die Löwenäffchen in den Urwäldern Brasiliens sind fast völlig ausgerottet.

Nashörner werden – da man ihre Hörner in Asien und im Nahen Osten in der volkstümlichen Medizin unter anderem als sexuelle Stimulanz verwendet – illegal gejagt.

Die asiatischen Kragenbären, die vom Iran bis Japan vorkommen, gelten als wenig scheu, wenn sie Menschen begegnen. Dieser Umstand und die Zerstörung ihres Lebensraums wird ihnen zum Verhängnis.

Auch die Berggorillas in Ruanda, Uganda und Zaire fallen der Zerstörung der Regenwälder zum Opfer. Zudem werden sie von Wilderern erlegt, die den Tieren wegen ihrer Hände und Köpfe, begehrten Souvenirs, nachstellen. Inzwischen gibt es weniger als 500 freilebende Tiere.

In den 20er Jahren lebten, so schätzt man, etwa 300 000 Blauwale in den Ozeanen, ehe sie wegen der Jagd nach ihrem Fleisch und Speck fast völlig ausgerottet wurden. Trotz eines Walfangverbots im Jahr 1966 gibt es heute nur wenig mehr als 15 000 Tiere. Eine ähnlich gedankenlose Ausbeutung hat auch die Populationen anderer großer Walarten erheblich dezimiert.

Tiger und Jaguare waren einst eine begehrte Beute der Sportjäger. Heute stellen ihnen vor allem Wilderer wegen ihrer Felle nach. War das Tragen von Pelzen in der Urzeit noch eine Frage des Überlebens, so ist es heute eine überflüssige Mode.

Wie viele andere große Säuger ist auch der Pandabär auf weite unberührte, seinen Bedürfnissen angepaßte Lebensräume angewiesen. Der Bär könnte leicht ebenso verschwinden wie seine heimischen Bambuswälder, wenn es nicht gelingt, seinen Lebensraum zu erhalten. Den Panda im Zoo nachzuzüchten ist schwierig.

Heute trifft man im äthiopischen Hochland kaum noch Dschelada-Paviane an, da sich der Ackerbau dort immer weiter ausbreitet.

Das Zwergflußpferd lebt in den dichten Regenwäldern Liberias und der Elfenbeinküste und ist nur etwa ein Zehntel so groß wie sein überwiegend im Wasser lebender Vetter. Bis heute weiß man sehr wenig über dieses Tier, und das wird sich auch nicht ändern, wenn wir sein Überleben nicht sichern.

Orang-Utans sind in manchen Gegenden Borneos und Südsumatras noch häufig anzutreffen.

Aufgrund der Zerstörung der Wälder ist der australische Baumbeutler fast ausgerottet.

Hilf selbst mit beim Tierschutz, indem du einer Umweltschutzorganisation beitrittst und für sie arbeitest. Eine Adressenliste findest du im Anhang.

☞ *67 PANDA, 119 SCHWERTWAL, 310 NASHORN, 321 DODO*

Raupen-Tag

Raupen sind die Larven der Schmetterlinge. Manche Falterarten nehmen im ausgewachsenen Stadium keine Nahrung mehr auf, und die Raupe muß sich daher den Futtervorrat anfressen, den die Puppe und der Falter später brauchen. Raupen sind eine beliebte Beute beispielsweise für Vögel und parasitäre Insekten wie Schlupfwespen. Daher haben sie eine Reihe von Verteidigungsmechanismen entwickelt, um ihr Überleben sicherzustellen.

Die haarigen Raupen der Ahorneule (oben), des Braunen Bärs (rechts) und die Bürstenraupen (oben links) sind bei Vögeln und Schlupfwespen nicht sehr beliebt.

Die Raupen des Gabelschwanzes haben eine untypische Form und einen Streifen auf dem Rücken, um besser mit ihrer Umgebung zu verschmelzen. Mit den roten Fäden am Schwanz sollen Angreifer verwirrt werden.

Die Raupe des Ligusterschwärmers (unten) richtet sich auf, um Feinde zu erschrecken. Die Streifen auf ihrem Körper lösen ihre Konturen in der Umgebung auf.

MANCHE RAUPEN SIND SO WINZIG, daß sie sich einen Tunnel im Blattgewebe fressen können. Dabei hinterlassen sie fleckenförmige oder sich windende Gänge, die man leicht erkennen kann, wenn man das Blatt gegen das Licht hält. Untersuche im Sommer und Frühherbst Eichenblätter und verfolge den Lauf eines sich windenden Tunnels mit den Augen – du wirst feststellen, daß der Tunnel immer breiter wird, entsprechend der wachsenden Raupe. Vielleicht findest du am Ende des Tunnels sogar noch die fressende, durchscheinende Larve.

☞ *306–307 FALTER*

Feigen-Tag

Je nach Sorte sind Feigen grün, braun oder violett.

Feigen wachsen in mediterranen und warmen Klimata und gehören mit ihrem Zuckergehalt von 50% zu den süßesten Früchten. Feigenbäume werden nicht höher als 10 m, und ihre Blätter können drei- oder fünffach gelappt sein. Feigen ißt man entweder eingemacht, getrocknet wie Datteln oder frisch. Wegen ihrer dünnen Haut kann man sie nur schwer transportieren, und sie schmecken frisch vom Baum ohnehin am besten.

Die Blüten der Feige liegen in der Frucht.

Viele der kultivierten Feigenarten sind parthenokarp *oder jungfernfrüchtig, d. h., sie entwickeln Früchte, ohne bestäubt zu werden. Wilde Feigen brauchen dagegen einen Überträger ihrer Pollen.*

DIE WILDEN FEIGEN werden von der weiblichen Feigenwespe bestäubt. Es gibt zwei Formen von weiblichen Blüten: mit langen und mit kurzen Griffeln. Die Feigenwespe krabbelt über die Blüten, streift dabei den mitgebrachten Pollen auf dem Stempel ab und legt ihre Eier. Doch ihr Legestachel erreicht nur die kurzen Griffel. In diesen bilden sich Wucherungen, sogenannte Gallen, in denen die nächste Generation der Feigenwespe heranwächst. Die langen Griffel produzieren Früchte. Die männlichen Wespen entwickeln sich zuerst und paaren sich mit den Weibchen, noch während sie sich in der Wucherung befinden.

☞ *76 WESPE, 143 DATTEL, 237 EXOTISCHE FRÜCHTE*

Schmetterlingsfisch-Tag

Trotz ihrer leuchtenden Farben sind diese Fische in ihrer natürlichen Umgebung vor Korallenriffen gut getarnt. Ihre komplexen Muster lassen ihre Körperform verschwimmen. Viele Räuber im Meer orientieren sich am Auge ihrer Beute als Zielpunkt, das bei den Schmetterlingsfischen jedoch oft durch dunkle Streifen verborgen wird. Der Augenfleck in der Nähe des Schwanzes verwirrt den Räuber, besonders wenn die Beute langsam rückwärts schwimmt.

Der Pinzettenfisch hat eine extrem lange Schnauze, die er wie eine Pinzette benutzt.

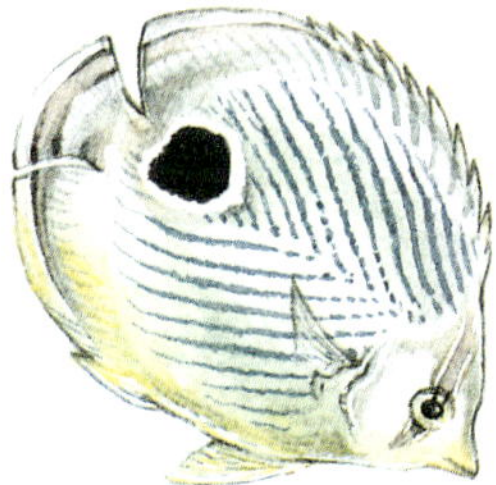

Die bunten Muster spielen auch bei der Balz eine Rolle, da sie dem Fisch erlauben, andere Individuen seiner Art auszumachen und zur Paarung zu stimulieren.

JUNGE KAISERFISCHE haben ein völlig anderes Streifenmuster als die ausgewachsenen Tiere. Dies könnte den Erwachsenen als Signal dafür dienen, daß die Jungen keine Rivalen um Territorium oder Partner sind.

Manche Schmetterlingsfische sind immun gegen das Gift der Seeanemone und fressen sie. Wenn die Seeanemone allerdings von einem Clownfisch beschützt wird, treibt dieser den Schmetterlingsfisch davon.

☞ *37 FISCH-PARTNERSCHAFT, 208 ZEBRA, 230, 289 TARNUNG*

Känguruh-Tag

Als die Europäer im 18. Jh. begannen, Australien zu kolonisieren, lebten dort 48 verschiedene Känguruharten. Inzwischen sind sechs davon ausgerottet, vier vom Aussterben bedroht und 13 gelten als gefährdet. So bewohnt das Bürstenschwanzkänguruh nur noch 1 % seines ursprünglichen Lebensraumes. Die kleinste Känguruhart ist das Moschusrattenkänguruh. Es wiegt nur 500 g und ist die primitivste der überlebenden Känguruharten.

Männliche Rote (links) und Graue (rechts) Riesenkänguruhs kann man an ihrer Nase unterscheiden.

Ein Rotes Riesenkänguruh wiegt bei seiner Geburt nur ein paar Gramm. Es bleibt etwa acht Monate lang im Beutel der Mutter, wo es sich an einer Zitze festsaugt. Das Rote Riesenkänguruh ist die größte Art, die Männchen werden bis 90 kg schwer. Es ist noch recht verbreitet und wird wegen seines Fleisches und seines Fells gezüchtet. Das Fleisch wird vorwiegend für Hunde- und Katzenfutter verwendet.

WEIBLICHE ROTE RIESENKÄNGURUHS produzieren Junge in einer Art Fließbandarbeit. Die etwa daumengroßen, blinden Embryos klettern nach ihrer Geburt in den Beutel der Mutter und hängen sich an eine Zitze am Grund des Beutels. Gleichzeitig wird das fast einjährige Junge, das den Beutel gerade erst verlassen hat, an einer zweiten Zitze weiter gesäugt. Das Weibchen paart sich schon wenige Tage nach der Geburt wieder, und das befruchtete Ei wird quasi in Bereitschaft gehalten, bis das Muttertier nur noch ein Junges säugt.

☞ *108 SEEPFERDCHEN, 152 MAULBRÜTER, 305 BEUTELTIERE*

Anfang der 60er Jahre hatte sich die Population auf Hokkaido auf etwa 200 Vögel erholt.

Mandschurenkranich-Tag

Der Mandschurenkranich, einer der seltensten Vögel der Welt, wird in der japanischen Folklore hoch verehrt. Er gilt als Symbol für ein langes Leben und genießt den Ruf, 1000 Jahre alt zu werden; nur die Schildkröte werde, so will es die Legende, noch älter, nämlich 10 000 Jahre. 1920 lebten nur noch 20 der hochgeschätzten Vögel, und die japanische Regierung verordnete rigide Maßnahmen zu ihrem Schutz.

Kraniche tanzen sehr elegant, trippeln steif umeinander herum, springen, verbeugen und strecken sich und werfen kleine Zweige in die Luft und fangen sie wieder.

DIE TATSACHE, daß sich die Population der Mandschuren-Kraniche nur langsam vom Zustand der Fast-Ausrottung erholt, liegt teils daran, daß es mehrere Rückschläge gab, teils auch am langsamen Fortpflanzungszyklus der Vögel. Sie nisten einmal im Jahr und legen dann zwei, selten drei Eier. Am Ende des Zweiten Weltkriegs wurden die Vögel oft von verhungernden Soldaten geschossen und gegessen. Nach dem Krieg wilderten die Besatzungstruppen in einer Reihe von Reservaten in Nordjapan, und während des Koreakriegs tobten Schlachten in den Wintergebieten der Kraniche.

☞ *221 STORCH, 246 REIHER, 263 KRONENKRANICH*

Komodowaran-Tag

Im Gegensatz zu den Drachen im Märchen können Komodowarane zwar kein Feuer speien, doch trotzdem sie sind nicht ungefährlich. Es gibt Berichte vom Anfang des 19. Jh., denen zufolge die Komodowarane auch Menschen getötet haben.

Vor Jahrhunderten fanden sich auf den Karten der Entdecker oft die Worte: »Hier leben Drachen«. Diese Warnung nahm man nicht besonders ernst, bis Wissenschaftler 1912 auf den indonesischen Inseln Komodo, Rintja, Padar und Flores die Komodowarane entdeckten. Dabei handelt es sich um die größten Warane (eine Echsengattung) der Welt, die über 3 m lang werden können und von einer Gruppe von Reptilien abstammen, die sich im Jura, vor etwa 180 Mio. Jahren, entwickelte.

Komodowarane leben zwar vor allem von Aas, jagen aber auch gern junge Ziegen und Schweine und verschmähen auch Artgenossen nicht.

ES GIBT NUR EIN PAAR HUNDERT KOMODOWARANE, und die kleinen Inseln, auf denen sie leben, boten vermutlich nie Raum für eine größere Anzahl. Sie sind gefräßige Räuber, die an der Spitze der Nahrungskette stehen, und solche Tiere sind immer relativ selten. Sie ernähren sich von großen Pflanzenfressern, die ihrerseits von der Vegetation abhängen. Auf einer kleinen Insel gibt es nicht genug Futter für ausgedehnte Populationen von großen Fleischfressern. Ihre Zukunft ist vom Erhalt des ökologischen Gleichgewichts abhängig, was nur durch den Schutz ihres gesamten Lebensraums gewährleistet werden kann.

☞ *163 SCHLANGE, 199 ECHSE*

Flechten-Tag

Herunterhängende Wedel der Usnea *entnehmen Feuchtigkeit aus der dunstigen Luft.*

Flechten sind symbiotische Organismen, die aus einer Pilz- und einer Algenart bestehen. Der Pilz gibt den Halt und nimmt Feuchtigkeit aus der Luft auf. Die Alge gewinnt mit Hilfe der Photosynthese daraus die Nährstoffe für beide Organismen. Flechten, die auf Bäumen und Felsen wachsen, sind nur selten auffällig, aber außerordentlich weit verbreitet und kommen im Himalaya bis in Höhen von 7000 m und am Südpol bis auf 4° südlicher Breite vor.

Die roten Geschwülste auf dieser Becherflechte sind Felder mit Pilzsporen.

Langsam wachsende felsenbewohnende Flechten überziehen auch Grabsteine. Sie reagieren sehr empfindlich auf Luftverschmutzung, so daß man auf Stadtfriedhöfen oft nur ein oder zwei Arten antrifft.

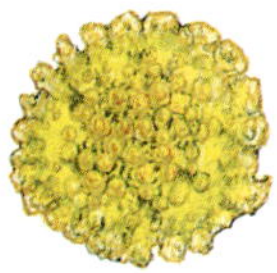

Xanthoria-*Flechten bilden helle gelbe Flecken auf Felsen in der Nähe des Meeres.*

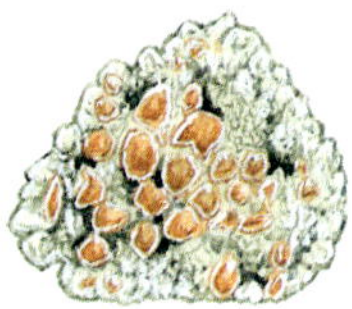

DIE MEISTEN FLECHTEN vermehren sich, indem sie staubähnliche Partikelchen, die sogenannten *Soredien*, abwerfen. Diese enthalten die Samen des Pilzes wie auch der Alge. Der Wind weht sie an eine geeignete Stelle, wo sie zu einer neuen Flechte heranwachsen. Sich nur durch Pilzsporen fortzupflanzen ist eine riskantere Methode. Die sich entwickelnde Spore muß in der Nähe einer passenden Algenzelle landen, um die symbiotische Flechte zu bilden. In der Regel können sowohl Algen als auch Pilze als eigenständige Organismen überleben. Durch die Symbiose wird das Fortbestehen allerdings erleichtert.

☞ *11 PILZ, 326 PARTNERSCHAFT*

Krebs-Tag

Krebs bedeutet ›krabbelndes Tier‹ und bezeichnet mehrere Ordnungen von *Crustaceen* mit sehr verschiedenen Lebensgewohnheiten.

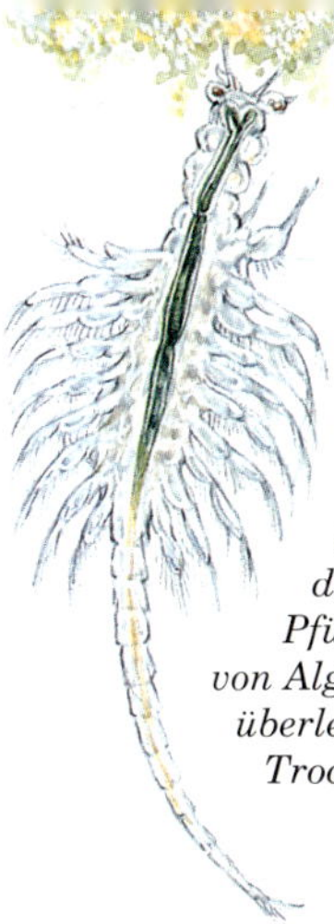

Salinenkrebse sind primitive Crustaceen *ohne Rückenschild. Sie leben in schnell austrocknenden, sehr salzhaltigen Pfützen und ernähren sich von Algenmatten. Ihre Eier überleben auch mehrjährige Trockenzeiten.*

Blattfußkrebse der Gattung Triops *verfügen über einen schildförmigen Panzer und leben in zeitweilig bestehenden Süßwassertümpeln der ariden Regionen.*

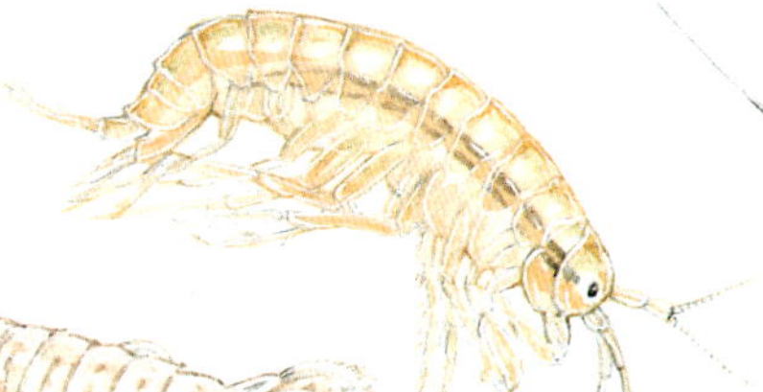

ohkrebse
ben in Flüs-
n und Brack-
asser und er-
ihren sich von Aas.

Die Seeanemonengarnele nutzt ihre Immunität gegen die Nesselkapseln der Seeanemone, um sich zwischen ihren Tentakeln zu verstecken.

DER GROSSE HEUSCHRECKENKREBS (oben) wendet eine spezielle Methode an, um seine Beute zu erlegen. Er kann bis zu 30 cm lang werden, und seine Vordergliedmaßen sind enorm vergrößert, etwa wie die einer Gottesanbeterin. Er schlägt blitzschnell und mit ungeheurer Kraft zu und zerschmettern die Schalen von Krabben oder Mollusken mit nur einem Schlag. Große Krabben werden zunächst durch Schläge auf ihre Scheren kampfunfähig gemacht. Krebse findet man häufig in flachen Tümpeln am Strand. Bei Gefahr schnellen sie mit einer kräftigen Schwanzbewegung rückwärts.

☞ *37 FISCH-PARTNERSCHAFT, 269 HUMMER, 308 KRABBE, 315 GEZEITENTÜMPEL*

Fuchs-Tag

Füchse, kleine hundeartige Raubtiere, haben spitze Schnauzen und buschige Schwänze. Die meisten jagen als Einzelgänger und fressen vor allem Ratten und Mäuse.

Amerikanische Rotfüchse weisen einige Farbvariationen auf, die sich auch je nach Jahreszeit noch unterscheiden können. Das Fell des Silberfuchses mit seinen schwarzen, an den Spitzen weißen Haaren ist eines der höchstbezahlten der Luxuspelzindustrie.

Der nordamerikanische Grau- oder Grisfuchs ist die einzige Fuchsart, die auch auf Bäume klettert, um zu jagen. Er zieht die wärmeren Regionen des Kontinents als Lebensraum vor.

Der Gemeine oder Rotfuchs kommt überall in Europa, fast ganz Asien, Nordafrika und Nordamerika vor. Viele Füchse haben sich daran gewöhnt, in Mülltonnen nach Nahrung zu stöbern, so daß sie in manchen Städten zu einem vertrauten Anblick geworden sind.

Der Fenek oder Wüstenfuchs, der in den Wüsten Afrikas und Arabiens lebt, ist die kleinste Fuchsart.

FÜCHSE GRABEN AN SÜDHÄNGEN ausgedehnte Tunnelsysteme für ihren Nachwuchs.Fuchsbauten sind wegen der fächerförmig davor aufgeworfenen Erde und ihres scharfen Geruchs – durch die Geruchsmarken mit Urin – sehr auffällig. Vor den Eingängen liegen oft Nahrungsreste herum. Suche einen Fuchsbau, und beobachte ihn in der Abenddämmerung mit einem Fernglas.

☞ *78-79 WÜSTE, 97 WOLF, 160 WILDHUND*

Die südamerikanischen ›Füchse‹ sind tatsächlich spezialisierte Wildhunde.

Eukalyptus-Tag

Die rund 450 Eukalyptusarten sind fast überall in Australien und Tasmanien verbreitet. Zu ihnen zählt auch *Eucalyptus amygdalina*, die größte blütentragende Pflanze der Welt, die bis 150 m hoch werden kann.

Eukalyptusbäume produzieren riesige Mengen winziger Samen und breiten sich sehr schnell aus. In Australien tötet man die Eukalyptusbäume, die auf Grasland überzugreifen drohen, ab, indem man einfach einen Ring der Rinde abschält.

Eukalyptusblätter sind die bevorzugte Nahrung der Koalabären.

*Die jungen Blätter des Eukalyptus haben eine andere Form und Farbe als die älteren Blätter. Zierarten wie der tasmanische Blaugummibaum (*Eucalyptus globulus*) werden daher regelmäßig beschnitten.*

DAS AROMATISCHE EUKALYPTUSÖL ist ein hervorragendes Heilmittel für verstopfte Nasen und eines der zahlreichen Kräuterheilmittel, die du in jedem Drogeriemarkt kaufen kannst.

☞ 75 KOALA

*Der ›Coolibah‹-Baum (*Eucalyptus microtheca*) produziert eines der härtesten und widerstandsfähigsten Bauhölzer.*

Kot-Tag

Kot besteht aus den unverdaulichen Nahrungsresten. Von dem Moment an, in dem er auf den Boden fällt, wird der Kot das Zentrum eines Miniatur-Ökosystems. Sein hoher Gehalt an stickstoffhaltigen Nährstoffen und faserigem Material macht ihn zu einem hervorragenden Substrat für das Wachstum von Pilzen und einem feuchten, warmen Lebensraum für Insektenlarven.

Pilobolus *ist ein kleiner Pilz, der sich auf Kuhfladen ansiedelt.*

Mistkäfer oder Pillendreher aus der Familie der Scarabaeidae *spielen eine zentrale Rolle für die Gesundheit von Böden und Wiesen. Manche dieser Käfer graben Höhlen in Kuhfladen, in denen sie ihre Eier ablegen und ihre Larven pflegen, bis diese die Höhle verlassen können. Andere rollen den Kot zu Kugeln und graben ihn ein, um so eine Brutkammer für ihre Larven zu schaffen. Auf diese Weise entfernen sie die Kuhfladen, unter denen sonst das Gras verfaulen würde. In Australien konnten die Fladen der importierten Kühe von den heimischen Käfern nicht abgebaut werden, und man mußte Mistkäfer aus Afrika und Mexiko einführen.*

BEOBACHTE DIE BESIEDLUNG eines Kuhfladens. Die ersten Insekten, die dort ankommen, sind Mistfliegen (unten rechts), die hier ihre Eier ablegen. Die Larven ernähren sich vom Dung und verpuppen sich darin. Kuhfladen weisen auch eine interessante Flora von *coprophilen* (kotliebenden) Pilzen auf. Die Hüte der Dungtintlinge (oben rechts) werden flüssig, ihre Sporen heften sich an die Fliegenfüße und werden so verbreitet. *Pilobolus* (oben links) schießt seine Sporen bis zu 2 m hoch in die Luft.

☞ *11 PILZE, 256-257 KÄFER, 337 SPUREN*

Dattel-Tag

Die bis 30 m hoch wachsenden Dattelpalmen werden seit etwa 5 000 Jahren in Nordafrika und im Nahen Osten angebaut. Sie brauchen nur wenig Wasser und sind für die Menschen, die in der Wüste leben, sehr wichtig: Zusätzlich zu ihren Früchten liefern sie Holz, Material zum Dachdecken und Fasern. Ein Baum kann ungefähr 60 Jahre lang jährlich etwa 45 kg Datteln tragen.

Weibliche Palmen tragen unscheinbare Blüten, aus denen sich nach der Befruchtung die Datteln entwickeln.

Palmenbauern pflanzen weniger männliche als weibliche Bäume. Für die Befruchtung schneiden sie die weißen Blüten der männlichen Pflanze ab und hängen sie in die weiblichen Bäume.

Reife Datteln haben einen sehr hohen Zuckergehalt und werden frisch oder getrocknet gegessen.

GETROCKNETE DATTELN, einst in Europa eine Leckerei, die man nur zu Weihnachten bekam, gibt es heute das ganze Jahr über. Aus Datteln kannst du Halwah Temar (Dattel-Halwa) herstellen, eine arabische Süßigkeit: Mische zwei Tassen entkernte und gehackte Datteln mit je einer halben Tasse gehackter Walnüsse und Mandeln, forme daraus auf einem mit Puderzucker bestreuten Arbeitsbrett kleine Röllchen. Wenn du keine frischen Datteln bekommst, verwende getrocknete, wasche aber etwas von dem überflüssigen Zucker ab.

☞ *237 EXOTISCHE FRÜCHTE*

Schaf-Tag

Vor ungefähr 10 000 Jahren wurden die ersten Schafe domestiziert. Ihr Vorfahr könnte eine dem Mufflon ähnliche Art (links) gewesen sein, vielleicht *Ovis vignei* aus Zentralasien. Durch Zucht erreichte man im Lauf der Jahrhunderte vor allem eine bessere Länge, Dichte und Stärke der Wolle. Ein weiteres Ergebnis davon ist, daß es heute über 800 verschiedene Rassen gibt.

Dank ihrer dicken Wolle überleben die Schafe das rauhe Klima der kalten gemäßigten Zonen. Ohne Schafe gäbe es keine nennenswerte Landwirtschaft in Bergregionen.

Obwohl auch Fleisch und Leder wichtige Produkte der Schafzucht sind, ist doch die Wolle bei weitem das wertvollste. Man fand Reste von Wollstoffen bei vielen archäologischen Ausgrabungen, und Schafwolle war wahrscheinlich die erste Faser, die versponnen und verwebt wurde.

Sammle von Stacheldrahtzäunen Wollbüschel. Spitze ein 20 cm langes Stöckchen an einer Seite an und schneide eine schmale Kerbe in das stumpfe Ende. Dann beschwere das Stöckchen mit einer Kartoffel. Zupfe und zwirble etwa 30-40 cm Wolle zu einer Art Faden. Knüpfe ein Ende davon an die Spitze des Stöckchens und führe ihn durch die Kerbe. Nun drehe das Stöckchen und zupfe dabei die Wolle, so daß du in ein oder zwei Minuten ein Stück selbstgesponnenen Wollfaden hast.

☞ *19 WILDSCHAF, 313 ZIEGE*

Höhlen-Tag

Natürliche Höhlen entstehen durch Sickerwasser, das weiche Gesteinsschichten auflöst. So kann ein Netzwerk von Tunneln entstehen, die einen sicheren Lebensraum für eine Reihe von Tieren darstellen, die sich auf einzigartige Weise daran angepaßt haben.

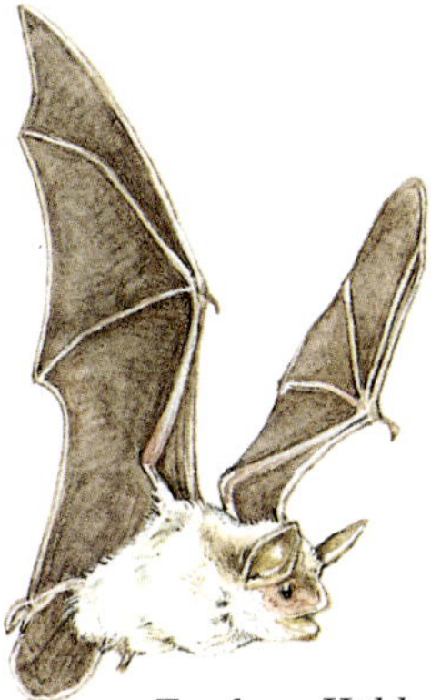

Trockene Höhlen sind hervorragende Unterkünfte für Fledermäuse, und in manchen Gegenden beherbergen sie erstaunliche Mengen dieser flugfähigen Säugetiere. In der Bracken-Höhle bei San Antonio in Texas zum Beispiel leben zeitweise bis zu 20 Mio. Stummelschwanzfledermäuse.

Hohe Konzentrationen von Säugetieren verursachen enorme Massen von Kot auf dem Boden der Höhle, der langsam durch Mikroorganismen zersetzt wird. In der Dunkelheit können grüne Pflanzen nicht überleben, und so bildet der Kot die Nahrungsgrundlage für hochspezialisierte Kotfresser wie die Blindasseln. Diese nahe mit den Kellerasseln verwandten Tiere fressen sich in der Dunkelheit im wahrsten Sinne des Wortes durch.

Viele Höhlentiere sind blind. Man kennt sogar 38 Fischarten aus 13 verschiedenen Familien, die sich in tropischen Gewässern an das Leben in Höhlen angepaßt haben.

STALAGMITEN (zeigen nach oben) und Stalaktiten (hängen nach unten) werden im Lauf der Jahrhunderte durch ständig herabtropfendes, kalkhaltiges Wasser gebildet. Jeder Tropfen lagert ein paar Moleküle Kalk ab, aus denen mit der Zeit bizarre Konstruktionen entstehen. Die Kalkschicht, die du manchmal auf dem Boden eures Wasserkessels finden kannst, entsteht auf dieselbe Weise.

☞ *282 HÖHLENBEWOHNER*

Flußpferd-Tag

Flußpferde kommen in Afrika südlich der Sahara überall vor, wo sie passende Lebensbedingungen vorfinden. Sie verbringen den größten Teil des Tages im Wasser langsam fließender Flüsse. Sie leben in bis zu 60 Tieren umfassenden Herden, die mehrheitlich aus Weibchen bestehen. Das westafrikanische Zwergflußpferd ist sehr viel kleiner als sein Vetter und lebt im Sumpfwald.

Nachts verlassen Flußpferde das Wasser und gehen an Land, um zu grasen.

Flußpferde können bis zu 4,5 t wiegen und sind neben dem Breitmaulnashorn die größten Landsäugetiere nach den Elefanten.

Die Legende will es, daß Flußpferde Blut schwitzen. Doch die ölige rote Flüssigkeit, die sie absondern, ist ein Schmiermittel, das die Haut wasserdicht macht.

Das imposante Gähnen ist eine Drohgebärde. Flußpferde sehen zwar friedlich aus, aber sie töten jedes Jahr in Afrika mehr Menschen als etwa die Löwen. Die Stoßzähne sind die unteren Eckzähne, und sie können gefährliche Wunden verursachen.

FLUßPFERDE MÜSSEN TAGSÜBER im Wasser bleiben und können erst in der kühleren Nacht an Land gehen. Nur wenige Säugetiere überleben es, wenn ihre Körpertemperatur auf über 40-42 °C ansteigt. Die Tagestemperatur in den Gebieten, in denen Flußpferde leben, steigt häufig über den kritischen Punkt, bei dem sie wegen ihrer Masse keine Körpertemperatur mehr abgeben könnten. Bei den Elefanten dienen die großen Ohren als Wärmeabstrahler, das Flußpferd ist auf das relativ kühle Wasser angewiesen.

☞ *130–131 BEDROHTE TIERE*

Gras-Tag

Gräser sind eine der größten und bedeutendsten Pflanzenfamilien, der über 8000 Arten angehören. Dazu zählen beispielsweise Bambus und alle wichtigen Getreidearten wie Weizen, Reis und Mais. Grasblüten bilden meist kleine Ähren und werden vom Wind bestäubt. Der Pollen wird mit Hilfe von langen Staubfäden mit dem Wind verteilt und von fedrigen Narben herausgefiltert.

Schilfgürtel bilden sich in Süß- und Brackwasser und sind der Lebensraum verschiedener Vögel, etwa des Teichrohrsängers.

Die Gemeine Quecke ist ein kriechendes Kraut, das aus unterirdischen Trieben, den Rhizomen, *wächst.*

Das Straußgras bildet große Blattknäuel, die sich rauh anfühlen, da auf ihrer Oberfläche Furchen verlaufen.

Zittergras hat schlanke Blütenstile, die bei der leisesten Berührung anfangen zu zittern.

GRÄSER SIND AUF EINZIGARTIGE WEISE in der Lage zu überleben, wenn Tiere ihre Spitzen abweiden, denn ihre Blätter wachsen von der Basis aus nach.

☞ *87 MAIS, 161 REIS, 166 GETREIDE*

Seltsame-Nasen-Tag

Die menschliche Nase dient als Ein- und Ausgangskanal für die Atemluft. Außerdem ist sie ein Sinnesorgan. Bei zahlreichen Tieren hat die Nase darüber hinaus noch weitere wichtige Funktionen.

Die lange Nase des Großen Ameisenbärs ist ein perfektes Instrument, um in Ameisennester einzudringen. Der lange Nasengang sorgt für einen etwa 40mal empfindlicheren Geruchssinn als beim Menschen.

Das traurige Aussehen der Saiga-Antilope geht auf ihre triefende, mit Schleim besetzte Nase zurück, die den Staub aus der Luft herausfiltert.

Die Hammerkopf-Flughunde sind die größten Fledertiere Afrikas. Ihre langen Schnauzen lassen ihr lärmendes Schnattern noch lauter erschallen.

Nasenaffen kommen nur in den Mangrovenwäldern Borneos vor. Ihre bis zu 15 cm langen Nasen sind bei den Männchen besonders ausgeprägt. Bei jungen Affen zeigen sie nach oben, doch sie hängen herab, wenn sie älter werden.

Mit seinem muskulösen Rüssel kann der Elefant nach Zweigen greifen, trinken, sich mit kühlendem Wasser bespritzen und Staub auf seinen Rücken werfen.

Viele Tiere, so auch der Riesen-Rüsselspringer (unten), verlassen sich auf ihren Geruchssinn, um Beute aufzuspüren, und in ihren langen Nasen befinden sich zu diesem Zweck besondere Rezeptoren. Bei anderen Arten dient die ganz spezielle Form der Schnauze dazu, besondere Laute zu erzeugen.

☞ *317 GERUCH UND GESCHMACK*

Kaktus-Tag

Zur Familie der *Cactaceae* gehören etwa 1800 Arten, die fast ausschließlich in den Trockengebieten der Neuen Welt vorkommen. Die äußere Form der Kakteen ist vielgestaltig: von nur wenige Zentimeter großen Zwergexemplaren bis zu baumförmigen Arten mit über 10 m Höhe. Alle Kakteen sind gut an trockene Standorte angepaßt. Sie sind in der Lage, Wasser zu speichern, und die Blätter sind zu Dornen reduziert.

Lebende Steine wachsen in den trockenen Ebenen Südafrikas und wirken tatsächlich wie große Kiesel. Sie sind zweigeteilt, die Blüten wachsen aus der Mitte.

Echinocereus pentalophus *weist die typischen Adaptionen der Kakteen auf: einen zähen, mit Wachs überzogenen Stamm, um das Wasser zu speichern, und scharfe Dornen. Der Cissus ist kein Kaktus, kann aber ebenfalls Wasser speichern.*

Der Galapagos-Feigenkaktus ist eine bedeutende Nahrungsquelle für die auf der Insel lebenden Riesenschildkröten.

VIELE KAKTEEN, z. B. der extrem dornige *Ferocactus* (links) sind mehr oder weniger kugelförmig – dadurch haben sie im Verhältnis zu ihrem Volumen die kleinstmögliche Oberfläche. Laß einen kleinen kugelförmigen Kaktus einige Wochen lang austrocknen. Miß seinen Durchmesser in Zentimetern mit Hilfe einer Schieblehre und rechne mit der Formel: $4/3 \times 3{,}142 \times (\text{Durchmesser}/2)^3$ sein Volumen aus. Dann gieße ihn, miß nochmal nach und rechne wieder sein Volumen aus. So kannst du herausbekommen, wieviel Wasser die Pflanze aufgenommen hat.

☞ *21 SCHILDKRÖTE, 173 ABWEHRMECHANISMEN DER PFLANZEN, 289 TARNUNG*

Karpfen-Tag

Karpfen stammen ursprünglich aus Mitteleuropa und Asien, wurden inzwischen aber in viele Länder eingeführt. Im Mittelalter wurden sie in Klosterteichen als Nahrungslieferanten gezüchtet. In China hingegen werden seit mindestens 4000 Jahren Zierkarpfen gehalten, die man einst mit den Ausscheidungen der Seidenraupen fütterte.

Karpfen sind außerordentlich langlebige Fische, die bis zu 50 Jahre alt und 35 kg schwer werden können. Sie wurden als Nahrungs- und Angelsportfische gezüchtet, doch man wählte auch einige schöne Arten als Zierfische aus.

Spiegelkarpfen züchtete man wegen ihrer geringeren Zahl von außergewöhnlich großen Schuppen. Man züchtete sogar schuppenlose Arten, deren Haut ziemlich ledrig wirkt.

Der hübsch gefärbte Goldfisch wurde für Zierteiche gezüchtet. Besonders in Japan sind Zierkarpfen sehr beliebt. So erzielen etwa die intensiv gezüchteten Koi-Karpfen hohe Preise.

WÄHREND DER SUNG-DYNASTIE (um 650 v. Chr.) wurde die Goldfischzucht mit zahlreichen Farb- und Flossenvarianten in China zu einer echten Kunst entwickelt, und seit die Fische 1691 in Europa eingeführt wurden, sind sie auch hier populäre Haustiere. Karpfen besitzen sechs kleine Knöchelchen, die Schallwellen von der Schwimmblase zum Innenohr übertragen. Dadurch können sie sehr gut hören, und man kann sie sogar darauf trainieren, auf Geräusche zu reagieren. Wenn du jedesmal, wenn du deinen Goldfisch fütterst, mit einem Glöckchen klingelst, wird er im Lauf der Zeit an die Oberfläche kommen, sobald er das Glöckchen hört, auch wenn du kein Futter hast.

☞ *45 FORELLE, 48 KAMPFFISCH*

Pfauen-Tag

Die Männchen fast aller Arten wetteifern miteinander um die Gunst der Artgenossinnen. Damit üben die Weibchen einen hohen Selektionsdruck auf die ›Männchenmerkmale‹ aus. Weibchen stellen durch die Wahl eines attraktiven, sich gegenüber Konkurrenten durchsetzenden Männchens sicher, daß ihre Nachkommen entweder durch die männliche Beteiligung an der Brutpflege oder zumindest durch die Vererbung selektionsgünstiger Gene die besten Überlebenschancen erhalten.

Normalerweise ziehen Pfauen ihre langen Schwanzfedern nach, sie richten sie aber während der Balz auf und fächern sie aus, wobei sie ein prächtiges Muster von falschen Augen zur Schau stellen. Sie versetzen die Federn dabei gleichzeitig in Schwingung, wodurch sie laut rauschen.

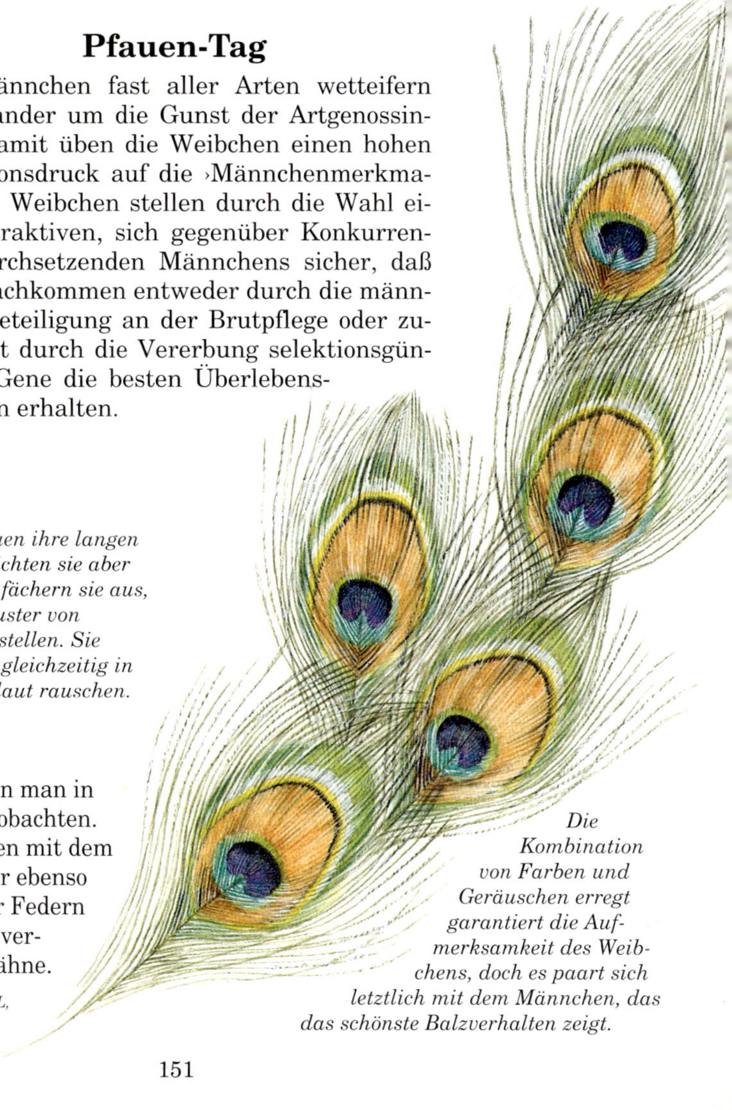

DIE BALZ DES PFAUS kann man in Zoos und Vogelparks beobachten. Vergleiche sein Verhalten mit dem weniger auffälligen, aber ebenso effektiven Vorzeigen der Federn der eng mit den Pfauen verwandten Fasane und Hähne.

☞ *81 HUHN, 276 PARADIESVOGEL, 364 FASAN*

Die Kombination von Farben und Geräuschen erregt garantiert die Aufmerksamkeit des Weibchens, doch es paart sich letztlich mit dem Männchen, das das schönste Balzverhalten zeigt.

Maulbrüter-Tag

Fischlaich und die aus den Eiern schlüpfenden Jungen sind eine äußerst reichhaltige Nahrung für zahlreiche Tiere. Um das Überleben der Art zu sichern, müssen viele Fische Tausende von Eiern legen. Manche Arten haben Verhaltensmuster und Anpassungen entwickelt, mit denen der ausgewachsene Fisch die Nachkommen beschützt und so die Verluste minimiert.

Der südamerikanische Gabelbart oder Arowa trägt seine Eier im Maul.

Das Weibchen von Paratilapia multicolor *betreibt die elterliche Fürsorge noch extremer, indem es die jungen Fische in einem speziellen Brutbeutel im Mundinneren schützt.*

Ganze Schwärme von kleinen Fischen schwimmen um den Kopf der maulbrütenden Mutter herum und verschwinden bei drohender Gefahr augenblicklich in deren Schnauze.

VIELE MAULBRÜTER, z. B. die Kieferfische, verstecken während des Fressens ihre Eier für kurze Zeit und nehmen sie danach wieder in ihr Maul. Das Maulbrüten ist bei mehreren Fischgattungen die Aufgabe der Männchen.

Die wirksamste Form des elterlichen Schutzes findet man bei ovoviviparen Fischen. Ihre Eier entwickeln sich innerhalb des Körpers, und sie bringen voll entwickelte Junge zur Welt.

☞ *108 SEEPFERDCHEN*

Muschel-Tag

Die beiden Schalenhälften einer Muschel sind durch eine elastische Zone (Ligament) verbunden und werden durch das Zusammenziehen starker Muskeln geschlossen. Muscheln ernähren sich, indem sie Wasser durch ihre Kiemen strudeln und dort die Nahrungspartikel herausfiltern.

Schiffsbohrmuscheln (Teredo) *graben sich unter Wasser in Holz ein. Die gezahnten Muschelschalen, die den wurmartigen Körper nur zum Teil umschließen, werden wie ein Bohrer eingesetzt. Das Tier wird bis zu 30 cm lang und scheidet vom Mantel her eine kalkige Röhre ab, die dem Gang folgt.*

Wenn Austern konzentrische Lagen von Aragonit, einer Form von Kalziumkarbonat, um Sandkörnchen bilden, die in den weichen Mantelgeweben eingelagert sind, entstehen glänzende Perlen.

Zu den Muscheln zählen auch einige eßbare Arten, so etwa die Miesmuschel, die sich mit seidenartigen Fasern (Byssusfäden) an Felsvorsprünge hängt.

Schiffsbohrmuscheln waren früher verantwortlich dafür, wenn aus Holz gebaute Schiffe sanken oder Holzdeiche geschwächt wurden. Heute verwendet man meist Beton und Stahl.

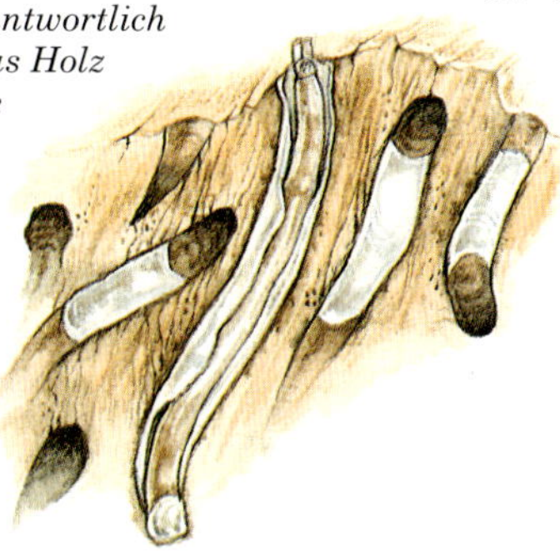

Kaufe in einem Fischgeschäft ein paar Miesmuscheln. Öffne sie und suche nach dem fleischigen Mantel, der die Schale ausscheidet, und nach den feinen Kiemen, die dem Wasser den Sauerstoff entnehmen.

☞ *30 OKTOPUS, 34 NACKTKIEMERSCHNECKE, 117 MUSCHEL- UND SCHNECKENSCHALEN, 228 TINTENFISCH, 343 NACKTSCHNECKE, 355 SCHNECKE*

Klaffmuscheln verwenden ihren muskulösen Fuß, um sich im Sand einzugraben. Dann saugen sie mit Hilfe ihrer langen Schnorchel Wasser in ihre Kiemen.

Winterschlaf-Tag

Nahrungsmangel und ungünstige Witterungsbedingungen zwingen viele Tiere dazu, während der kalten Jahreszeit einen Winterschlaf zu halten. Während dieses tiefen Schlafs werden Herzschlag und Stoffwechselvorgänge des Tieres auf ein Minimum reduziert.

Das Eichhörnchen überwintert in seinem Nest, dem Kobel, das aus Zweigen gebaut ist und auf einem Ast sitzt. Es legt den buschigen Schwanz um den Körper, um sich zusätzlich gegen die Winterkälte zu schützen.

Schlangen wie die Kreuzotter überwintern oft zu mehreren zusammengerollt unter Steinen.

Bei vielen staatenbildenden Insekten, so z. B. bei den Wespen, überleben nur die befruchteten Königinnen den Winter, indem sie in Spalten von Bäumen und Mauerritzen Schutz suchen. Alle Arbeiterinnen erfrieren beim ersten Frost, doch die Königinnen bringen im Frühjahr einen neuen Staat hervor.

Winterschläfer müssen im Herbst sehr viel Nahrung aufnehmen, um genügend Fettreserven als Energiespeicher anzusetzen, denn sie müssen bis zum Frühjahr reichen. Goldhamster legen zusätzlich vor dem Winterschlaf noch Nahrungsspeicher an, so daß eine leicht zugängliche Zusatzversorgung sichergestellt ist, falls sie aufwachen. Eichhörnchen unterbrechen ihren Winterschlaf, wenn das Wetter mild genug ist, und suchen nach Nahrung. Sie graben dann Nüsse aus, die sie im Herbst versteckt haben.

Das nordamerikanische Waldmurmeltier verschläft bis zu acht Monate des Jahres.

Eine längere Ruhezeit während des Sommers heißt Sommerruhe und ist bei Trockenheit auch bei einigen Schneckenarten üblich. Sie versiegeln ihre Häuser mit einem Speichelhäutchen, mit dem sie sich an Rinde und Steine kleben, und verhindern so, daß sie austrocknen.

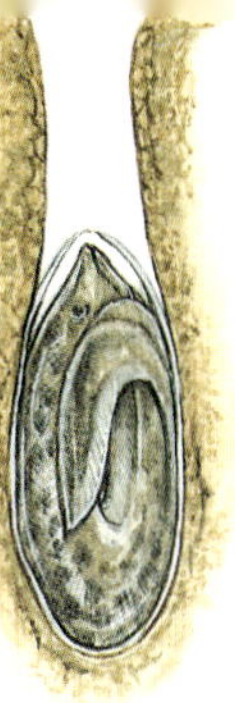

Auch Wärme und Trockenheit können viele Arten bedrohen. Wenn der Wasservorrat zu Ende geht, vergräbt sich der afrikanische Lungenfisch im Schlamm und umgibt sich mit einem Kokon aus Speichel, in dem er bis zu vier Jahre überleben kann, indem er nach und nach seine Muskeln abbaut.

Der Schutz vor Wetter und Feinden sind die wichtigsten Aufgaben eines Schlafplatzes für den Winter. Fledermäuse und Bären überwintern in trockenen Höhlen, die Fledermäuse in großen Kolonien, in denen sie sich eng zusammenkuscheln, um sich gegenseitig Wärme zu geben.

Die Dreizehigen Dosenschildkröten graben sich während des Winters in den Schlamm von Tümpeln ein.

Viele Insektenarten überwintern in Kolonien. Marienkäfer z. B. findet man oft in großen Trauben zwischen Kiefernadeln.

Nur am langsamen, rhythmischen Ausdehnen und Zusammenfallen des Brustkorbs und an den leisen Schnarchgeräuschen erkennt man, daß der Bär Winterschlaf hält und nicht tot ist.

IM WINTER kann man gut in verlassenen Gebäuden oder auf Dachböden nach Schmetterlingen suchen. An sonnigen Tagen verlassen sie ihr Schlafquartier. Biete diesen ›Frühaufstehern‹ einen mit Zuckerwasser getränkten Baumwollappen an, so daß sie ihre Energiereserven auffüllen können, ehe sie bis zum Frühjahr weiterschlafen.

☞ 294 ÜBERWINTERUNG

Der nordamerikanische Monarchfalter zieht jedes Jahr mehrere tausend Kilometer nach Süden, in die Südstaaten der USA oder nach Mexiko, wo er in großen Kolonien in Bäumen überwintert.

Darwinfinken-Tag

Man nimmt an, daß vor sehr langer Zeit einmal ein Finkenschwarm, vielleicht mit einem Sturm, von Südamerika zu den fast 1000 km entfernten Galapagos-Inseln gelangte. Dort gab es kaum andere Vögel, die eine Konkurrenz für die Finken darstellten. Die ökologischen Nischen für Insekten- und Früchtefresser sowie für Arten, die im Holz nach Nahrung suchen, waren unbesetzt. Aus dieser einen Finkenart entwickelten sich allmählich verschiedene spezialisierte Arten.

Der Große Grundfink (unten) hat einen massiven, kräftigen Schnabel, der ähnlich wie der des Dompfaffs gebaut ist. Er benutzt ihn, um Früchte und Samen zu zerbeißen.

Der Kaktusgrundfink hat einen nach unten gebogenen Schnabel und eine gespaltene Zunge. Er sucht in den Kaktusblüten nach Nektar und frißt die weichen, saftigen Kaktusfrüchte.

Der Stocherfink (unten links) hat einen robusten, geraden Schnabel, den er ebenso gebraucht wie ein Specht. Er benutzt einen dünnen Zweig oder den Stachel eines Kaktus, um Insekten herauszustochern.

CHARLES DARWIN ENTDECKTE die 14 Finkenarten der Galapagos-Inseln 1835. Er erkannte, daß die Finken aus nur einer einzigen Art hervorgegangen waren. Diese Erkenntnis wurde Grundlage für seine Evolutionstheorie. Sie besagt, daß Arten nicht von vornherein unveränderlich sind, sondern daß sich die Eigenschaften innerhalb einer Population verändern können, wenn bestimmte Varianten in einer Umgebung erfolgreicher sind als andere und ihre vererbbare Abweichung einen Selektionsvorteil darstellt.

☞ *21 SCHILDKRÖTE*

Keimling-Tag

Ein Same enthält eine winzige embryonale Pflanze, die von einem Nährstoffvorrat umgeben ist. All dies wird von einer schützenden Samenschale (*Testa*) umhüllt.

Rizinussamen bestehen vor allem aus Nahrungsvorrat.

Die Keimung wird durch die Wasseraufnahme durch die Mikrophyle, *eine winzige Pore in der Samenhaut, ausgelöst. Danach werden die im Samen enthaltenen Zellen größer und üben dadurch einen gewaltigen Druck auf die Haut aus, bis diese reißt. Danach entfalten sich in der Regel die Keimblätter.*

Kokosnüsse sind von einer dicken, faserigen Hülle umgeben. Sie können weite Strecken im Meer treiben und keimen, wenn die Nuß an einen Strand gespült wird. Das weiße, ölhaltige Nährgewebe hält die embryonale Pflanze während des ersten Wachstums am Leben.

Rizinussamen verwenden einen Ölvorrat als Nahrung für den Pflanzenembryo. Bei Reis ist es dagegen vor allem Stärke, während Bohnen hohe Konzentrationen von Proteinen anlagern.

Der hohe Ölgehalt in Paranüssen erlaubt es dem Keimling, schnell zu wachsen.

WEICHE GETROCKNETE ERBSEN über Nacht ein, ziehe die Samenhaut ab, und nimm den kleinen Pflanzenembryo heraus. Es ist eine perfekte Miniaturpflanze.

☞ *127 BOHNE, 161 REIS, 180–181 SAMENVERTEILUNG*

Kastanien-Tag

Die Blätter der Roßkastanie sind fünf- bis neunfach gefingert. Die Blattknospen sind im Winter von einer dicken, schützenden Harzschicht umgeben, die Frostschäden verhindert.

Das Sammeln von Kastanien ist ein traditionelles Herbstritual für Kinder in ganz Mitteleuropa, das aber erst eine relativ kurze Geschichte hat. Die Bäume kamen im 16. Jh. aus Albanien und Nordgriechenland, wo sie ursprünglich beheimatet waren, und ihre herrliche Blütenpracht machte sie bald zu einem begehrten Baum für Parks.

Kastanienblüten werden von Hummeln bestäubt. Jede Blüte hat gelbe Flecken an der Basis der Blütenblätter, die rot werden, nachdem die Pollen gereift sind. Bienen können Rot nicht sehen, und so könnte der Farbwechsel signalisieren, daß es sich nicht mehr lohnt, in dieser Blüte nach Nektar zu suchen.

DIE BEZEICHNUNG ROSSKASTANIE stammt wahrscheinlich daher, daß man Kastanien in der Türkei als Pferdefutter verwendete. Sie werden aber auch von Schweinen, Rindern und von Wild gefressen. Für Menschen sind die Früchte der Roßkastanie dagegen ungenießbar.

☞ *332 – 333 HEILPFLANZEN*

Eiben-Tag

Die langlebigsten Bäume in Europa sind wahrscheinlich die Eiben, die ein Alter von 1500 Jahren erreichen können. Allerdings kann man es in aller Regel nicht an den Jahresringen gefällter Bäume ablesen, da das Holz im Zentrum der Eibenstämme vermodert und die Bäume mit der Zeit hohl werden. Durch ihre Langlebigkeit wurde die Eibe zum Symbol der Unsterblichkeit.

Die Langbögen der mittelalterlichen Bogenschützen wurden aus dem harten, elastischen Holz der Eibe gefertigt, das sich stark biegen läßt, ohne zu splittern. Das kräftigste Holz stammt von Bäumen, die im mediterranen Klima gewachsen sind. Das Holz für die englischen Langbögen wurde wahrscheinlich aus Südeuropa importiert.

Eibenblätter und -samen sind giftig für Menschen und Säugetiere, doch die Samen werden von Vögeln verbreitet. Das leuchtend rote Fleisch entwickelte sich, um Vögel anzulocken, denn deren Augen sehen besonders gut im Bereich des roten Endes des Spektrums.

SUCHE IN EINEM PARK oder auf einem alten Kirchhof nach einer Eibe. Es gibt männliche und weibliche Bäume; die männlichen tragen kleine, gelbe Blüten, die weiblichen kleine rote Früchte.

☞ *314 KÜSTENSEQUOIA, 318 KIEFER*

Biochemiker haben erst vor kurzem entdeckt, daß die Eiben an der pazifischen Küste der Vereinigten Staaten eine Substanz enthalten, die zur Behandlung einiger bestimmter Formen von Krebs eingesetzt werden kann und die nach dem lateinischen Namen der Eibe, Taxus, *Taxol heißt.*

Wildhund-Tag

Wildlebende Mitglieder der Familie der *Canidae* sind Fleischfresser des offenen Graslands und haben in der Regel lange Beine, die es ihnen ermöglichen, ihre Beute über weite Strecken zu verfolgen.

Der Marderhund aus Ostasien ist der einzige Hundeartige, der nicht bellt. Außerdem ist er der einzige Hund, der im dichten Unterholz der Wälder lebt.

Dingos sind australische Wildhunde. Es gibt nur wenige große Fleischfresser in der australischen Fauna, von denen der Dingo der bedeutendste ist. Dingos jagen bei Nacht und reißen oft auch Tiere auf den Farmen.

Afrikanische Wildhunde leben in Meuten von 6-12 Tieren, die gemeinsam auch große Beutetiere wie Zebras reißen können. Die Meuten unternehmen oft weite Wanderungen über die Savannen südlich der Sahara.

Die südamerikanischen Waldhunde leben im Regenwald Brasiliens und der Guyanas und sind nur etwa dachsgroß. Auch sie jagen in Meuten.

DIE ENORME VIELFALT von Haushundrassen, vom Pudel bis zum Rottweiler, die aus der einen Urform der Hunde gezüchtet wurde, belegt die versteckten genetischen Möglichkeiten bei wildlebenden Tieren. In freier Wildbahn haben einzelne mutierte Tiere mit abweichenden Gesichtern, Fellen, Beinen, Körperformen und Verhaltensmustern kaum eine Chance und werden durch die natürliche Selektion schnell ausgemerzt. In der Hundezucht dagegen werden solche Abweichungen geschützt und gepflegt.

☞ *12 HYÄNE, 97 WOLF, 140 FUCHS*

Reis-Tag

Reis ist das Grundnahrungsmittel für über die Hälfte der Weltbevölkerung und mit Abstand das bedeutendste landwirtschaftliche Erzeugnis, das direkt konsumiert wird. Reis wird seit mindestens 3500 v. Chr. in Thailand angebaut und dominiert heute die Landwirtschaft in fast allen asiatischen Ländern. Kleinere Anbaugebiete gibt es auch in Südeuropa und in den Südstaaten der USA.

Bergreis wird wie Weizen auf Feldern angebaut, ohne künstliche Bewässerung. Im Überschwemmungsgebiet von Flüssen wie dem Brahmaputra, Ganges oder Mekong pflanzt man Sorten an, deren Halme länger werden, wenn das Wasser ansteigt, und man erntet den Reis von Booten aus.

Moderne Sorten sind zwergwüchsig und sehr ergiebig. Man kann den Reis stark düngen, ohne daß er zu hoch wächst, und so wird er von den häufigen Taifunen auch nicht zu Boden gedrückt oder umgeknickt.

Wasser- oder Sumpfreis wird in überfluteten Feldern angebaut, in denen man den Wasserspiegel mit zunehmender Reife der Reiskörner absenkt. Die Körner liegen in einer zerbrechlichen Hülse, die entfernt wird und ein braunes Reiskorn freigibt. Dieses wird geschliffen, bis die äußeren Lagen abfallen. Was übrigbleibt, ist der vertraute weiße Reis, der viel kürzer kochen muß als brauner, dafür aber fast die Hälfte seines Proteingehalts verloren hat.

☞ *87 MAIS, 147 GRAS*

Giftige-Pflanzen-Tag

Pflanzen haben eine breite Viefalt von Giften entwickelt, um sich gegen Tierfraß zu schützen. Dazu gehören das tödliche Curare (das von den Indianern Südamerikas auf die Pfeilspitzen aufgetragen wird), Strychnin (früher ein beliebtes Rattengift und vielfach in Kriminalromanen verwendet), Rizin (ein tödliches Protein des Wunderbaums) und Coniin (das Gift des Schierlings, mit dem Sokrates hingerichtet wurde).

Schneeglöckchen enthalten Alkaloide.

In Shakespeares »Hamlet« wird der König von Dänemark mit Schierling ermordet.

Die Beeren des Christophskrautes sind hochgiftig, wurden aber einst verwendet, um den Veitstanz zu behandeln.

Hahnenfuß (rechts) und Küchenschelle (links) enthalten Gifte, die auch medizinischen Nutzen haben.

DIE WURZELN MEHRERER SCHWERTLILIEN-ARTEN (oben links) enthalten medizinische Alkaloide, die hochgiftig sind, wenn man sie in zu großen Dosierungen zu sich nimmt.

Lerne zu deiner eigenen Sicherheit, giftige Pflanzen zu erkennen. Die Beeren der Tollkirsche (*Atropa belladonna*, oben rechts) sehen harmlos aus, doch schon zwei dieser Früchte können ein Kind töten. Die Pflanze wurde nach Atropos benannt, in der griechischen Mythologie eine der Schicksalsgöttinnen, deren Aufgabe es war, den Lebensfaden zu durchtrennen.

☞ *174 GIFTSCHLANGEN, 230–231 KRÄUTER, 248 GIFTPILZE, 332–333 HEILPFLANZEN*

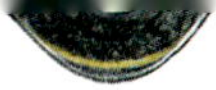

Schlangen-Tag

Schlangen sind Reptilien ohne Gliedmaßen, die wahrscheinlich von grabenden Reptilien abstammen, auch wenn die meisten heutigen Schlangen auf dem Boden oder in Bäumen leben. Alle sind Räuber; die meisten töten ihre Beute entweder durch Gift, das sie durch ihre Giftzähne in sie einspritzen, oder indem sie sie umschlingen und erwürgen. Nur 20 % der insgesamt 2 700 Schlangenarten sind giftig.

Im Lauf ihres Wachstums häuten sich Schlangen regelmäßig.

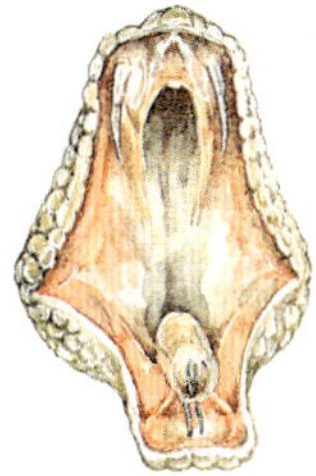

Der Schwanz der Klapperschlange besteht aus trockenen, verhornten Segmenten, die als Warnung geschüttelt werden. Die hohlen Giftzähne können auf- und nach vorn gerichtet werden und spritzen Gift, wenn die Schlange auf ihr Opfer zuschießt.

Die zuckende Zunge der Natter ist ein empfindliches Sinnesorgan, mit dem sie die Witterung der Beute aufnimmt.

MANCHE SCHLANGENARTEN legen Eier in den Boden oder zwischen Pflanzen; bei anderen reifen die Eier in ihrem Körper heran, wo die Jungen auch schlüpfen, so daß sie dann lebend geboren werden.

☞ *174 GIFTSCHLANGEN*

Pythons packen ihre Beute mit ihrem Maul und den nach hinten gerichteten Zähnen, dank derer sie sie sicher halten können. Dann winden sie ihren Körper um ihre Beute, würgen sie zu Tode und verschlingen sie in einem Stück. Flexible Gelenke in ihren Kiefern erlauben ihnen, auch größere Tiere zu verschlucken.

Bärenklau-Tag

Der Riesen-Bärenklau ist eine zweijährige Pflanze, die im ersten Jahr eine Rosette von kräftigen Blättern ausbildet und danach Blütenstengel treibt, die bis zu 5,5 m hoch werden können. Diese werden von einer großen Blütendolde bekrönt, aus der Samenkapseln hervorgehen, in die Drüsen mit aromatischen Ölen eingebettet sind.

Die Geschichte der Einführung des Riesen-Bärenklaus in Europa ist ein Musterbeispiel für die Gefahren der Einführung fremder Organismen in ein Ökosystem. Die Pflanze stammt aus Südwestasien und kam im 19. Jh. als Zierpflanze für feuchte Gärten zu uns. Sie breitete sich aber bald über die Gärten hinaus aus und wächst häufig an Flußufern. Der Saft des Riesen-Bärenklaus enthält Substanzen, die die Haut gegen ultraviolettes Licht empfindlich machen und schmerzhafte Blasen auf Händen und Armen verursachen, wenn man sie berührt.

Es gibt viele Beispiele für die Einführung fremder Pflanzen, die zu unausrottbaren Unkräutern geworden sind.

Suche in deiner Umgebung nach Gartenpflanzen, die aus den Gärten entkommen sind. Diese Fremdlinge könnten die Problempflanzen der Zukunft werden.

☞ *162 GIFTIGE PFLANZEN, 180–181 SAMENVERTEILUNG, 294 ÜBERWINTERUNG*

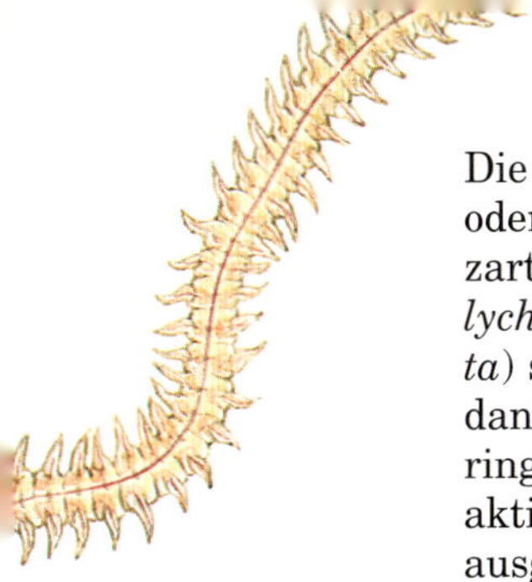

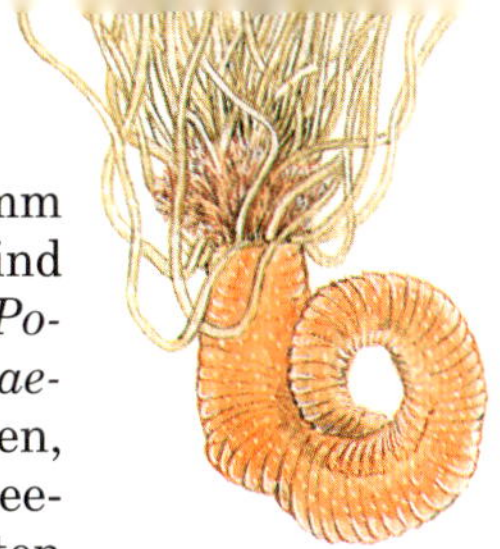

Meereswurm-Tag

Die meisten Meereswürmer, die im Schlamm oder Sand längs der Gezeitenlinie leben, sind zarte Tiere, die zur Klasse der Vielborster (*Polychaeta*) gehören. Ihre steifen Borsten (*Chaeta*) sitzen oft auf paddelförmigen Gliedmaßen, dank derer sie schwimmen können. Der Seeringelwurm (links) ist eine der verbreitetsten aktiven Arten und ein mit kräftigen Kiefern ausgestatteter Räuber. Man findet ihn im Sand grabend. Andere Arten wie *Eupolymnia nebulosa* (rechts) leben in Höhlen, in denen sie vorbeischwimmenden Tieren und vorbeitreibenden Partikelchen auflauern und sie mit ihren langen Tentakeln ergreifen.

Wird der 12 cm lange Spirobranchus gigantica *gestört, zieht er seine Tentakelspirale sofort ein.*

Viele Polychaeten *bauen Schutzröhren aus Sand. Die einziehbaren Tentakel ragen wie Staubwedel ins Wasser, absorbieren Sauerstoff und filtern Nahrungspartikelchen aus der Strömung. Mindestens die Hälfte der Röhre liegt im Sand vergraben.*

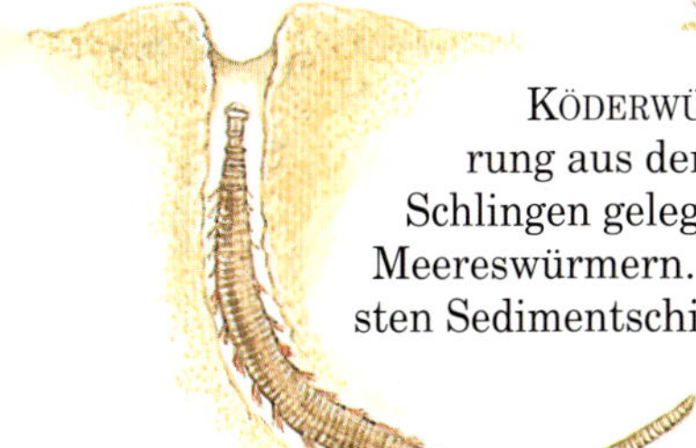

KÖDERWÜRMER (links) leben in U-förmigen Bauen, filtern Nahrung aus dem Meerwasser und hinterlassen bei Ebbe auffällige in Schlingen gelegte Kotsandhaufen. Grabe in der Gezeitenzone nach Meereswürmern. Die meisten davon leben in der ca. 40 cm dicken obersten Sedimentschicht. Lege sie in ein weißes, mit Meerwasser gefülltes Gefäß. Einige der von dir gefangenen Arten werden ihre Tentakel bewegen, die sich windenden Würmern und exotischen Fächern ähneln.

☞ *214 REGENWURM, 283 TIEFSEE*

Getreide-Tag

Seßhafte Kulturen entwickelten sich erst, als der Mensch lernte, Getreide anzubauen. Archäologische Funde bezeugen die Entstehung des Getreideanbaus in Vorderasien im 6. Jahrtausend v. Chr. Nach Mitteleuropa kam er über die Donauländer. Die ersten Bauern wählten verschiedene Weizenformen (rechts), die die Fähigkeit, ihre Samen zu verstreuen, verloren hatten, so daß sie diese ernten und die trockenen Samen in Kornspeichern aufbewahren konnten, um im Winter Nahrungsreserven zu haben.

Hafer (oben) benutzt man heute vor allem als Viehfutter und zur Haferflockenherstellung.

Roggen (ganz links) benutzt man zum Brotbacken, während Gerste zum Bierbrauen benötigt wird.

Weizenmehl zum Brotbacken enthält elastische Proteine, die die Kohlendioxidblasen der fermentierenden Hefe einfangen. Dadurch geht das Brot auf und erhält seine in Europa und Amerika so geschätzte weiche Konsistenz. Hartweizen (ganz oben rechts), der im östlichen Mittelmeerraum für die Nudelproduktion angebaut wird, weist diese Eigenschaft nicht auf. Knete einen Teig aus Mehl, Wasser und Hefe und beobachte, wie er aufgeht. Dann backe ihn und schneide das Brot auf. So kannst du die durch das darin eingeschlossene Gas gebildeten Blasen erkennen.

☞ *87 MAIS, 147 GRAS, 161 REIS*

Haar-Tag

Jäger wie auch Gejagte verwenden Farbmuster zu ihrer Tarnung. Die Punkte des Leoparden lassen ihn im Grasland der Savanne fast unsichtbar werden.

Haare sind ein Merkmal der Säugetiere, auch wenn das Protein Keratin, aus dem Haare bestehen, ebenso der Hauptbestandteil von Federn, Krallen, Nägeln und der äußeren Hautschicht bei anderen Gruppen von Wirbeltieren ist. Das Haar bildet einen isolierenden Mantel für die Säugetiere, um die Körperwärme zu erhalten. Außerdem kann ein Fell Farbmuster entwickeln, an denen sich die einzelnen Tiere erkennen oder die sie in ihrer jeweiligen Umgebung tarnen.

Das weiße Winterfell der arktischen Tiere wie dieses Polarfuchses besteht aus Haaren mit wenig oder keinem schwarzen Pigment (Melanin), das nur im dunkleren Sommerfell vorhanden ist.

Katzen stellen ihr Fell auf, indem sie Muskelfasern unter ihrer Haut zusammenziehen. Dadurch soll das Tier, das die Drohposition einnimmt, größer wirken.

FURCHT, AUFREGUNG ODER KÄLTE verursachen bei uns eine Gänsehaut und lassen die Haare aufrecht stehen. Der Mensch hat nur noch ein so dünnes ›Fell‹, daß man die Follikel der einzelnen Haare erkennen kann. Reißt du dir ein Haar aus dem Kopf, stellst du fest, daß es am Ende verdickt ist. Diese Verdickung besteht aus neugebildetem Keratin, dessen Moleküle sich noch nicht fest miteinander verbunden haben.

☞ *279 EISBÄR, 359 PANZER*

Territorialitäts-Tag

Tiere vieler Arten beanspruchen ein Gebiet entweder für sich allein (z. B. der Tiger) oder für eine Gruppe (z. B. Erdmännchen). Dieses Gebiet ist ihr Revier oder Territorium und dient den Tieren als Paarungsort, als Jagdrevier oder zum Nestbau. Als Territorialität bezeichnet man ein Verhaltensprinzip, das eine gleichmäßige Verteilung der Artgenossen in einem Gebiet bewirkt und damit eine Überbevölkerung verhindert

Das Männchen des Augenfalters verteidigt die Blätter an einem sonnigen Plätzchen im Wald und wartet darauf, daß sich dort ein Weibchen zum Aufwärmen niederläßt, mit dem es sich dann paart.

In einem Paarungsrevier kämpfen männliche Kampfläufer um ein individuelles Territorium. Dann kommen die Weibchen in dieses Revier und treffen ihre Wahl, wobei sie die Männchen bevorzugen, deren Gebiet im Zentrum liegt.

Die schwerfälligen männlichen Walrosse verteidigen ihre Territorien an arktischen Stränden, um Platz für ihre Harems zu schaffen, die bis zu 50 Weibchen umfassen.

DIE TIGER IM SÜDLICHEN NEPAL herrschen über ausgedehnte Reviere, deren Grenzen sie durch Urin und anale Drüsensekrete markieren, um Eindringlinge fernzuhalten. Als Grenzmarkierungen dienen auch Fäkalien und Kratzspuren an Bäumen. Die Territorien der Weibchen sind ca. 20 km^2, die der Männchen zwei- oder dreimal so groß.

Aufseher von Naturschutzgebieten spüren Tiger auf und ermitteln deren Reviere mit Hilfe von Richtsendern. Den Tigern wird ein Halsband mit einem Sender umgebunden, der ein spezifisches Signal ausstrahlt.

☞ *71 ROTKEHLCHEN*

Birken-Tag

Die kleinen, vom Wind verstreuten Samen der Sandbirke verbreiten die Art so effektiv, daß viele Förster die Birke als ein Unkraut ansehen. Früher war Birkenrinde jedoch eine teure Handelsware. Man kann sie in großen Stücken vom Stamm abschälen. In Norwegen und Lappland verwendete man sie zum Dachdecken. Die Indianer Nordamerikas benutzten sie, um darauf zu schreiben, machten daraus Kleider und dichteten Körbe und Kanus damit ab.

Birken sind auch in der Natur ein wichtiger Rohstofflieferant, denn über 300 Insektenarten ernähren sich allein von ihnen.

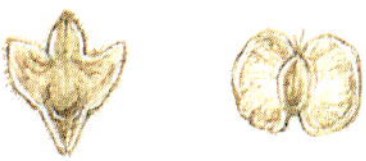

Im Herbst nimmt das Birkenlaub eine herrlich gelbe Farbe an. Nachdem die Blätter abgefallen sind, sieht man oft große sogenannte Hexenbesen aus ineinander verwachsenen Ästen. Dieses Phänomen geht auf eine Pilzart namens Taphrina *zurück, die die Äste befällt und die Knospen wuchern läßt.*

BIRKEN WERDEN im allgemeinen nicht sehr alt und fallen häufig dem Birkenschwamm, *Polyporus betulinus*, zum Opfer, dessen flache weiße Schwämme aus den sterbenden Ästen hervorbrechen. Wenn du einen solchen alten Birkenschwamm in einem mit Musselin bedeckten Plastikbehälter aufbewahrst, wirst du vielleicht feststellen können, daß nach einiger Zeit verschiedene Insekten daraus schlüpfen. So dient die Birke sogar noch nach ihrem Tod als Lebensraum für andere Organismen.

☞ *178 HINTERHOF, 227 EICHE*

Primitive Pflanzen

Neben den vertrauten Blütenpflanzen und Nadelbäumen gibt es noch drei weitere, viel primitivere Pflanzenfamilien: die *Cycadaceae*, die *Gingkoaceae* und die *Gnetaceae*. Bei ihnen handelt es sich um ›lebende Fossilien‹, um Arten, die schon lange vor der Entwicklung der Blütenpflanzen die Erde besiedelten. Jede dieser Familien ist heute noch durch eine oder mehrere überlebende Arten vertreten.

Gingko biloba, *die letzte übriggebliebene Gingkoart, ist in China heimisch, doch heute als Zierbaum weit verbreitet. Wegen des intensiven schlechten Geruchs des Fruchtfleischs um die Samen züchtet man gewöhnlich nur männliche Gingkos.*

Welwitschia mirabilis, *die seltsamste Art der 35 lebenden* Gnetaceae, *wächst in der Namib-Wüste. Sie besteht nur aus zwei Blättern, die kontinuierlich wachsen und an den Spitzen ausfransen; über 5 m des Blattes bleiben intakt. Einige Pflanzen können 2 000 Jahre alt sein.*

Cycas sehen aus wie Zwergpalmen. Sie kommen in Afrika, im östlichen Asien und in Nord- und Südamerika vor und sind auch an der australischen Ostküste weit verbreitet. Vor 200 Mio. Jahren waren sie die vorherrschenden Landpflanzen.

SPORENPFLANZEN WIE MOOSE und Farne sind auf Tau oder Regenwasser angewiesen, in dem die männlichen Spermazellen zu den weiblichen Keimzellen schwimmen und sie befruchten. Samenpflanzen haben sich trockeneren Bedingungen angepaßt, so daß ihre Befruchtung nicht vom Wasser abhängt. Sie produzieren Pollen statt Sperma.

☞ *62 MOOS, 114 FARN*

Fliegende-Fische-Tag

Der Schwalbenfisch ist eine der Arten, die sich vor Feinden in die Luft flüchten. Nur seine Brustflossen sind vergrößert, während beim vierflossigen Kinnbartel-Flugfisch auch die Bauchflossen vergrößert sind und ihm damit mehr ›Flügelfläche‹ für seinen Flug verleihen.

Gleitende Fische wäre eigentlich die korrektere Bezeichnung für die Mitglieder der *Exocoetidae*, einer Familie von Fischen mit stark vergrößerten Flossen, die als Flügel verwendet werden. Ihre direkt hinter dem Kopf sitzenden Brustflossen sind verlängert und abgeflacht; wenn die Fische schnell schwimmen – sie erreichen Geschwindigkeiten von bis zu 32 km/h –, können sie aus dem Wasser springen und bis zu 100 m weit gleiten. Bei diesen Gleitflügen werden sie manchmal vom Aufwind über den Wellen getragen und landen auf dem Deck kleinerer Boote.

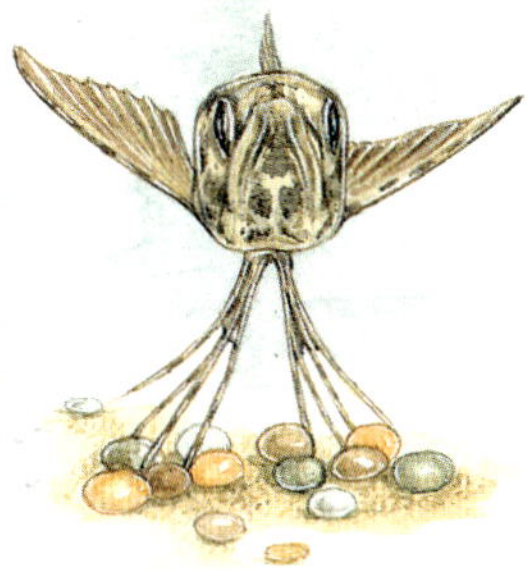

Der Flughahn lebt im Atlantik und im Mittelmeer. Er kann mit Hilfe seiner Bauchflossen über den Meeresgrund ›laufen‹ und dank seiner vergrößerten Brustflossen kurze Gleitflüge über der Wasseroberfläche unternehmen.

WÄHREND DES GLEITFLUGS schlagen die meisten Fliegenden Fische mit der Schwanz-, nicht aber mit der Brustflosse. Daher kann man nicht eigentlich von Fliegen reden. Die einzige Ausnahme ist der südamerikanische Beilfisch, in dessen breiter Brust Muskeln sitzen, mit denen er seine Brustflossen zum Vibrieren bringt.

☞ *52 ROCHEN*

Rinder-Tag

Die Rinder der westlichen Welt wurden nach verschiedenen Gesichtspunkten gezüchtet. Das englische Hochlandrind ist eine sehr robuste und genügsame Rasse.

Seit der Steinzeit dienen Rinder dem Menschen als Milch-, Fleisch- und Lederlieferanten und wurden darüber hinaus auch als Zugtiere eingesetzt. Die Hausrinder Europas und Nordamerikas (*Bos taurus*) stammen vom wilden Auerochsen (*Bos primigenius*) ab. Dieses im Wald lebende Rind wurde in der Steinzeit schon auf Höhlenwände gemalt und war noch in der Römerzeit in Europa weit verbreitet, bis es 1627 schließlich durch Jagd ausgerottet wurde.

Die Zebus mit ihrem auffälligen Höcker werden von den Hindus als heilig verehrt und dürfen zwar nicht verletzt oder verkauft werden; dafür setzt man sie als Zugtiere ein.

Watussi-Rinder kann man leicht an ihren außerordentlich langen Hörnern erkennen. Europäische Rinder können in Afrika kaum überleben und fallen schnell Krankheiten wie der Schlafkrankheit zum Opfer.

DAS BUCKELRIND ODER ZEBU Indiens und Afrikas (*Bos indicus*) stammt zwar ebenfalls vom Auerochsen ab, aber von einer anderen Rasse, dem *Bos primigenius namadicus*.

Besuche eine Landwirtschaftsausstellung uns sieh dir die Rinderrassen an. Sie reichen vom kleinwüchsigen Hinterwälder-Rind, das für Gebirgskleinbauern gezüchtet wurde, bis zum Pitzgauer-Rind, das sowohl viel Milch als auch viel Fleisch liefert.

☞ *3 HAUSSCHWEIN, 144 SCHAF, 313 ZIEGE*

Tag der Abwehrmechanismen der Pflanzen

Pflanzen bilden den Anfang fast jeder Nahrungskette und werden von zahllosen Tieren gefressen. Brennende Haare, Stacheln und Dornen sind sozusagen ihre erste Verteidigungslinie gegen grasende Tiere.

Die Haare der Brennnessel dringen durch die Haut und injizieren einen brennenden Zellsaft.

Die hohlen Stacheln mancher Akazien (unten rechts) dienen als Nester für Ameisen. Sie finden hier ein sicheres Zuhause, und der Baum hat seinen Nutzen dadurch, daß sie Raupen entfernen und Pflanzenfresser abschrecken.

Sproßdornen haben sich aus Blattsprossen entwickelt, die das eigentliche Blatt verloren haben. Beim Weißdorn sind sie lang und holzig und halten Pflanzenfresser fern.

Die ›Stacheln‹ auf den Blättern der Distel sind harte Auswüchse der Blatthaut. Sie halten Rinder und Schafe davon ab, die Pflanze zu fressen, weshalb sich die Pflanzen auf Weiden schnell ausbreiten.

Bei den Kakteen (unten) wurden die Blätter zu Blattdornen. Dieser Schutz ist gerade in der Wüste wichtig, da es hier nur wenig Nahrung für Pflanzenfresser gibt.

MANCHMAL WEHREN SICH PFLANZEN gegen Angriffe, indem sie ihre Verteidigungsmechanismen verstärken. Pflanze zwei Brennesseln in zwei Blumentöpfe (benutze Handschuhe!), und wässere und dünge sie gut. Dann schneidest du eine der Pflanzen auf Bodenhöhe zurück, um das Abfressen durch einen Pflanzenfresser zu simulieren. Zähle die Brennhaare auf einem Zentimeter der neugesprossenen Pflanze und vergleiche die Zahl mit der auf einem entsprechenden Zentimeter der nicht zurückgeschnittenen Pflanze.

☞ *69 WÜRGER, 88 NEST, 162 GIFTIGE PFLANZEN*

Giftschlangen-Tag

Die Giftzähne einer Schlange sind speziell ausgebildete Werkzeuge, die mit einer Drüse verbunden sind, die Gift statt Speichel produziert. Schlangen mit hinten sitzenden Zähnen, auf denen eine Rille verläuft, durch die nur wenig Gift in das Opfer gespritzt wird, sind nicht sehr gefährlich. Bei *Elapiden* (Giftnattern) sitzen die Giftzähne vorn im Gebiß. Sie haben tiefe Rillen, durch die große Mengen Gift in das Opfer gespritzt wird.

Die südamerikanische Anakonda ist die größte aller Schlangen, sie kann bis zu 11 m lang werden und ist nicht giftig. Sie schlingt ihren muskulösen Körper um ein großes Säugetier, das sie erwürgt oder ertränkt, bevor sie es verschlingt.

Die Glanzspitznatter ist ein typischer Vertreter der auf Bäumen lebenden Schlangen. Wenn sie über die Äste gleitet, ist sie wegen ihrer Tarnfarbe kaum zu erkennen.

Die amerikanischen Korallenschlangen sind sehr leuchtend gefärbt und warnen damit mögliche Feinde, daß sie sehr giftig sind.

Die Afrikanische Eierschlange verschlingt ganze Eier und dringt auf der Suche nach Nahrung oft in Hühnerställe ein. Lange Auswüchse ihrer Wirbelsäule zerbrechen die Schalen, wenn die Eier durch den Schlund wandern.

DIE GRÖSSTE GIFTSCHLANGE ist die Königskobra (*Ophiophagus hannah*), die in Indien, Malaysia und China vorkommt. Sie wird bis zu 5 m lang und ist außerordentlich aggressiv. Sobald sich ihr ein größeres Tier nähert, richtet sie sich auf und bedroht es mit ausgebreiteter Halskrause. Sie ernährt sich vornehmlich von anderen Schlangen. Schlangenbeschwörer brechen ihre Giftzähne aus oder nähen ihr das Maul zu, damit sie nicht gebissen werden können.

☞ *163 SCHLANGE, 199 ECHSE, 356–357 REGENWALD*

Erdkuckuck-Tag

Erdkuckucke sind, wie ihr Name schon sagt, eine ungewöhnliche Kuckucksart und können kaum fliegen, sondern rennen viel lieber. Sie haben lange, muskulöse Beine, und man hat bei einzelnen Tieren Laufgeschwindigkeiten von deutlich über 30 km/h gestoppt.

Erdkuckucke bringen über ein Dutzend verschiedener Laute hervor, doch das »Miek-Miek« der berühmten Comicfigur (Roadrunner) gehört nicht dazu. In anderer Hinsicht sind sie fast so bemerkenswert wie der gezeichnete Vogel, der sein Leben damit zubringt, den Listen und Nachstellungen von Wiley T. Coyote zu entgehen. Sie leben in der Wüste im Südwesten der USA und ernähren sich von Grashüpfern und Reptilien. Sie können sogar Klapperschlangen erlegen.

Erdkuckucke töten ihre Beute durch kräftige Hiebe mit ihren scharfen, schweren Schnäbeln. Auf Schlangen und Eidechsen schlagen sie noch lange ein, nachdem diese tot sind, um deren Knochen zu brechen und sie so leichter schlucken und verdauen zu können.

Bei ihren symmetrischen Klammerfüßen weisen zwei Zehen nach vorn, die anderen beiden nach hinten. Daher kann man den Spuren des Erdkuckucks nur schwer entnehmen, in welche Richtung er gelaufen ist.

TIERE HABEN COMICZEICHNER schon immer inspiriert. Vögel, Mäuse, Enten, Bären und Kaninchen wurden so zu ständigen Attraktionen des Kinos. Erfinde selbst einen Comic-Helden, der auf deinem Lieblingstier in diesem Buch basieren könnte.

☞ *88 NEST, 250 KUCKUCK*

Hydra-Tag

Der Stamm der Nesseltiere (*Cnidaria*) umfaßt Würfelquallen, Schirmquallen, Blumen- und Korallentiere und »Polypentiere« oder *Hydrozoen*. Dazu gehört auch der Süßwasserpolyp Hydra, doch die meisten Lebewesen dieses Stammes sind Meerestiere.

Alle Nesseltiere sind mit einer perfekten Freßmaschine ausgerüstet. Ihre Tentakel besitzen mikroskopisch kleine Waffen, die Nesselkapseln, die einen giftigen Faden enthalten, welcher mit einer Beschleunigung von 40 000mal der Erdanziehung abgeschossen wird, wenn ein Beutetier an einem Auslöserhaar entlangstreift. Während die Beute sich unter dem Einfluß der lähmenden Wirkung des Giftes windet, streift sie unzählige andere Härchen, bis ihr Körper von Hunderten von giftigen, mit Widerhaken versehenen Fäden getroffen ist. Ist das Beutetier schließlich betäubt, wird es von den Tentakeln in den Hohlkörper gezogen und verdaut.

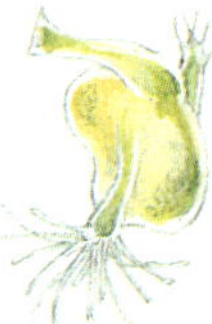

In der Regel haftet die Hydra an Seegräsern und Steinen. Sie kann aber auch vom Oberflächenfilm des Wassers herabhängen oder sich am Boden fortbewegen.

Sammle aus einem Teich Wasserpflanzen und setze sie in ein großes Glasgefäß. Versuche, an den Pflanzen festsitzende Hydren zu entdecken. Du kannst ihr Freßverhalten gut beobachten, wenn du sie mit Wasserflöhen fütterst. Marine Kolonien von Hydrozoen findest du auf Seegras oder Schneckenhäusern in der Nähe der Ebbelinie am Strand.

Hydren altern nicht: Sie besitzen sich selbst erhaltende Stammzellen, die verbrauchte Zellen immerzu erneuern.

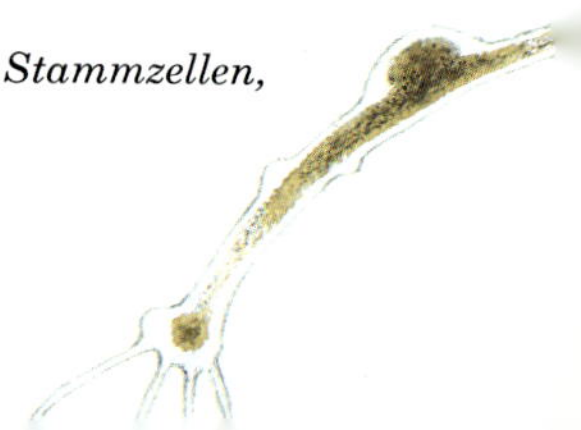

☞ *17 KORALLE, 219 QUALLE, 254 PLANKTON, 339 SEEANEMONE*

Blutsauger-Tag

Blut ist reich an Proteinen, Zucker und Mineralsalzen. Es ist flüssig, leicht verdaulich, und, kurz gesagt, ein exzellentes Nahrungsmittel. So erstaunt es nicht, daß zahlreiche Tiere, besonders Insekten, Methoden entwickelt haben, dank derer sie diese Nahrungsquelle ausschöpfen können: Sie wurden zu Blutsaugern. Dabei übertragen sie oft gefährliche Parasiten.

Im tropischen Afrika befallen Tsetsefliegen Menschen und Vieh gleichermaßen und übertragen dabei die Schlafkrankheit. Die weibliche Tsetsefliege benutzt ihre Blutmahlzeiten, um jeweils ein einziges Ei bis zum Stadium einer vollentwickelten Larve heranzuziehen, die sich nach der Ablage sofort verpuppt.

Blutegel sondern einen Stoff ab, der verhindert, daß das Blut gerinnt, wenn sie ein Loch in den Körper ihres Opfers bohren. Dieses Antigerinnungsmittel ist sehr wirksam, weshalb Blutegelwunden so lange bluten.

Vampirfledermäuse haben sich darauf spezialisiert, an den Gelenken schlafender Pferde und Esel Blut zu trinken. Die Fledermaus schleicht sich, auf dem Boden kriechend, an ihr Opfer heran und beißt ein Loch in dessen Haut.

BLUT GERINNT, wenn es mit Luft in Berührung kommt, und das Durchstechen der Haut des Opfers ist schmerzhaft. Der Blutsauger muß also vermeiden, daß seine Freßwerkzeuge durch gerinnendes Blut verklebt werden oder daß sich die Wunde schließt, bevor er seine Mahlzeit abgeschlossen hat. Außerdem muß er schmerzlos zubeißen, damit das Opfer es nicht bemerkt und zuschlägt oder kratzt. Deshalb injizieren viele Blutsauger Speichelflüssigkeit, die sowohl Antigerinnungs- als auch leichte Betäubungsmittel enthält. Diese verursachen Entzündungen und Juckreiz.

☞ *49 LAUS, 194 MÜCKE, 325 PARASITEN*

Hinterhof-Tag

Ob Erde oder Beton, groß oder klein, jeder Hinterhof oder Garten beherbergt eine erstaunliche Anzahl verschiedener Tier- und Pflanzenarten. Manche leben dort, weil ein Teil eures Gartens ihrem natürlichen Lebensraum gleicht – Stein- oder Ziegelwände und selbst Pflastersteine dienen etwa als Ersatz für Felshänge und Steine. Suche an den Mauern und Zäunen nach Flechten, und sieh nach, ob in den Ritzen Moos wächst. Beobachte die Tiere, die sich davon ernähren.

Manche Tiere im Garten ernähren sich von Abfällen. So findest du etwa Asseln, Käfer und Tausendfüßler in einem Komposthaufen.

Im Garten gibt es auch nachtaktive Räuber. Nimm eine Taschenlampe und suche nach Spinnen, Weberknechten und Hundertfüßlern. Die Nacktschnecke ist nachts am aktivsten.

Mülleimer ziehen am Tag Wespen, Fliegen und Ameisen an. Nachts machen sich Mäuse und Ratten, Katzen, Füchse und Waschbären an den Abfällen zu schaffen.

DU KANNST SELBST in der Stadt einen kleinen Garten oder einen asphaltierten Hinterhof attraktiv für Tiere machen, indem du dort in Kübeln Kräuter und Büsche als Futter und Versteck für Insekten bereitstellst. Im Winter kannst du etwas Vogelfutter ausstreuen und im Frühjahr einen Nistkasten aufstellen. Ein Futterhäuschen und ein Nistkasten ziehen auch mitten in der Stadt Vögel an. Ein kleiner Teich bietet Lebensraum für Amphibien und Wasserinsekten. Gerade für Frösche und Kröten ist er in heißen, trockenen Jahren lebenswichtig.

☞ 56 TEICH

Tiefseefisch-Tag

Diese bizarr aussehenden Fische leben in den Ozeanen in über 2000 m Tiefe, d. h. in ewiger Kälte, Dunkelheit und unter enormem Wasserdruck. Viele haben Leuchtangeln, um Artgenossen oder Beute anzulokken. In solcher Tiefe gibt es nur wenig Futter: andere Tiefseebewohner oder die Körper toter Tiere, die auf den Meeresgrund sinken.

Die leuchtende ›Angel‹ der Anglerfische lockt Beute an.

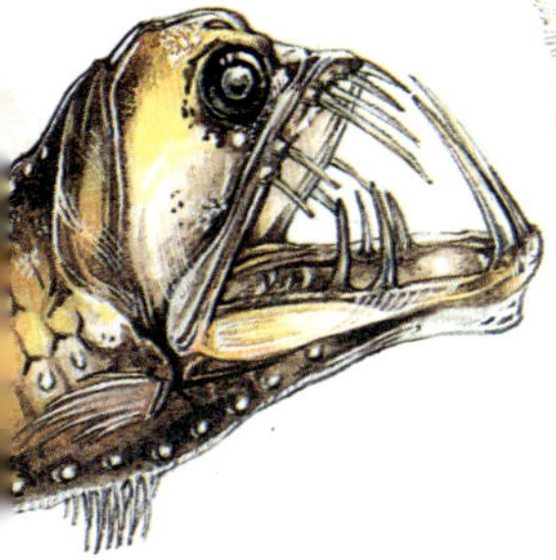

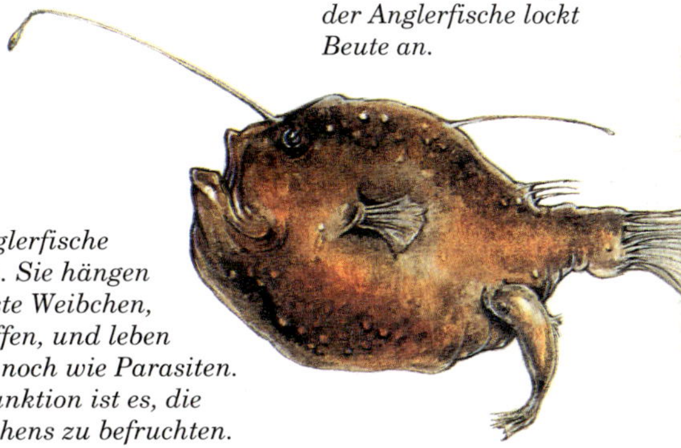

Männliche Anglerfische sind sehr klein. Sie hängen sich an das erste Weibchen, auf das sie treffen, und leben von da an nur noch wie Parasiten. Ihre einzige Funktion ist es, die Eier des Weibchens zu befruchten.

In einer Tiefe von 4 000 m herrscht ein Druck von 1 000 kg pro Quadratzentimeter – 250mal so viel wie in einem Autoreifen. Der Innendruck dieser Fische ist so hoch wie der Außendruck, so daß sie platzen, wenn man sie zu schnell an die Wasseroberfläche bringt.

☞ *283 TIEFSEE*

Die fast nur aus Verdauungstrakt und Zähnen bestehenden Schlucker können Beute verschlingen, die größer ist als sie selbst.

Samenverteilungs-Tag

Ein Samen ist sozusagen eine pflanzliche Überlebenskapsel, die mit einem Streumechanismus und einem Nahrungsvorrat ausgestattet ist. Samen werden im Fruchtknoten einer Pflanze gebildet, und bei einigen Arten entwickelt sich das Ganze zu einer eßbaren Frucht.

Die harten Samen der Erdbeere liegen auf der Oberfläche des eßbaren, verdickten Blütenbodens.

Äpfel bezeichnet man als Scheinfrüchte (Kernfrüchte), da die Samen und der Fruchtknoten vom Gewebe der Blütenachse umgeben sind, das sich zum Fruchtfleisch entwickelt.

Steinobst nennt man Früchte wie beispielsweise Kirschen, deren süßes Fleisch einen einzigen, sehr harten Samen umhüllt. Eine Brombeere ist eine Ansammlung von vielen einzelnen winzigen Steinfrüchten.

Der Fruchtstand der Lotusblumen ist groß und hängt nach unten, so daß die Samen in den Schlamm fallen. Es gibt viele Geschichten über die Langlebigkeit der Lotussamen, aber den Rekord des ältesten keimfähigen Samens hält die arktische Lupine, deren Samen nach 10 000 Jahren noch keimte.

Die Schalen von Erbsen und Bohnen enthalten viel Wasser. Trocknet die Schote nach dem Reifen aus, entwickelt sich eine enorme Spannung in ihren Wänden. Dadurch springt die Hülse schließlich auf und schleudert die Samen von der Mutterpflanze weg. Die Bauern ernten Hülsenfrüchte, noch ehe dieser Streumechanismus wirksam wird.

Echte Beeren sind saftige Früchte, die – wie die Tomate – eine große Zahl von Samen enthalten.

Die Früchte der Großen Klette verhaken sich im Pelz oder in den Federn von Tieren und werden von diesen manchmal über weite Strecken transportiert.

Viele Früchte, wie die Hagebutte, sind fleischig und leuchtend bunt, um Tiere anzulocken und gefressen zu werden. Die harten, holzigen Samen im Inneren der Frucht sind zäh genug, um unversehrt durch einen Vogeldarm zu gleiten. Der Vogel kann lange Strecken fliegen, bevor er die Samen mit seinem Kot ausscheidet. Das Auftreten von Brombeersämlingen auf hohen Mauersimsen zeigt, wie effektiv dieser Streuungsmechanismus ist. Einige fleischige Früchte, etwa die der Sterculia tragacantha *(oben), haben eine eßbare Samenhülle, den sogenannten* Arillus, *die nur dazu dient, Vögel anzulocken.*

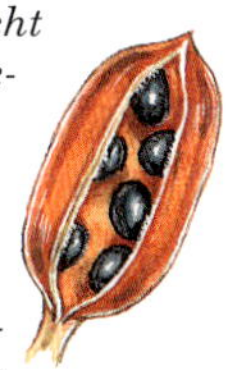

Die langen Federn an den Samen der Waldrebe fungieren als Fallschirme.

Sykomorensamen haben häutchenartige Flügel, und sie drehen sich im Fall wie ein Hubschrauberrotor. Dadurch sinken sie langsamer ab, so daß der Wind sie weitertragen kann. Die Samen der Nadelbäume haben ähnliche Flügel, und wenn sich die Zapfen an trockenen Tagen öffnen, trudeln sie auf die Erde.

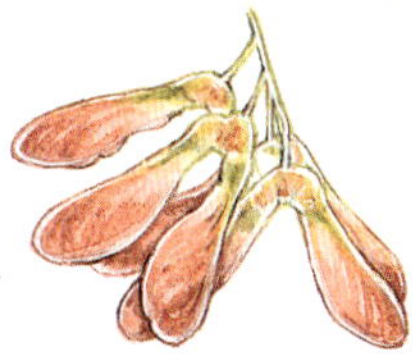

Hunderte von winzigen Samen werden aus den Poren in der Kapsel des Klatschmohns geschüttelt, wenn sie im Wind schwingt.

ENTFERNE NACH EINEM HERBSTSPAZIERGANG durchs Grüne die Erde von deinen Schuhsohlen und streue sie in einen gefüllten Blumentopf. Wässere den Topf und beobachte, wieviele Sämlinge keimen.

☞ *157 KEIMLING*

Hasen-Tag

Hasen sind eng mit Kaninchen verwandt, sind aber größer als diese und haben vor allem längere Ohren mit schwarzen Spitzen. Hasen graben keine Baue – sie sind Einzelgänger und leben in Mulden in offenem Gelände, in denen die Weibchen auch ihre Jungen zur Welt bringen, die bereits bei der Geburt ein Fell haben, während junge Kaninchen nackt und blind im schützenden Bau geboren werden.

Feldhasen haben ein seltsames Brunftverhalten: Die Männchen rennen, springen, schlagen Haken und boxen gegeneinander (unten). Manchmal schlagen sie sich dabei gegenseitig k.o., zuweilen sogar das Weibchen, das der Vorführung zusah.

Die langen Ohren leiten Körperwärme ab und sorgen für ein ausgezeichnetes Gehör.

Schneehasen (links) haben kleine Ohren, um den Wärmeverlust zu verringern, und sind das ganze Jahr über weiß. Der Alpenhase trägt nur im Winter ein weißes Fell, und an seinen Füßen wachsen harte Haare, die ein Einsinken im Schnee verhindern.

DIE BESTE ZEIT, um sich paarende Hasen zu beobachten, sind die Monate März und April. Dazu brauchst du ein Fernglas, warme Kleidung, einen guten Beobachtungspunkt mit Blick auf Felder und Hecken und sehr viel Geduld. Hasen werden erst in der Abenddämmerung richtig aktiv. Dann verlassen sie ihre Verstecke und suchen nach frischem, jungem Gras und Getreide. Den Tag verbringen sie oft regungslos und fast unsichtbar in flachen Mulden im Boden.

☞ 57 KANINCHEN

Zwiebel-Tag

Zwiebeln sind zweijährige Pflanzen, die im Lauf des ersten Jahres Zucker in ihren fleischigen Blattwurzeln (der Zwiebel) ansammeln. Im zweiten Jahr wachsen sie noch etwas weiter, blühen und produzieren Samen. An der Zwiebelbasis befindet sich ein flacher fester Knoten (der Stengel), an ihm sitzen die Wurzeln. Was beim Zwiebelschneiden deine Augen tränen läßt, sind schwefelhaltige Verbindungen, die auch in Porree und Schnittlauch enthalten sind.

Knoblauchzwiebeln (oben rechts) bestehen aus einzelnen Zehen, aus denen im folgenden Jahr je eine eigene Pflanze hervorgehen kann.

Lauchzwiebeln sind lang und schmal. Sie werden durch ›Bleichen‹ gezogen. Lauchsetzlinge werden möglichst tief eingepflanzt, um zu verhindern, daß sich die Blätter schon dicht an der Basis teilen.

LEGE EINE DICKE ZWIEBEL auf ein Glas, und fülle es mit so viel Wasser, daß es die Zwiebel fast berührt. Stelle das Glas auf eine sonnige Fensterbank. Nach einiger Zeit wird die Zwiebel Wurzeln und Blätter treiben. Der Wurzelballen wird erstaunlich groß. Wenn du dir die Wurzeln genau ansiehst, kannst du die feinen Haarwurzeln erkennen, die die wichtige Aufgabe haben, Wasser und Nährstoffe aufzunehmen.

☞ *70 KNOLLE*

Ratten-Tag

Ratten und Mäuse sind Nagetiere mit ständig nachwachsenden Schneidezähnen, die sie zum Nagen brauchen. Zwischen den Schneide- und den Backenzähnen befindet sich eine Lücke (*Diastema*), in die die Ratte ihre Lippen zieht, während sie auf der Suche nach Nahrung nicht eßbare Materialien durchnagt.

Die Hausratte (unten) ist ein auf der ganzen Welt verbreiteter Schädling und überträgt gefährliche Krankheiten, etwa die Beulenpest (durch Rattenflöhe).

Die Westblindmaus gräbt über 30 m lange Tunnel. Sie kann ihr Fell nach vorn oder hinten richten, so daß sie in den engen Gängen sowohl vorwärts als auch rückwärts laufen kann.

Zwischen dem 14. und 17. Jh. starben in Europa 25 Mio. Menschen an der Pest; zwischen 1890 und 1920 waren es allein in Indien 10 Mio.!

Jährlich werden über 40 Mio. t menschliche Nahrungsmittel durch Nagetiere vernichtet.

Von den über 500 Arten der Muridae *(Ratten und Mäuse) sind weniger als zehn echte Schädlinge.*

DIE NEUGIERIGEN, HOCHINTELLIGENTEN und sehr, sehr vorsichtigen Ratten lassen sich nur schwer fangen und noch schwerer vergiften. Sie hüten sich, Unbekanntes zu schnell zu fressen. Oft versuchen sie erst ein winziges Stück und warten dann einige Zeit, als wollten sie sehen, ob sich irgendwelche negativen Folgen einstellen, ehe sie zurückkehren und mehr davon fressen. Die Findigkeit der Schädlingsbekämpfer wird von den Ratten immer wieder auf die Probe gestellt, denn sie pflanzen sich ungeheuer schnell fort und entwickeln rasch Resistenz gegen Rodentizide.

☞ *210 TIERE IM HAUS, 312 HAUSMAUS*

Gänse-Tag

Gänse gehören wie die Schwäne und Enten zur Familie der *Anatidae*. Sie gelten als Bindeglied zwischen den beiden anderen Gruppen. Anders als Schwäne und Enten leben Gänse aber vor allem an Land und ernähren sich von Gräsern. Sie bevorzugen die zarten jungen Triebe, und einige Gansarten gelten als landwirtschaftliche Schädlinge, weil sie eine Vorliebe für Weizen- und Gerstenschößlinge entwickelt haben.

Gänse unternehmen weite Wanderungen, um das schnelle Wachstum ihrer Nahrung im Frühjahr und Frühsommer auszunutzen. Ringelgänse (oben) verbringen den Sommer im hohen Norden, wo sie auch brüten, und überwintern in Großbritannien und Deutschland.

Die mit Schwimmhäuten ausgerüsteten Füße der Gans bezeugen ihre nahe Verwandtschaft mit Enten und Schwänen – doch nur wenige der 14 Arten nutzen sie auch wirklich zum Schwimmen.

Schneegänse (unten) leben und brüten in der Tundra Alaskas und Kanadas und überwintern über 3 000 km weiter südlich.

DIE NENE ODER HAWAIIGANS, die auf den Hawaii-Inseln heimisch ist, ist sehr selten geworden. In ihrem natürlichen Lebensraum gibt es nur noch etwa 200 Tiere, da die Bestände in der Vergangenheit intensiv gejagt und durch die eingeführten und verwilderten Schweine, Hunde und Mungos stark dezimiert wurden. Doch die Hawaiigans erwies sich als anpassungsfähig, und Vögel aus dem Zoo von Honolulu wurden in Reservaten auf anderen Kontinenten ausgesetzt und vermehren sich dort gut.

☞ *299 SCHWAN, 336 ENTE*

Fleischfressende Pflanzen

Insekten haften an den klebrigen Haaren des Fettkrauts.

Pflanzen, die auf nährstoffarmem Boden oder auf Torf wachsen, durch den der Regen schnell abfließt, können nur schwer ausreichend Mineralien (besonders Nitrate) für ein ordentliches Wachstum aufnehmen. Fleischfressende Pflanzen lösen dieses Problem, indem sie Insekten fangen, diese verdauen und deren Säfte zusammen mit den lebenswichtigen Mineralien absorbieren.

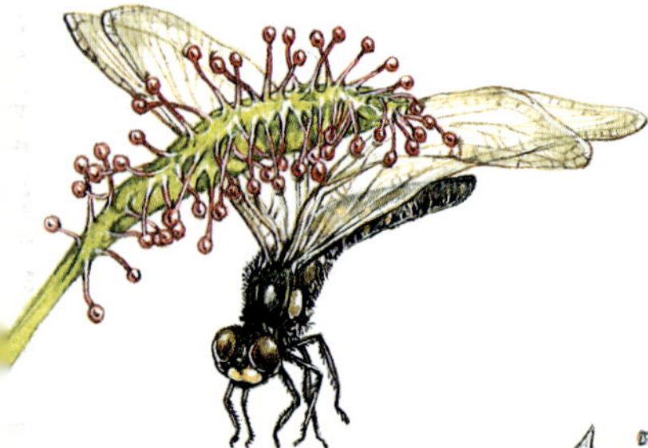

Die süßlichen, klebrigen Tröpfchen auf den purpurroten Härchen des Sonnentaus können sehr große Insekten fangen, sogar Libellen.

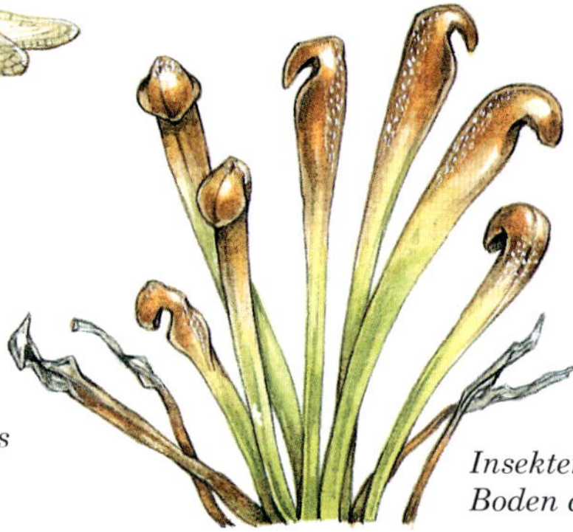

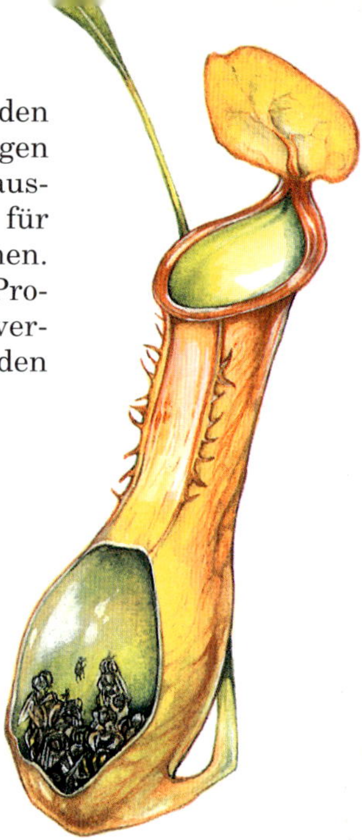

Insekten ertrinken in der Flüssigkeit am Boden der Kannenpflanze.

AUF JEDER BLATTSEITE DER VENUS-FLIEGENFALLE befinden sich mehrere Borstenhaare. Berührt man sie einmal, zeigt sich keine Reaktion. So können Regentropfen keinen falschen Alarm auslösen. Werden mehrere Haare gleichzeitig oder wird eines zweimal berührt – etwa von einer Fliege –, klappen die beiden Hälften des Blatts innerhalb von etwa drei Sekunden zu und schließen das Insekt hinter den Blattstrahlen ein. Es wird verdaut, sein Saft vom Blatt absorbiert.

☞ *322 TORFMOOS*

Kanincheneulen-Tag

Anders als die meisten Eulen ist diese Art auch tagaktiv. Besonders ihre langen Beine, auf denen sie auf und ab hüpft, um einen guten Blick über das Land zu bekommen, verleihen der Kanincheneule ein komisches Aussehen.

Kanincheneulen trifft man in den weiten grasbedeckten Ebenen von den Weststaaten der USA bis nach Feuerland an. Sie leben in Höhlen, die sie entweder selbst graben oder die von Präriehunden oder anderen Säugern verlassen wurden. In Argentinien teilen sie sich manchmal einen Bau mit Hasenmäusen, die offenbar nichts gegen den seltsamen Untermieter einzuwenden haben.

Die Kanincheneule jagt zumeist in den kühlen Stunden des frühen Abends. Dabei sucht sie mit ihren riesigen gelben Augen nach Insekten und gleitet fast so lautlos wie ein Turmfalke im Tiefflug über das Land.

FÜR DAS TÄGLICHE LEBEN gibt sich die Kanincheneule mit jedem verlassenen Bau anderer Tiere zufrieden. Doch zum Brüten bevorzugt sie eine selbstgegrabene Höhle. Diese kann bis zu 3 m lang sein und zum Teil aus einem alten Hasenmaustunnel bestehen. Manchmal wird ein von Hasenmäusen verlassener Tunnelkomplex von mehreren Kanincheneulenfamilien übernommen und ihren Bedürfnissen angepaßt. Am Ende des Tunnels höhlen die Eulen eine Nistkammer aus, in die das Weibchen sechs bis zwölf weiße, fast kugelrunde Eier legt. Beim Ausbrüten und später beim Füttern wechseln sich die Eltern ab.

☞ *54–55 LEBEN UNTER DER ERDE*

Floh-Tag

Flöhe sind hochspezialisierte flügellose Insekten, die von einem flugfähigen, fliegenähnlichen Vorfahren abstammen. Es gibt insgesamt etwa 1600 Arten, die alle blutsaugende Parasiten auf Vögeln oder Säugern sind. Ausgewachsene Flöhe haben einen abgeflachten Körper, wodurch sie leicht durch das Fell oder Gefieder ihres Wirts schlüpfen können. Die Larven sind mit bloßem Auge kaum zu sehen. Sie leben in Nestern und ernähren sich von Hautschuppen.

Flöhe können Krankheiten übertragen,, so verbreiten etwa Kaninchenflöhe Myxomatose, *eine tödliche Viruskrankheit, bei ihren Wirten.*

Die meisten Flöhe sind 1-2 mm lang, doch die Flöhe des Bergbibers können bis zu 8 mm Länge erreichen – das entspricht dem Durchmesser eines Bleistifts.

Der berühmte Sprung des Flohs – bis zu 200mal so weit wie die eigene Körperlänge – wird durch Resilin möglich, ein besonders elastisches Protein, das erhebliche Energiemengen speichern kann. Wird die Energie frei, so streckt das Resilin die Hinterbeine des Flohs und katapultiert ihn in die Luft.

Katzenflöhe ruhen sich nach ihrer Mahlzeit in Teppichen aus, um dort zu verdauen. Wenn die Katze länger als zwei oder drei Wochen aus dem Haus ist, springen die hungrigen Flöhe auf irgendein beliebiges Säugetier. So kann jeder, der eine Wohnung betritt, in der vorher eine Katze lebte, plötzlich voller Flöhe sein.

VERLASSENE VOGELNESTER enthalten die Larven und Puppen der Flöhe, die sich von den Nestinsassen ernährten. Wenn du eines findest, leg es in eine Plastiktüte, verschließe sie gut und halte sie warm. Du kannst leicht erkennen, daß Flöhe geschlüpft sind, wenn du ein leises Trommeln hörst, da die Flöhe springen, wenn die Tüte bewegt wird. Unter einer Lupe kannst du die starken Hinterbeine der Flöhe gut erkennen.

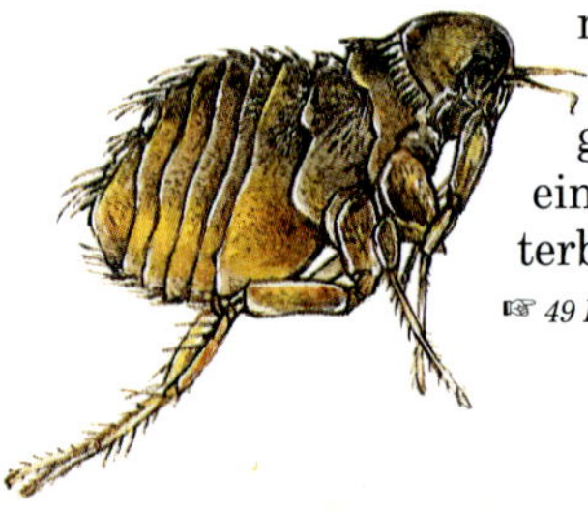

☞ *49 LAUS, 325 PARASITEN*

Totenkopfäffchen-Tag

Totenkopfäffchen gehören zur Familie der *Cebidae*, die zusammen mit den *Callitrichidae* (Krallenaffen) und *Callimicomidae* (Tamarine) die Neuweltaffen, die *Platyrrhini* (›Flachnasen‹), bilden. Die amerikanischen Affen gehören einer ganz anderen Gruppe von Affen an als die der Alten Welt (Europa, Afrika und Asien), die *Catarrhini*, und es gibt zahlreiche Merkmale, durch die sie sich unterscheiden.

Die beiden Arten von Totenkopfäffchen leben im Blätterdach der Regenwälder des brasilianischen Beckens. Sie ernähren sich von Insekten, Früchten, Samen und Blüten.

DIE NEUWELTAFFEN haben je drei Backenzähne auf jeder Seite des Ober- und Unterkiefers, während Altweltaffen nur zwei besitzen. Ein weiteres Unterscheidungsmerkmal ist der Daumen: Bei den Affen der Neuen Welt liegt er neben den anderen vier Fingern, und wenn sie Gegenstände greifen wollen, müssen sie alle fünf Finger gegen die Handfläche krümmen. Bei Altweltaffen ist der Daumen gegengestellt, wie beim Menschen.

☞ *126 KRALLENAFFE*

Afrikanische Pflanzen

Afrika ist ein riesiger Kontinent mit einer Vielzahl verschiedener Lebensräume, von hohen Berggipfeln bis zu glühend heißen Wüsten, und genauso vielfältig ist seine Flora. Epiphyten wie die *Scrophulacea* (links), die auf einem Dornbusch wächst, leben auf anderen Pflanzen, ohne ihnen Schaden zuzufügen. Im tropischen Regenwald gibt es viele Epiphyten, die die Äste der Bäume brauchen, um an genügend Sonnenlicht zu kommen.

*Die Wüstenrose (*Adenium obesum*, oben) blüht in den ariden Gegenden Ostafrikas und ist extrem giftig. Mit ihrem Saft vergiftet man Pfeilspitzen. In ihren dicken Stämmen speichert sie in Trockenzeiten Wasser.*

In den afrikanischen Savannen wachsen zahlreiche Akazienbäume, denen die Trockenheit nichts ausmacht. Ihre Blüten gleichen winzigen Puderquasten (rechts), und die Blätter der dornigen Bäume werden von Elefanten und Giraffen gefressen.

IN DEN GEMÄSSIGTEN ZONEN bestäuben vor allem Insekten die Blüten, während die tropische Flora zu diesem Zweck Wirbeltiere anlockt. Der Nektar in den röhrenförmigen Blüten der Kap-Erika, der verbreitetsten Pflanze auf dem Tafelberg von Kapstadt, lockt die Honigsauger an. Die tiefroten Blüten des Leberwurst- oder Götzenbaums (rechts) hängen an langen Stielen und sind so leicht für die bestäubenden Fledermäuse zu erreichen.

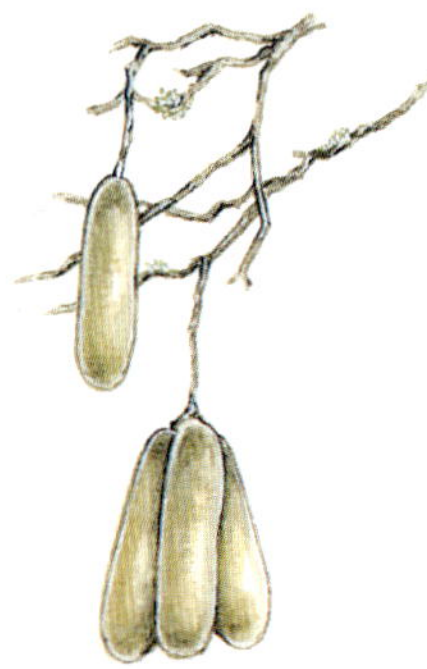

☞ *241 GIRAFFE, 296 AUSTRALISCHE PFLANZEN, 356–357 REGENWALD*

Stinktier-Tag

Stinktiere stehen in dem nicht eben schmeichelhaften Ruf, den schlechtesten Geruch im Reich der Tiere hervorzubringen. Es gibt vier Arten in Süd- und Nordamerika. Sie gehören zur Familie der Marderartigen (*Mustelidae*), die alle eine Duftdrüse unter dem Schwanz besitzen, mit deren Sekret sie ihr Revier markieren. Bei Stinktieren oder Skunks haben sich diese Drüsen zu wirksamen Verteidigungswaffen entwickelt.

Der Fleckenskunk macht sogar einen Handstand, um größer zu erscheinen.

Wenn die Drohgebärde nicht ausreicht, bespritzt der Skunk den Eindringling. Der Strahl reicht 3 m weit, und die ölige Flüssigkeit stinkt nicht nur ekelerregend, sondern reizt auch Haut und Augen.

Stinktiere heben ihren Schanz als Warnung für Angreifer.

EIN REVIER FÜR SICH in Besitz zu nehmen ist eine Methode, mit der Tiere sicherstellen, daß sie genügend Nahrung finden. Sie markieren es und verteidigen es gegen jeden Artgenossen. Für die Markierung werden oft Duftstoffe verwendet. Beobachte, wie sich Hunde benehmen, wenn sie spazierengeführt werden. Sie urinieren oft an Landmarken wie Laternenpfählen, um ihren Besitzanspruch deutlich zu machen. Sie verwenden auch einige Zeit darauf, die einzelnen Urinmarken anderer Hunde zu untersuchen und bemühen sich, sie mit ihrer eigenen Duftmarke zu verdecken.

☞ *168 TERRITORIALITÄT*

Pigmentierungs-Tag

Bei lebenden Organismen hat Farbe vielfältige Aufgaben. Sie kann z. B. als eine Form von Kommunikation dienen – etwa wenn während der Paarungszeit Veränderungen der Pigmentierung eintreten –, sie kann aber auch zur Tarnung eingesetzt werden. Bei manchen Pflanzen dienen violette Pigmente in den Blättern als Filter, die die ultravioletten Strahlen reflektieren und so Schäden an den Zellen verhindern.

In der Dunkelheit von Höhlen hat die Farbe keinerlei kommunikativen oder Tarnwert. Daher haben Grottenolme (oben) kaum Pigmente in ihrem Körper.

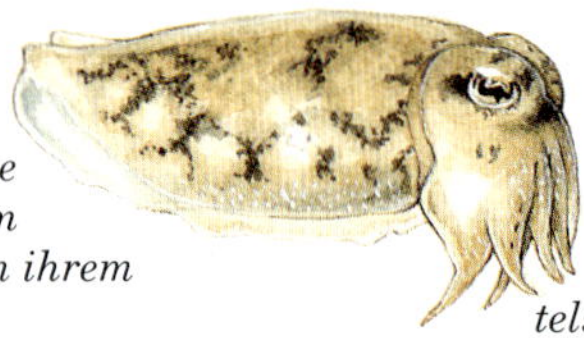

Die Gemeinen Tintenschnecken in den flachen Küstengewässern weisen eine verwirrende Vielfalt von Farbmustern auf. Sie können mittels ihrer Nerven ihre Farbgebung beeinflussen, und das Tier kann gleichzeitig mit mehreren anderen Tieren kommunizieren, indem es die Muster auf verschiedenen Körperteilen verändert.

PIGMENTE WIE DAS MELANIN im Haar und die Pigmentzellen der Tintenschnecke (*Chromophoren*) entstehen durch eine Reihe chemischer Prozesse. Wenn es dabei zu Störungen kommt, werden im Extremfall überhaupt keine Pigmente gebildet, und das Ergebnis ist ein Albino wie der weiße Gorilla oben rechts. Manchmal wird die Synthese von Melanin durch Hormone oder Temperaturwechsel angeregt. Aus diesem Grund wechselt z. B. der Anoli (rechts unten) seine Farbe von Gelb nach Grün, Braun und Schwarz.

☞ *43 SCHNEE, 145 HÖHLE, 197 PFLANZENFARBE, 228 TINTENFISCH, 306–307 FALTER*

Karibu-und-Rentier-Tag

Karibus sind große, in den kalten Nadelwäldern und der arktischen Tundra Grönlands und Nordamerikas heimische Hirsche. Die in Europa verbreitete Form, das Ren, ist halb domestiziert. Es wird in Skandinavien und Sibirien, aber auch von den Eskimos in Nordkanada gezüchtet – vor allem wegen des Fleisches, der Milch und der Felle. Zudem wird es als Lasttier sowie als Zugtier für Schlitten verwendet.

Karibukälber werden im Frühjahr geboren, wenn der frische Pflanzenwuchs üppige Nahrung bietet.

Die Wölfe haben sich auf die Züge der Karibus eingestellt und folgen ihnen nach Süden. Unterwegs fressen sie die jungen und die schwachen, kranken Tiere.

Im Winter ziehen die Karibus aus der Tundra nach Süden in die Wälder.

Zwar dient das Geweih der Männchen dazu, Eindruck auf Weibchen und Konkurrenten zu machen, doch meist kämpfen sie mit den Füßen.

Bei ihren zweimal im Jahr unternommenen über 1 000 km langen Wanderungen benutzen Karibus Pfade, auf denen schon ihre Vorfahren seit Jahrhunderten entlangzogen. Da an diesen Wanderrouten die natürlichen Feinde der Karibus, der Wolf und der Mensch, auf sie lauern, sammeln sich dort auch Aasfresser wie Luchse, Füchse und Krähen, um sich ihren Anteil an der Beute zu sichern.

☞ *129 ELCH*

Mücken-Tag

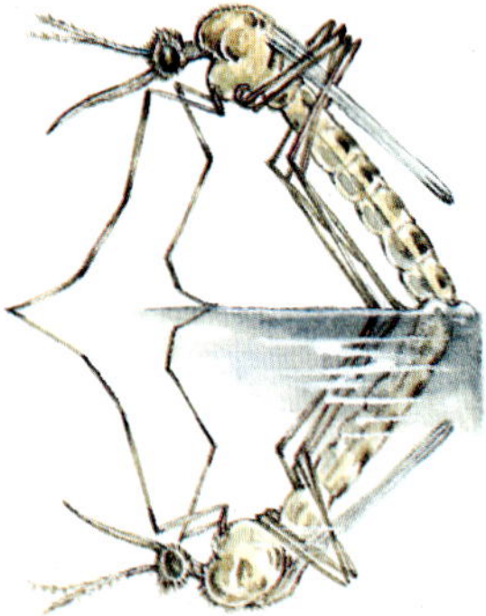

Stechmücken sind eine spezialisierte Art der *Diptera* (Zweiflügler), deren Larven sich in stehendem Süßwasser entwickeln. Da sie sehr klein sind, ist es für sie nicht einfach, die Oberflächenspannung des Wassers zu durchbrechen, um ihre Eier im Wasser abzulegen. Ebenso schwierig ist es für die ausgeschlüpfte Mücke, durch den Oberflächenfilm des Wassers an die Luft zu kommen.

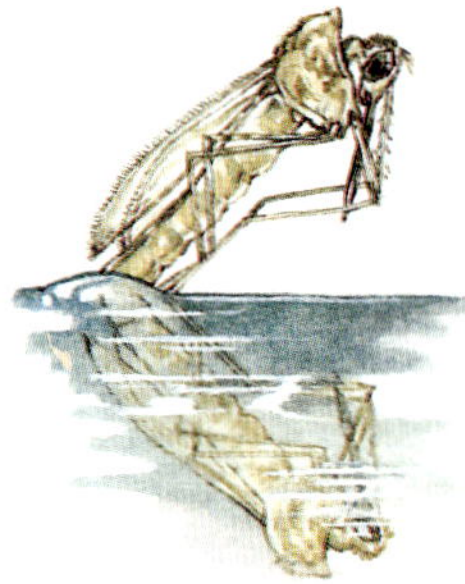

Ein Weibchen legt seine Eier unter der Wasseroberfläche ab.

Die Puppe hängt am Oberflächenfilm des Wassers und atmet durch eine Art Schnorchel an ihrem Brustsegment.

Sind die Larven ausgewachsen, überwindet die junge Mücke den Oberflächenfilm, indem sie durch die Puppenhaut herauskriecht.

Die Larven ernähren sich von mikroskopischen Algen und im Wasser treibendem organischem Material.

Ältere Larven haben einen stromlinienförmigen Körper.

Männliche Mücken ernähren sich von Nektar, während die Weibchen Blut saugen.

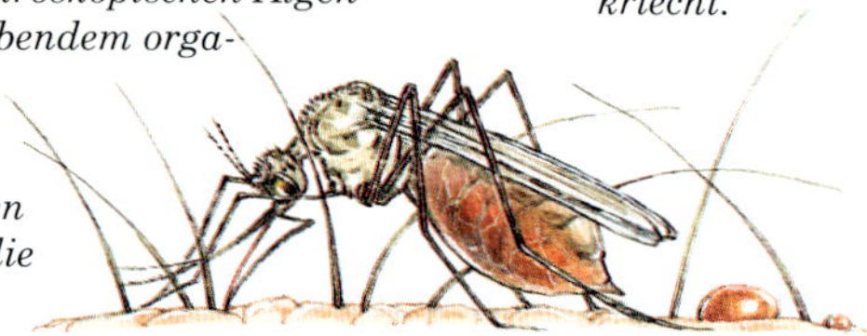

STECHMÜCKEN ÜBERTRAGEN zahlreiche Krankheiten auf Tiere und Menschen. Dazu gehören Schlafkrankheit, Gelbfieber und Gehirnhautentzündung. Die Übertragung der Malaria durch die Anopheles-Mücken hat jährlich über eine Million Todesfälle zur Folge.

Sieh dir Stechmücken unter einer Lupe an: Männchen haben viel größere Fühler als die blutsaugenden Weibchen, beide besitzen einen gut entwickelten Stechrüssel.

☞ 177 BLUTSAUGER

Lemming-Tag

Ein Lemmingweibchen bringt in einem Jahr bis zu 35 Junge zur Welt, die selbst schon im Alter von fünf Wochen geschlechtsreif sind.

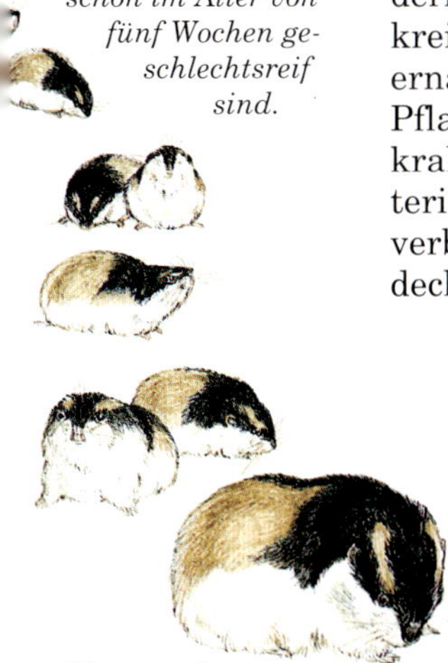

Lemminge sind die häufigsten Kleinsäuger im hohen Norden. Sie leben in Tundren, Wäldern und auf Hochflächen um den Polarkreis, sind dämmerungs- und nachtaktiv und ernähren sich von Gras, niedrigwüchsigen Pflanzen und Moosen. Mit Hilfe der Grabkrallen an ihren Vorderpfoten bauen sie unterirdische Gangsysteme. Die Wintermonate verbringen sie weitgehend unter der Schneedecke, halten jedoch keinen Winterschlaf.

Bei einer großen Bevölkerungsdichte gehen die Nahrungsreserven schnell zur Neige. In dieser Zeit machen die größten Feinde der Lemminge, die Eulen und Füchse, reiche Beute, und deren Populationen nehmen zu.

Ihre Neigung zur Massenvermehrung in besonders günstigen Jahren führt zu großen Wanderungen.

Wenn genügend Futter vorhanden ist, vermehren sich Lemmingpopulationen sehr schnell.

LEMMINGE KÖNNEN über kurze Distanzen gut schwimmen, ertrinken aber leicht in unruhigem Wasser. Darin liegt die Wurzel der Legende, daß Lemminge Massenselbstmord begingen, indem sie sich in Fjorde stürzen. Die große Bevölkerungsdichte hat nur ein paar Wochen Bestand. Die Lemminge werden schnell von Räubern dezimiert, und der Einbruch des Winters bedeutet für viele den Hungertod. Die Population nimmt ab, und der Lebenszyklus beginnt erneut. Dieser Kreislauf der Populationsdichte wiederholt sich alle drei bis vier Jahre.

☞ *184 RATTE*

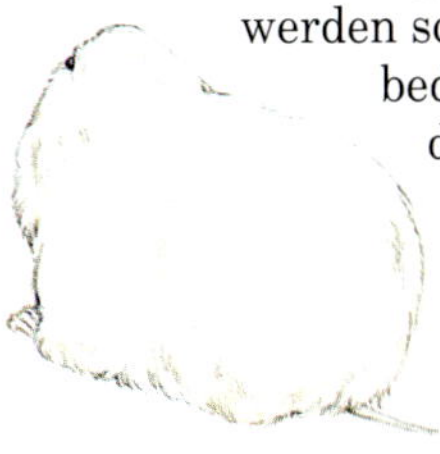

Blüten-Tag

Blüten entwickelten sich, um sicherzustellen, daß der männliche Pollen, der in den Staubbeuteln heranreift, den Stempel erreicht, wo er keimen und nach unten wachsen kann, um die Eizelle im Fruchtknoten zu befruchten. Normalerweise transportieren Wind, Wasser, Insekten, Vögel oder Fledermäuse den Pollen. Daher haben sich die einzelnen Teile der Blüte spezialisiert, um die Überträger der Pollen anzulocken.

Bei den Blüten der Fuchsien hängen die Staubbeutel weit herunter und streifen den Pollen auf den Köpfen der Kolibris ab, die nach Nektar suchen.

Der Wiesenstorchschnabel hat, wie viele von Insekten bestäubte Pflanzen, richtungsweisende Linien auf den Blütenblättern, die Bienen, die die Blume besuchen, zum Nektar leiten. Bienen können ultraviolettes Licht sehen und daher auch Muster, die für den Menschen unsichtbar sind.

Passionsblumen werden von Vögeln befruchtet, und die zarten Fruchtknoten, die die Eizellen enthalten und von den Schnäbeln der nach Nahrung suchenden Vögel zerstört werden könnten, sitzen in sicherer Entfernung vom Nektar.

VERGLEICHE DIE BLÜTEN von Taubnessel (links) und Geißblatt (oben rechts). Die weiße Taubnesselblüte wird von Bienen besucht. Die in der Blütenhaube verborgenen Staubbeutel streifen den Pollen auf dem Rücken der Biene ab. Das Insekt trägt ihn dann zu einer anderen Blüte und hinterläßt ihn auf deren Stempel. Der lange Hals des Geißblatts läßt keinen Bestäuber an ihren Nektar gelangen außer den Schwärmern, die vor der Blüte fliegend mit ihrem langen Rüssel den Nektar am Grund des Blütenhalses trinken.

☞ *190 AFRIKANISCHE PFLANZEN, 251 HAHNENFUSS, 323 BESTÄUBUNG DURCH FLIEGEN*

Pflanzenfarben-Tag

Moderne synthetische Farben werden in der Regel aus Kohle- und Teer-Nebenprodukten hergestellt, doch bevor man diese kannte, griff man vor allem auf pflanzliche Farben zurück. Pflanzen enthalten viele verschiedene Farbmoleküle, etwa das violette Anthozyanin und das gelbe Karotin, doch diese Farben haben den Nachteil, unter Lichteinwirkung schnell auszubleichen.

Färberwau oder Gelbe Reseda liefert einen gelbgrünen Farbstoff. Früher baute man die Pflanze in Zentren der Wolle verarbeitenden Industrie an.

Die Pikten, ein alter britischer Stamm, benutzten den blauen Farbstoff des Färberwaid, um ihre Körper zu bemalen. Er war die Grundlage für blaue Stofffarbe, bis der tropische Indigo und noch später synthetische Farben eingesetzt wurden.

Die zu Mehl gemahlene Curcumawurzel liefert eine gelbe Speisefarbe, die oft als billiger Safranersatz in Reisgerichten dient.

Aus Saflorblüten gewinnt man in Indien eine große Vielfalt gelber und brauner Farben.

Gekochte Krappwurzeln bringen eine reiche tomatenrote Farbe hervor.

LÖSE EINEN TEELÖFFEL CURCUMAPULVER in einem Liter Wasser und benütze die gelbe Flüssigkeit, um Papier einzufärben. Mit dem Sud aus den Schalen roter Zwiebeln, aus Spinatblättern oder Roten Beeten kann man Ostereier färben.

☞ *112 KOHL*

Gewürze-Tag

Gewürze fand man schon in steinzeitlichen Gräbern. Heute verwendet man sie, um das Essen schmackhaft zu machen, doch in der Vergangenheit dienten sie dazu, den schlechten Geschmack zu lange gelagerten Fleischs oder Fischs zu überdecken. Außerdem schrieb man ihnen heilkräftige Wirkung zu. Die große Wertschätzung, die man ihnen entgegenbrachte, war der Grund für viele der großen europäischen Entdeckungsreisen.

Gewürznelken sind die noch ungeöffneten Blütenknospen einer Myrtenart.

Die Blütenknospen des Kapernstrauches haben einen leicht bitteren Geschmack.

Pimentkörner aus Jamaica vereinen den Geschmack verschiedener Gewürze in sich.

Der aus dem Mittelmeerraum stammende Senf würzt zahlreiche Speisen.

Sternanis, eine achtsamige Frucht, wird entweder ganz oder gemahlen vorwiegend in der südchinesischen Küche verwendet.

Kardamom ist in Indien ein Allheilmittel.

Koriandersamen sind in der thailändischen Küche sehr beliebt.

Stelle einen duftenden Pomander für deinen Kleiderschrank her, indem du Gewürznelken dicht an dicht in eine Orange steckst, die du an einem Band aufhängst. Man sagt, daß die Kugeln nicht nur der Kleidung einen guten Geruch verleihen, sondern auch die Motten von ihr fernhalten.

Der teure türkische Safran (oben links) besteht aus den getrockneten Narben einer Krokusart.

☞ *183 ZWIEBEL, 230–231 KRÄUTER, 317 GERUCH UND GESCHMACK*

Knoblauch (oben rechts) ist ein wichtiges Gewürz in der Mittelmeerküche.

Echsen-Tag

Echsen sind auf der ganzen Welt verbreitet, es gibt insgesamt mehr als 3 000 Arten. Wie alle Reptilien können sie keine eigene Körperwärme produzieren, sind also ›kaltblütig‹. Um die Körpertemperatur zu erreichen, die sie benötigen, müssen sie ihr Verhalten der Außentemperatur anpassen, d. h., sie nehmen Sonnenbäder, um sich zu wärmen, oder suchen an kühlen Plätzen Zuflucht, wenn es sehr heiß ist.

Rennechsen (rechts) sind parthenogenetisch, d. h., es gibt keine Männchen, und die Weibchen entwickeln sich aus unbefruchteten Eiern.

Ringelechsen (oben rechts) bilden eine eigene Gruppe, die zwischen den Schlangen und den Eidechsen eingeordnet wird. Die fast blinden Tiere ohne sichtbare Gliedmaßen leben in der Erde und ernähren sich von Insekten und kleinen Wirbeltieren.

Die Färbung der Echsen dient ihnen zur Tarnung oder als Signalfärbung. Die australische Kragenechse (oben links) stellt ihre Halskrause auf, um Angreifer abzuschrecken. Das Männchen des kubanischen Anoli (rechts) fächelt mit seinem Kehlsack, um Weibchen zur Paarung zu bewegen. Wenn ein Skink (oben rechts) an seinem blauen Schwanz ergriffen wird, bricht er ab, bewegt sich aber noch mehrere Minuten lang und lenkt so den Räuber ab, während die Echse entkommt. Innerhalb weniger Wochen wächst ein neuer Schwanz nach.

☞ *324 FLUCHT UND VERTEIDIGUNG*

Specht-Tag

Die hervorragend an das Leben auf Bäumen angepaßten ca. 200 Spechtarten haben die meisten bewaldeten Regionen der Welt außer Australien und Madagaskar erobert. Mit ihren Kletterfüßen und den langen, stark gebogenen Krallen können sie sich gut in der Rinde festhalten. Ihr steifer Schwanz dient als Stütze, wenn der Vogel die Baumstämme mit seinem sehr kräftigen, meißelähnlichen Schnabel aufhämmert, um an Insektenlarven und Baumsäfte zu kommen oder eine Nisthöhle zu bauen.

Der Kleinspecht (oben) ist 15 cm lang, der fast identisch aussehende Buntspecht erreicht eine Länge von 25 cm.

Der Schnabel des Rotkopfspechts erreicht eine Aufschlaggeschwindigkeit von 2000 km/h.

Der amerikanische Eichelspecht meißelt Löcher in die Rinde und lagert darin Eicheln für den Winter ein.

Die Zunge des Spechts ist sehr lang und dünn und hat an der Spitze Widerhaken. Wenn der Specht einen Insektengang geöffnet hat, spießt er sein Opfer damit auf und zieht es heraus.

ACHTE AUF DAS CHARAKTERISTISCHE KLOPFEN der Spechte im Frühling. Mit Hilfe ihrer Schnäbel hämmern sie schnelle Trommelwirbel auf Baumstämme.

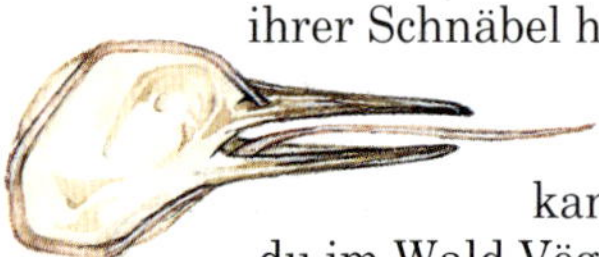

Die Grünspechte, die auch in Deutschland heimisch sind, haben gelernt, wie man einen Bienenstock öffnen kann, um an die Larven und den Honig zu kommen. Wenn du im Wald Vögel beobachtest, halte nach Spechten Ausschau, die sich spiralförmig an einem Stamm hocharbeiten und ihn dabei nach Insektenlarven absuchen und abhören.

☞ *93 SCHNABEL*

Ameisen-Tag

Ameisen sind die artenreichste Gruppe der fleisch- und aasfressenden Tiere. Besonders in den Tropen haben sie eine zentrale Funktion, und tatsächlich gibt es in diesen Regionen allein über 12 000 Arten. Viele Ameisen bauen Nester, die sie über lange Jahre bewohnen, während die afrikanischen Treiberameisen (rechts) nomadisch leben. Das heißt, sie tragen bei ihren Jagd- und Beutezügen Eier, Larven und Königin in ihrer Kolonne mit sich.

Die Larven der Grünen Weberameisen (oben links) spinnen Seide.

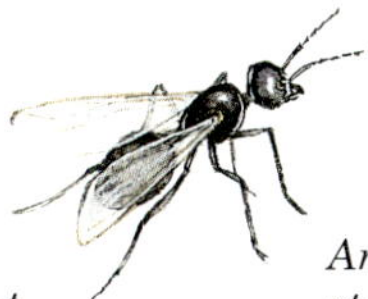

Die Honigtopfameisen speichern Zucker und Wasser in ihrem verdickten Hinterleib.

Ausschließlich künftige Königinnen und Männchen entwickeln Flügel, schwärmen, paaren sich und gründen eine neue Kolonie.

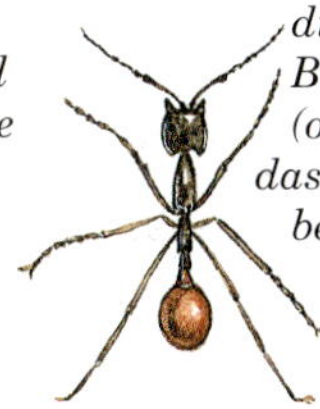

Ameisen teilen ihre Nester mit anderen Tieren; die weiße Bohrassel (oben) hilft das Nest sauberzuhalten.

AMEISEN SIND SOZIALE INSEKTEN, ebenso wie Termiten, Bienen und Wespen und leben in Kolonien. Zu einer typischen Ameisenkolonie gehört immer eine Königin, deren einzige Funktion darin besteht, Eier zu legen. Die Arbeiterinnen kümmern sich um die Königin, ziehen die Larven auf und suchen nach Nahrung. Die einzige Funktion der kurzlebigen Männchen besteht in der Paarung mit der Königin. Nur manche Arten haben auch spezielle Soldaten (Wächter), die das Nest selbst und nahrungssuchende Truppen außerhalb des Nests schützen.

☞ *41 AMEISENBÄR, 82 HUMMEL*

Tag der langen Hälse

Giraffen hilft der lange Hals, Blätter hoch oben aus den Bäumen zu holen. So vermeiden sie die Nahrungskonkurrenz von kleineren Tieren.

Viele Tiere besitzen einen langen Hals. Damit haben sie vor allem einen Vorteil beim Fressen, da sie Futter erreichen, an das die anderen Tiere nicht herankommen. Manche langbeinigen Tiere brauchen auch einen langen Hals, um Nahrung und Wasser auf der Erde zu erreichen. Schließlich hilft er Tieren, die auf dem Wasser schwimmen, um mit dem Kopf ein Stück weit unter der Wasseroberfläche nach Nahrung suchen zu können. Der lange Hals ermöglicht einen guten Überblick, und Feinde können schon auf größere Entfernung entdeckt werden.

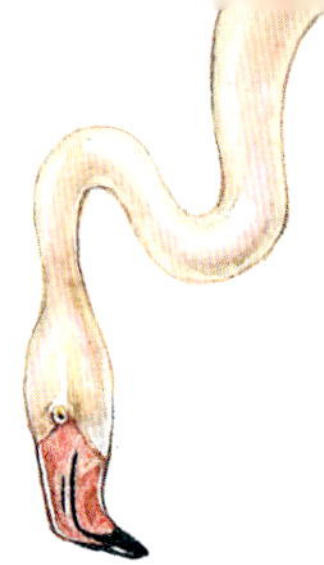

Mit Hilfe des langen Halses ist es dem Flamingo (oben) möglich, den Schnabel in seichtes Wasser zu tauchen und Nahrung herauszufiltern. Der Schwan (links) sucht in tieferem Wasser nach schmackhaftem Laichkraut und Algen.

Kamele und Strausse profitieren von ihren langen Hälsen, wenn sie am Boden wachsende frische Gräser und Kräuter fressen wollen. Heutzutage erreicht kein Tier mit noch so langem Hals mehr die Blätter auf den Baumkronen, die deshalb den blattfressenden Affen und Insekten vorbehalten bleiben. Doch vor 120 Mio. Jahren schöpften Dinosaurier auch diese Nahrungsquelle aus.

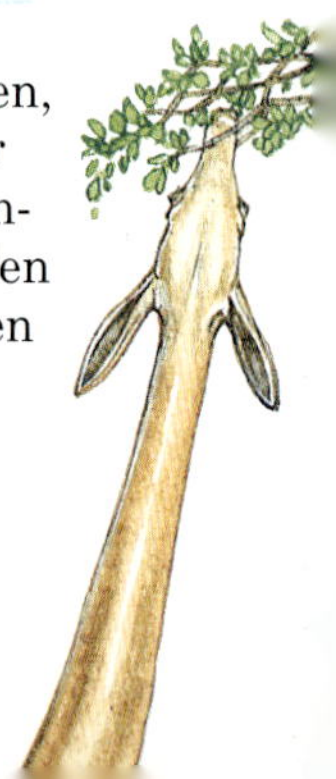

☞ *241 GIRAFFE, 242 STRAUSS, 265 KAMEL, 299 SCHWAN, 304 FLAMINGO*

Gorilla-Tag

Es gibt drei verschiedene Gorillarassen. Von zweien weiß man nur sehr wenig. Es gibt Populationen des West- oder Flachlandgorillas in Kamerun und möglicherweise in Gabun und im Kongo, die östliche Rasse lebt in Zaire und wird durch die Sümpfe im Kongobecken von den westlichen Verwandten getrennt. Die dritte Rasse ist der Berggorilla.

Der Berggorilla bewohnt ein kleines Hochwaldgebiet (2500-3700 m über dem Meer) um die Virunga-Vulkane und den Mount Karisimbi im Dreieck zwischen Ruanda, Zaire und Uganda. Diese stark gefährdete Population, die aus nur noch 200 Tieren besteht, wurde nicht nur intensiv studiert, sondern man unternahm auch international enorme Anstrengungen zu ihrem Schutz.

Ein dominantes Männchen führt eine Gruppe von etwa 30 Tieren an. Es scheucht Eindringlinge durch Heulen und Brüllen davon. Genügt das nicht, bricht es durch das Unterholz und schlägt mit seinen Fäusten auf den Boden.

Ein männlicher Gorilla kann bis 270 kg schwer und aufgerichtet 1,80 m groß werden. Die Weibchen sind kleiner und wiegen nur etwa 80 kg. Gorillas haben schwarze Haut und schwarzes Haar, nur die ausgewachsenen Männchen bekommen auf dem Rücken einen silbriggrauen Sattel. Auf dem Kopf der Männchen sitzt ein Knochenkamm, an dem die sehr starken Kiefermuskeln befestigt sind.

☞ *130-131 BEDROHTE TIERE, 225 SCHIMPANSE, 235 ORANG-UTAN*

Gorillas sind scheue, friedliche Tiere, die sich ausschließlich von Pflanzen und Früchten ernähren.

Fliegen-Tag

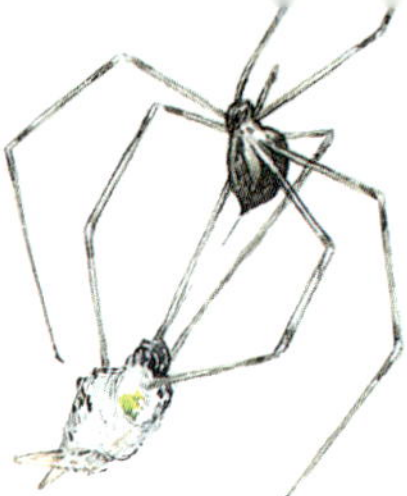

Die Hinterflügel sind zu einem Paar trommelschlegelförmiger Fortsätze reduziert, die als Balanceorgan fungieren.

Weltweit gibt es über 85 000 Fliegenarten, die eine breite Palette von ökologischen Funktionen erfüllen. Die Hauptaufgabe der Fliegen besteht darin, tote Körper zu zersetzen, und einige Fliegenarten legen darin ihre Eier ab. Daher zieht die Polizei manchmal Entomologen (Insektenforscher) zu Rate, die dank ihrer Kenntnis der Gewohnheiten und Lebenszyklen der Fliegen die ungefähre Todeszeit eines Mordopfers bestimmen können.

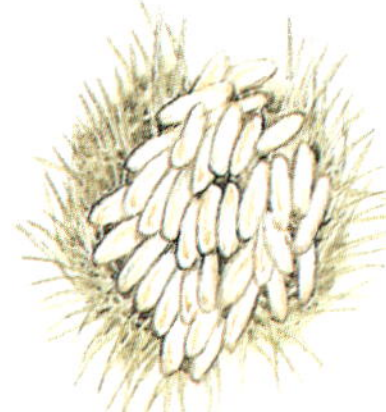

Fliegen legen oft ihre Ei in toten Organismen ab.

Nachdem die Schmeißfliege herangereift ist, verläßt sie das Puparium, *kriecht zur Erdoberfläche und breitet ihre Flügel zum Trocknen aus. Fliegen gehören zur Ordnung der* Diptera. *Der Name verweist darauf, daß alle echten Fliegen nur zwei, andere fliegende Insekten dagegen vier Flügel haben.*

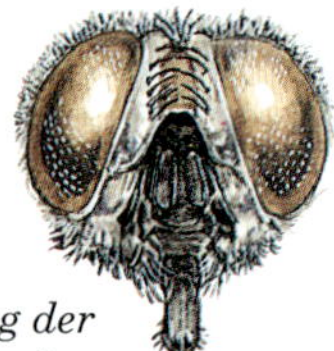

Im verwesenden Fleisch schlüpfen die Maden und ernähren sich auch davon.

Innerhalb weniger Tage sind die Maden ausgewachsen und graben sich in die Erde ein, um sich dort zu verpuppen.

FÜLLE EINEN PLASTIKBEHÄLTER halb mit Sägespänen, lege ein Stückchen Leber darauf und lasse den offenen Behälter im Sommer an einem geschützten, schattigen Ort im Freien stehen. Der Verwesungsgeruch der Leber lockt Fliegen an, die darin ihre Eier ablegen, aus denen Maden schlüpfen. Führe dieses Experiment nicht im Haus durch und berühre die Innenseite oder den Inhalt des Behälters nicht. Sind die Maden ausgewachsen und ist das Fleisch verschwunden, setz den Deckel auf den Behälter und warte darauf, daß die ausgewachsenen Fliegen zum Vorschein kommen.

☞ *323 BESTÄUBUNG DURCH FLIEGEN*

Kolibri-Tag

Der Zwergkolibri ist der kleinste Vogel der Welt. Er ist etwa so groß wie eine große Hummel und wiegt unter 2 g.

Kolibris sind Meister des Fliegens:
Sie können vorwärts, rückwärts, seitwärts und sogar senkrecht nach oben oder unten fliegen. Bei nur einer der 320 Arten ist der Flügelschlag langsam genug, um die Flügel mit bloßem Auge zu erkennen. Die anderen Arten haben eine Frequenz von 80-100 Flügelschlägen pro Sekunde.

Kolibris suchen in Blüten nach Nektar und benutzen dabei ihren langen Schnabel und die röhrenförmige Zunge.

Das Geheimnis der Flugkünste der Kolibris liegt in ihrer Fähigkeit, die Flügel zu drehen, so daß sie sowohl vom Schlag nach oben als auch nach unten Auftrieb bekommen.

KOLIBRIS gewinnen die enorme Energie, die sie zum Fliegen brauchen, aus dem Zucker im Nektar. Blüten geben ihren Nektar allerdings nicht ohne Gegenleistung ab. Der Nektar wird so angeboten, daß Nektartrinker gleichzeitig Pollen aufnehmen und damit eine andere Blüte befruchten. Beim Kolibri bleibt der Pollen an Schnabel und Kopf hängen. Wie viele Pflanzen, die von Kolibris besucht werden, brauchen auch Zucchini fremde Hilfe bei der Befruchtung. Versuche, Zucchini zu ziehen. Benutze einen Pinsel, um den Pollen von den Staubbeuteln auf den Stempel der Blüte zu übertragen.

☞ *196 BLÜTE*

Spinnen-Tag

Spinnen scheiden aus den Spinndrüsen an ihrem Hinterleib verschiedene Arten von Seide aus. Die Fäden des Spinnennetzes werden durch mikroskopisch kleine Tröpfchen stramm gehalten, die gleichzeitig mit der Seide ausgeschieden werden. Ihre Oberflächenspannung zieht die Seide zusammen, aber sobald eine Fliege in das Netz gerät, gibt die Faser nach, so daß das Netz durch den Aufprall nicht zerrissen wird.

Das Nervengift der Schwarzen Witwe aus den südlichen USA kann ein Kind töten.

Die weiblichen Krabbenspinnen sind viel größer als die Männchen.

Ameisenspinnen leben in Ameisennestern und haben einen gestrecken Körper, der dem ihrer Wirte ähnelt. Nur ihr zusätzliches Beinpaar verrät sie.

Arachnophobie – *Furcht vor Spinnen – ist auch in Ländern verbreitet, in denen es keine giftigen Spinnen gibt. Viele der großen tropischen Spinnen sind harmlose und erstaunlich zarte Geschöpfe.*

Die Vogelspinnen aus den tropischen Wäldern beißen nur selten und können, wenn auch vorsichtig, in die Hand genommen werden. Sie ernähren sich von großen Insekten und von Vögeln, erreichen einen Durchmesser von bis zu 25 cm und können bis zu 20 Jahre alt werden.

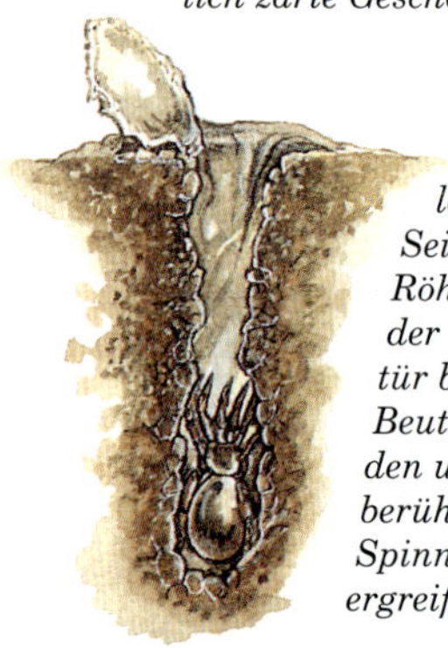

Falltürspinnen leben in einer mit Seide ausgekleideten Röhre in der Erde, auf der sich eine Art Falltür befindet. Wenn ein Beutetier die Stolperfäden um den Eingang berührt, schießt die Spinne hervor und ergreift die Beute.

Viele Spinnen bemerken ein sich in ihrem Netz windendes Insekt an den Vibrationen, die durch die Seide übertragen werden. Vor allem für die blinden Spinnen, die in den Regenwäldern leben, ist diese Fähigkeit wichtig.

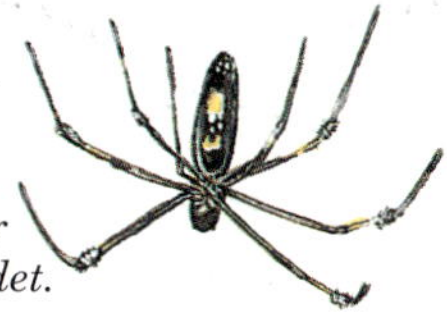

Spinnenseide ist im Verhältnis zu ihrem Durchmesser extrem stark. Netze der Nephila- *Arten wurden sogar schon als Fischnetze verwendet.*

Lycosida *oder Wolfsspinnen durchleben eine gefährliche Paarungszeit. Das Männchen muß das größere Weibchen nämlich zunächst davon überzeugen, daß es kein potentielles Beutetier ist. Das bedeutet ein stundenlanges Posieren und Signalisieren mittels der Fühler auf seinem Kopf, ehe es das Sperma durch seine Scherentaster auf das Weibchen übertragen kann. Das Weibchen trägt ihre Eier dann in einer Seidenkugel mit sich herum, und nach dem Schlüpfen reiten die Jungen auf ihm, bis sie sich selbst versorgen können.*

Einige Arten der Familie Microthena *haben schützende Stacheln an ihrem Hinterleib, die sie davor schützen, von Vögeln gefressen zu werden.*

Die Piratenspinne lebt im Sumpfland und ist stark genug, um kleine Elritzen zu fangen, die knapp unter der Wasseroberfläche schwimmen.

KREUZSPINNEN FRESSEN allnächtlich ihre alten Netze und weben neue. Beobachte den ganzen Prozeß, indem du eine in einem großen Terrarium hältst. Der Bau eines Netzes beginnt immer gleich, mit dem Bau der Speichen, bevor eine Seidenspirale vom Zentrum nach außen gelegt wird. Füttere die Spinne, indem du Fliegen in ihr Netz legst, und beobachte, wie sie die Beute einspinnt.

☞ *178 HINTERHOF*

Zebra-Tag

Die Zebras in den Savannen Süd- und Ostafrikas sind nahe mit dem Pferd verwandt. Sie leben wie Wildpferde in herumziehenden Herden. Heute gibt es noch drei Zebra-Arten: das Grévy-Zebra, das Chapman-Zebra und das Hartmann-Bergzebra. Sie unterscheiden sich in ihren Streifenmustern und der Zahl ihrer Chromosomen. Die vierte Zebra-Art, das Quagga, ist seit 1883 ausgestorben.

Eine Zebrafamilie besteht aus einem Hengst, fünf oder sechs Stuten und deren Fohlen. Solche Familiengruppen schließen sich zu größeren Herden zusammen.

Zebraherden mischen sich mit anderen grasenden Tieren – Weißschwanzgnus, Elenantilopen, Straußen – zum gegenseitigen Schutz. Die gute Sehkraft des Straußes und seine Augenhöhe ergänzen den hervorragenden Geruchssinn der Zebras, um frühzeitig vor Raubtieren zu warnen.

Madenhacker sitzen auf den Rücken der Zebras und ernähren sich von Parasiten wie Zecken und Stechfliegen.

DAS MUSTER DES ZEBRAS bewirkt, daß Angreifer durch die vertikalen und horizontalen Streifen verwirrt werden. Der Effekt ist am größten, wenn ein Löwe eine Herde angreift und mehrere Tiere gleichzeitig fliehen: Dabei kommt es zu einem Gewirr von horizontal und vertikal gestreiften Gestalten. Das bringt den Löwen dazu, einen Moment innezuhalten, um festzustellen, welche dieser Gestalten ›sein‹ Zebra ist, und dieser kurze Moment kann über Leben und Tod entscheiden. Im Zweiten Weltkrieg wurden Zebrastreifen auf Konvoischiffe gemalt, um den Kommandanten der U-Boote das Zielen zu erschweren.

☞ *330 TARNUNG*

Laubenvogel-Tag

Bei vielen Tierarten kämpfen die Männchen darum, sich mit den Weibchen paaren zu dürfen. Die Konkurrenz zwischen ihnen findet also oft physisch statt und soll nicht nur beweisen, wer am besten Futter beschaffen kann. Wenn das Weibchen den Sieger wählt, stellt es sicher, daß seine Eier durch ein starkes Männchen befruchtet werden.

Die ›Lauben‹ bestehen entweder aus parallelen Reihen aufrechter Stöckchen oder aus einem Bauwerk aus Stöckchen rund um die Basis eines jungen Baums. Der Boden der Laube wird mit bunten Steinen, Muschelschalen, Blättern und Blüten verziert. Hat das Männchen seine Laube fertiggestellt, wartet es darauf, ob sein Kunstwerk eine Partnerin anlockt.

Während der weibliche Seidenlaubenvogel die Laube begutachtet, wartet das Männchen hoffnungsvoll.

Die frühen Entdecker glaubten, bei den bis zu 3 m hohen Hütten mit umzäunten Moosgärten und den darin verstreuten Blüten handle es sich um Spielhäuser einheimischer Kinder. Tatsächlich wurden die Lauben jedoch von dem nur 20 cm großen Männchen des Schopflaubenvogels Westneuguineas gebaut.

DER VON DEN WEIBCHEN ausgehende Selektionsdruck hat bei Laubenvogelmännchen im Verlauf der Evolution Verhaltensstrukturen hervorgebracht, die im Bau spektakulärer Balzbauten gipfeln. Die von den Weibchen ausgehende sexuelle Selektion erfolgt hier nicht nach dem Motto, daß der Stärkste, sondern der Auffälligste sich fortpflanzt. Es scheint, daß die Auswahl den Weibchen keinerlei Nutzen bringt, denn die Männchen lassen nach der Paarung das Weibchen beim Bauen des Nestes und Aufziehen der Jungen im Stich.

☞ *276 PARADIESVOGEL*

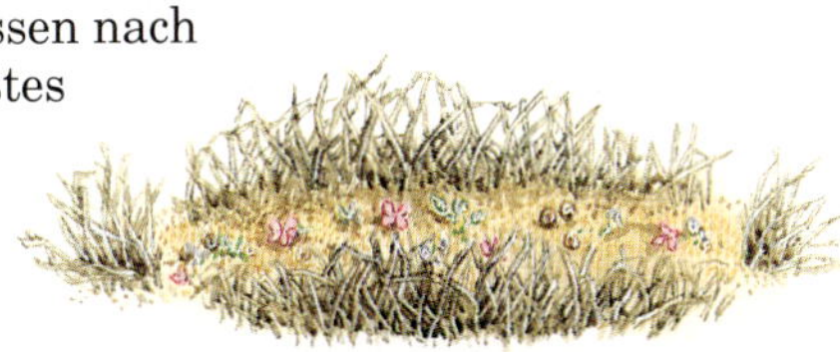

Tag der Tiere im Haus

Hausspinnen sind die Fischer der Luft, die ihre Netze spinnen, um Insekten zu fangen.

Viele Tiere und Pflanzen machen unsere Häuser samt Inhalt zu ihrem eigenen Heim. Dort finden sie Krümel, Staub, Holz, natürliche Fasern und sogar Tiere, von denen sie sich ernähren. An warmen und feuchten Orten wachsen Algen, Schimmel und andere Pilze, die Teile unseres Zuhauses verdauen, während sie selbst Futter für andere Organismen bieten. Tiere und Pflanzen, die unser Heim beschädigen, machen hier nur, was sie auch in der freien Natur tun.

Holzwürmer

Kleidermotten und Teppichkäferlarven

Kellerasseln lieben feuchtes Holz.

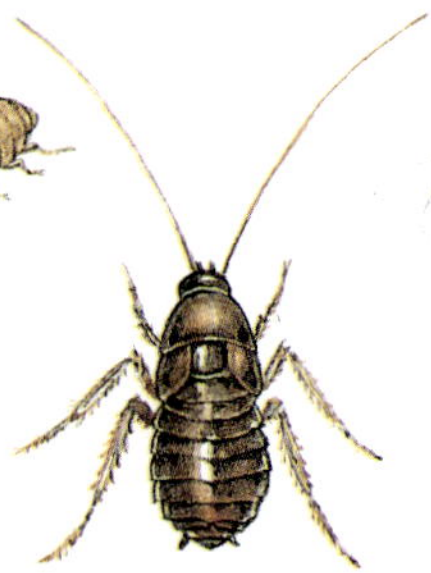

Winzige Staubmilben ernähren sich von Hautschuppen und leben in großer Anzahl in den Matratzen unserer Betten.

Mäuse fressen fast alles und brauchen so gut wie nie zu trinken.

Schabe (links)

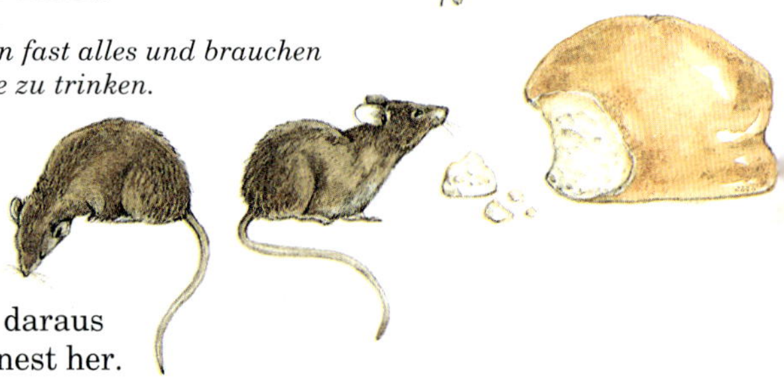

FÜLLE EIN KLEINES NETZ mit Wollresten und Federn und stelle daraus ein faustgroßes künstliches Vogelnest her. Hänge es im Frühling an einen Baum oder an eine Wand, wo es nicht dem direkten Sonnenlicht ausgesetzt ist. Hole das Netz im Herbst wieder herein und lege den Inhalt in ein Marmeladenglas, das du mit einem feinen Gewebe verschließt. Zwischen den Federn werden vermutlich Motten ihre Eier abgelegt haben, und nach einiger Zeit kannst du beobachten, wie die Larven schlüpfen.

☞ *101 SCHABE, 178 HINTERHOF, 312 HAUSMAUS*

Lemuren-Tag

Lemuren gibt es nur auf der Insel Madagaskar im Indischen Ozean, wo sieben der nur 21 Arten vom Aussterben bedroht sind! Ihr Lebensraum wird durch das Abholzen der Wälder und die Zerstörung der Vegetation durch Feuer und Vieh weiter verringert.

Mausmakis, die kleinste Art, sind nur 13 cm lang und wiegen 60 g.

Einer der größten Lemuren, der Katta, wird so groß wie eine Katze. Die Tiere bewegen sich in Gruppen von bis zu 20 Individuen auf dem Boden und halten ihre Schwänze wie Flaggen hoch. Die Jungen reiten auf dem Rücken ihrer Mütter.

Indris haben keinen Schwanz. Die in den Bäumen sehr geschickten Tiere bewegen sich auf dem Boden hüpfend fort.

Die Schneidezähne des Fingertiers wachsen ständig nach. Es nagt Holz auf und zieht mit seinen langen Fingern und Fingernägeln Käfer und Larven aus den Ritzen.

LEMUREN SIND PRIMATEN, also eng mit dem Menschen verwandt. Überprüfe, ob du selbst ein Primat bist. Das ist der Fall, wenn du folgende Fragen bejahen kannst: Kannst du einen Ast umfassen, indem dein Daumen den anderen Fingern entgegensteht? Kannst du deine Handfläche nach oben drehen und Essen in deinen Mund stecken? Hast du einen relativ kurzen Hals, und kannst du deinen Kopf drehen, während du ißt? Sitzen deine Augen vorn an deinem Kopf, statt an den Seiten, so daß du räumlich sehen und Entfernungen abschätzen kannst? Untersuche einmal, warum räumliches Sehen so wichtig ist: Versuche etwas in den Mund zu schieben, während du ein Auge schließt.

☞ *67 PANDA, 203 GORILLA, 225 SCHIMPANSE*

Waschbär-Tag

Der in ganz Nordamerika häufig vorkommende Waschbär hat einen auffällig gestreiften Schwanz und eine schwarze ›Panzerknackermaske‹ um die Augen. Er ist überaus anpassungsfähig, und selbst in Städten kann man ihn beobachten, wie er in Mülleimern nach Futter sucht. Sein deutscher Name ›Waschbär‹ beschreibt seine Angewohnheit, die Nahrung mit den langen Fingern der Vorderpfoten zu waschen.

Den Tag verschläft der Waschbär in einer Astgabel und macht sich erst nachts auf Nahrungssuche.

Waschbären halten keinen Winterschlaf, und ihr dikkes Fell hilft ihnen, Wärmeenergie zu sparen. Im Februar ist Paarungszeit, und die Jungen kommen zu Beginn des Frühjahrs zur Welt.

In der freien Wildbahn, wenn keine menschlichen Ansiedlungen in der Nähe sind, finden Waschbären ihre Nahrung in Bächen und Teichen: Muscheln, kleine Schildkröten, Frösche und Fische.

IN ALLEN GEGENDEN der Welt suchen verschiedene Tiere in den Abfällen nach Nahrung. In Australien und Neuseeland etwa lassen Opossums die Deckel der Müllcontainer klappern, während in vielen Ländern Europas Füchse und Ratten gelernt haben, die Müllsäcke aufzureißen. Sieh nach, ob bei euch der Abfall geplündert wird. Fußspuren, Bißspuren und Kot können Aufschluß darüber geben, um welches Tier es sich handelt.

☞ *67 PANDA, 178 HINTERHOF*

Wellensittich-Tag

Der Wellensittich (*Melopsittacus undulatus*), einer der beliebtesten Käfigvögel, ist ein kleiner Papagei. Wilde Wellensittiche trifft man überall in den trockenen Regionen Australiens an. In Dürreperioden finden sie sich manchmal zu riesigen Schwärmen von über 10 000 Vögeln zusammen, die gemeinsam mehrere hundert Kilometer weit fliegen und nach Samen und Wasser suchen.

Wellensittiche paaren sich nach der Regenzeit. Der Regen löst in den wüstennahen Gebieten einen Wachstumsschub bei den Pflanzen aus, wodurch die Ernährung der Jungvögel gewährleistet ist.

Wellensittiche fressen in Schwärmen vor allem in der Morgen- und Abenddämmerung und am liebsten Grassamen. Einige Wochen, nachdem ein Regenschauer über das trockene Land gezogen ist, finden sie davon eine Überfülle vor. Wo es reichlich Nahrung gibt oder an einem Wasserloch können Schwärme von Wellensittichen wirbelnde Wolken bilden. Diese Verhaltensweise verwirrt Raubvögel, wie Falken, und ist mit dem Verhalten von Impala-Herden vergleichbar.

DIE ERSTEN WELLENSITTICHE wurden 1840 nach Europa gebracht. In den folgenden 150 Jahren entstanden aus der Wildart (hier abgebildet) durch Zucht zahlreiche Farbvarianten.

Wellensittiche legen ihre Eier gern auf weichem vermodertem Holz alter Bäume oder Zaunpfähle.

☞ *247 IMPALA*

Regenwurm-Tag

Regenwürmer spielen eine zentrale Rolle beim Recycling organischer Abfälle und helfen, den Boden in gutem Zustand zu halten. Wenn sie graben, nehmen sie Erde auf, zerkleinern sie und die darin befindlichen organischen Stoffe und verdauen einen Teil davon. Ein Teil der ausgeschiedenen Erde wird auf der Oberfläche als kleines Erdhäufchen abgelagert. Regenwürmer ernähren sich auch von Laub, das sie in ihre Tunnel ziehen.

Regenwürmer durchmischen ständig die Erde, bringen Nährstoffe an die Oberfläche, zerkleinern abgestorbenes Pflanzenmaterial, durchlüften mit ihren Gängen den Boden und verbessern damit auch die Drainage.

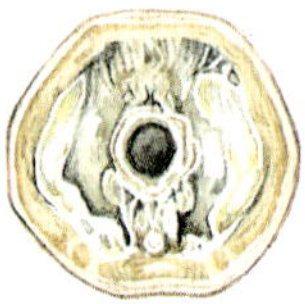

Jedes Segment eines Regenwurms (hier im Querschnitt) enthält innere Organe.

Ein Regenwurm ist gleichzeitig Männchen und Weibchen. Sich paarende Regenwürmer (rechts oben) tauschen daher gegenseitig Sperma aus.

FERTIGE NACH DER ANLEITUNG im Anhang einen Behälter an, in den du Würmer einsetzt. Hier kannst du genau beobachten, wie sie sich bewegen, indem sie sich mit feinen Stacheln (*Chaetae*) an ihrem Körper festhalten und dann den Körper strecken und zusammenziehen, wobei sie entweder Längs- oder Quermuskeln einsetzen.

☞ *54–55 LEBEN UNTER DER ERDE, 284 MAULWURF*

In Afrika, Asien und auf Madagaskar gibt es insgesamt 48 Mungoarten. Sie ernähren sich von Insekten, kleinen Säugern, Reptilien und Vogeleiern.

Mungo-Tag

Der Kleine Mungo wurde von Menschen auf vielen der Westindischen und Pazifik-Inseln eingeführt, um der Rattenplage in den Zuckerrohrplantagen Herr zu werden. Er vermehrte sich rasch und wurde bald selbst zur Plage, da er einheimische Wild- und Haustiere tötete. Auf manchen Inseln hat er sogar bodenbrütende Vogelarten ausgerottet.

Ungewöhnlich gestreifte Schwänze findet man auf Madagaskar bei einer Reihe von Säugetieren, so auch beim Ringelmungo und beim Katta (einem Halbaffen).

Die flinken, intelligenten und scharfzähnigen Mungos (auch Mangusten genannt) gehören zu den wenigen Tieren, die es wagen, auch die giftigsten Schlangen anzugreifen.

MAN KENNT NUR WENIGE soziale Säugetiere, die ein Mitglied der Gruppe aus einer Gefahr retten. Afrikanische Zebramangusten sind jedoch dafür bekannt. Ein Adler packte sich einmal ein Tier aus einer Gruppe und nahm es mit auf eine Astgabel. Die Gruppe lief zu dem Baum, und einige Mangusten begannen, hinaufzuklettern. Eines der Tiere erreichte den Ast, wo sich sein Artgenosse in den Klauen des Adlers wand, und stürzte sich auf den Adler, so daß er den Griff lockern mußte. Die gefangene Manguste fiel unversehrt auf den Boden.

☞ *174 GIFTSCHLANGEN*

Nashornvogel-Tag

Der knöcherne Aufsatz auf dem Schnabel des Nashornvogels wird als Helm bezeichnet. Er kann als Waffe gegen rivalisierende Männchen eingesetzt werden.

Nashornvögel kommen in Afrika und Asien vor. Sie nisten in Baumhöhlen, in die das Männchen das Weibchen mit Schlamm und Kot einmauert. Es läßt nur einen schmalen Spalt frei, durch den es das Weibchen und später die Jungen füttert. Nach etwa drei Monaten, wenn die Jungvögel flügge sind, brechen die Elternvögel die Mauer wieder auf, die die Familie vor Affen und Baumschlangen schützte.

Nashornvögel ernähren sich von Früchten, Insekten, kleinen Tieren und den Eiern und Jungtieren anderer Vogelarten.

Der Doppelhornvogel (unten) wird über 1 m groß. Die gelbe Farbe des Horns stammt aus einer Drüse, deren Sekret der Vogel benutzt, um sich zu reinigen.

DER MALAIISCHE NAME des Nashornvogels geht auf seinen lauten Schrei zurück und bedeutet »Hol-deine-Schwiegermutter-runter-Vogel«. Das ›Wup-wup-wup‹ seines Rufes klingt wie das Geräusch einer Axt beim Abschlagen eines malaiischen Holzhauses. Dann wird das Hacken schneller und schneller, ›Ke-wop, ke-wop, ke-wop‹, und mündet in ›Hahahaha‹: Der Schwiegersohn läuft lachend davon, wenn das Haus einstürzt.

☞ *123 TUKAN*

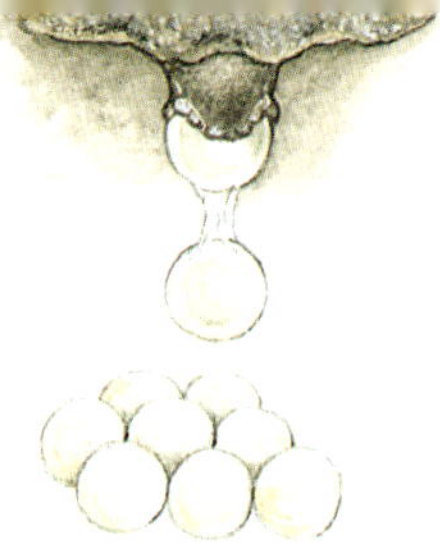

Meeresschildkröten-Tag

In den tropischen und subtropischen Meeren existieren sechs Arten von Meeresschildkröten. Anders als ihre landlebenden Verwandten können sie ihren Kopf und die Gliedmaßen nicht ganz in ihren Panzer zurückziehen. Sie ernähren sich von Fischen und Quallen oder, wie die Grünen Meeresschildkröten, von Seetang. Alle zwei bis vier Jahre kommen die Weibchen der Grünen Meeresschildkröte an Land und graben bis zu acht Löcher in den Sand, in die sie jeweils 8-10 Eier legen, die dann von der Sonne ausgebrütet werden.

Meeresschildkröten haben keine Zähne, sondern einen scharfen Schnabel aus Horn.

Lederschildkröten ›weinen‹, während sie ihre Eier legen. Tatsächlich scheiden sie dabei durch eine Drüse neben den Augen überflüssiges Salz aus.

MEERESSCHILDKRÖTEN sind fast überall bedroht, und ihre Brutgebiete werden zerstört. Viele verfangen sich in Fischernetzen und ertrinken. Lederschildkröten halten oft im Meer treibende Plastiktüten für Quallen, ihre Hauptnahrung, fressen sie und sterben daran.

☞ *21 SCHILDKRÖTE, 58 GECKO, 163 SCHLANGE, 199 ECHSE*

Tapir-Tag

Der Schädel des Tapirs ähnelt dem der Pferde und Nashörner, mit denen er eng verwandt ist. Mit seinen vorstehenden Schneidezähnen weidet er Gras ab und zermahlt die Pflanzen dann mit seinen breiten, flachen Backenzähnen.

Es gibt vier Tapirarten, drei leben in Südamerika, eine in Südostasien. Der südamerikanische Tapir (rechts) ist braun, während der asiatische Schabrackentapir ein ungewöhnliches schwarzweißes Muster hat (unten). Auffällig ist der Rüssel des Tapirs. Dabei handelt es sich um eine geruchsempfindliche, bewegliche Verlängerung der Nase und der Oberlippe, mit der das Tier an Pflanzen riecht, sie untersucht und greift, um sie ins Maul zu stecken.

Die südamerikanischen Tapire leben am Wasser und können gut schwimmen. Die Schabrackentapire halten sich nur im Regenwald auf.

Die jungen Tapire haben ein gestreiftes Fell wie die Frischlinge bei den Wildschweinen – ein guter Schutz im Licht und Schatten des Waldes.

DIE VERBREITUNG DER TAPIRE zeigt, daß es sich bei ihnen um eine ältere Tiergruppe handelt. Durch Fossilienfunde wissen wir, daß Tapire vor 5 Mio. Jahren auf dem ganzen eurasischen Kontinent verbreitet waren. Während einer Wärmeperiode vor etwa 2 Mio. Jahren wanderten sie über eine Landbrücke im Bereich der heutigen Bering-Straße nach Nordamerika und zogen von dort nach Südamerika. Die Arten in Nordamerika sowie in Nordasien starben aus, und es blieben nur die uns heute noch bekannten Arten übrig.

☞ *27 ESEL, 148 SELTSAME NASEN, 208 ZEBRA, 310 NASHORN*

Quallen-Tag

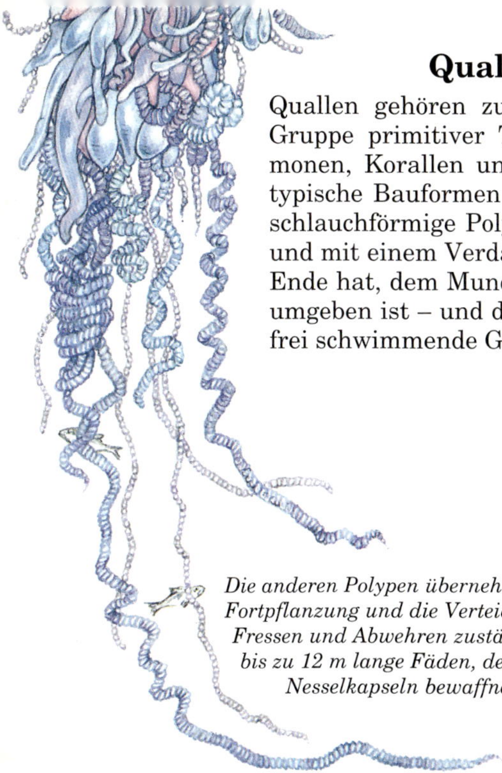

Quallen gehören zu den Hohltieren, einer Gruppe primitiver Tiere, die auch Seeanemonen, Korallen und Hydras umfaßt. Zwei typische Bauformen bei Hohltieren sind der schlauchförmige Polyp – zumeist festsitzend und mit einem Verdauungstrakt, der nur ein Ende hat, dem Mundfeld, das von Tentakeln umgeben ist – und die Meduse (Qualle), eine frei schwimmende Glocke mit Tentakeln.

Die Portugiesische Galeere (links) ist eigentlich eine ganze Kolonie von Polypen mit einer sich nicht ablösenden, gasgefüllten Meduse von ca. 30 cm Durchmesser, die den Rest der Kolonie trägt.

Die anderen Polypen übernehmen das Fressen, die Fortpflanzung und die Verteidigung. Die für das Fressen und Abwehren zuständigen Polypen bilden bis zu 12 m lange Fäden, deren Zellen mit speziellen Nesselkapseln bewaffnet sind.

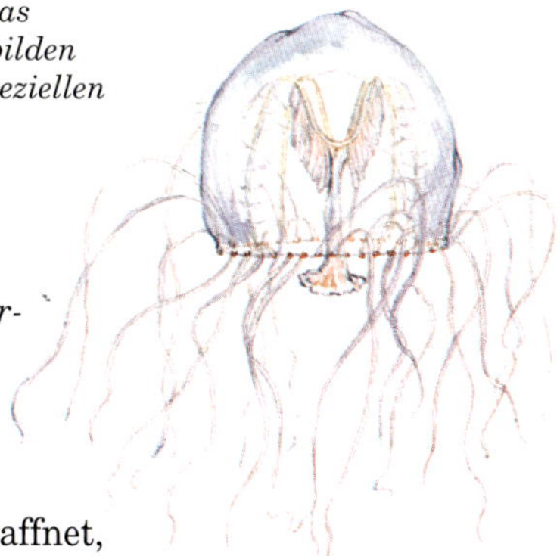

QUALLEN WIE DIE SEEWESPEN (oben rechts) und *Polyorchis* (unten rechts) gehören zu den Medusen, die aus einem einzigen Organismus bestehen statt aus einer ganzen Kolonie. Die Tentakel, ein großer Teil der Oberfläche der Glocke und manchmal auch die Innenwand der Glocke sind mit Nesselkapseln bewaffnet, was die Berührung mit ihnen in manchen Fällen tödlich machen kann.

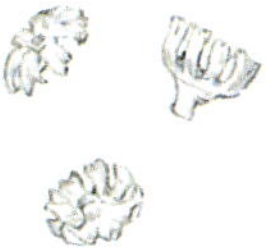

☞ *176 HYDRA*

Kakao-Tag

Die Heimat des Kakaobaums, dessen Schoten den Grundstoff für Schokolade liefern, ist ursprünglich Mittelamerika, heute wird er aber überall in den Tropen angebaut. Die Pflanzen, die nur selten über 7,5 m Höhe erreichen, wachsen häufig im Schatten höherer Bäume, wie etwa des Avocadobaums. Kakaoblüten haben eine Besonderheit: Sie knospen direkt am Stamm und an den dikken Ästen. Aus den befruchteten Blüten entwickeln sich etwa 20 cm große Schoten. Wenn sie reif werden, nehmen sie eine rote oder gelbe Färbung an.

Die Schoten werden abgeschnitten, geöffnet und die Bohnen mit dem weichen Fruchtmus herausgelöffelt.

Man bedeckt sie mit Bananenschalen und läßt sie kurze Zeit gären, anschließend werden sie gewaschen.

Dann breitet man die Bohnen sorgfältig aus, um sie in der Sonne trocknen zu lassen. Danach werden sie in Säcke verpackt und zu den Schokoladenfabrikanten verschifft. Westafrika produziert heute mehr als die Hälfte an Kakaobohnen. Der größte Kakaoproduzent, die Elfenbeinküste, exportiert jährlich über eine halbe Million Tonnen Kakaobohnen.

IN DER SCHOKOLDENFABRIK werden die Bohnen von der Schale befreit, geröstet und gemahlen. Die Kakaobohnen enthalten über 50 % Kakaobutter, die man mit Hilfe von großen Walzen herauspreßt; der verbleibende Kakaokuchen wird zu Kakaopulver gemahlen. Dann fügt man Milch, Zucker und wieder etwas Kakaobutter hinzu und gießt die Flüssigkeit in einen Behälter, wo sie mit riesigen Granitwalzen so lange bearbeitet wird, bis sie ganz glatt ist. Anschließend läßt man sie in polierte Formen fließen und kalt werden, ehe sie als feste Schokoladentafel vorsichtig aus der Form geklopft wird.

☞ *309 ZUCKER*

Storch-Tag

Von den ca. 20 Arten der Familie der Störche trifft man in allen wärmeren Regionen der Erde eine oder mehrere an. Vom europäischen Weißstorch glaubte man seit dem Mittelalter vor allem in Deutschland und Polen, er bringe Glück. Auf vielen Hausdächern in den Dörfern brachte man Plattformen an, damit die Störche dort nisteten.

Ein einziges Gelege der Weißstörche zählt bis zu fünf Eier. Die Eier werden einen Monat lang bebrütet, und die Jungvögel bleiben zwei Monate im Nest, ehe sie ihre ersten Flugversuche unternehmen.

Während Weißstörche (oben) sich von Fröschen, Fischen und kleinen Säugetieren ernähren, frißt der Marabu, der einen charakteristischen nackten, roten Hals hat (Mitte), Aas.

WEISSTÖRCHE BLEIBEN SICH das ganze Leben lang treu. Männchen und Weibchen bauen zusammen ihr Nest, brüten gemeinsam die Eier aus und ziehen die Jungen auf. Obwohl Störche Stimmbänder besitzen, sind die Muskeln dazu verschwunden, und sie wurden zu stummen Vögeln. Sie kommunizieren miteinander, indem sie mit ihren Schnäbeln klappern. Anscheinend sind Storchenpaare auch ihren Nestern treu, zu denen sie Jahr für Jahr aus ihrem Überwinterungsgebiet in Afrika zurückkehren.

☞ *24 SILBERREIHER, 246 REIHER*

Gibbon-Tag

Der malaiische Name für den Gibbon ist Wak-wak. Der charakteristische Ruf, den dieser Affe ausstößt, kann über mehrere Kilometer gehört werden – eine Serie von steigenden Huups, die schneller und schneller werden. Gibbons leben in kleinen Familiengruppen und verbringen die meiste Zeit ihres Lebens im Blätterdach des Dschungels in Ostindien, Südchina und Südostasien.

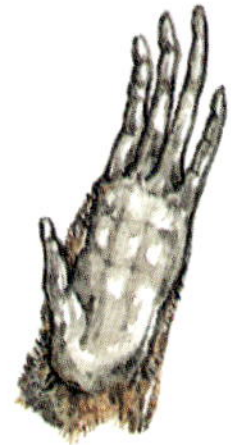

Die Arme des Gibbons sind doppelt so lang wie sein Torso, die Finger schlank und gebogen. Der Daumen ist fast bis zur Wurzel von der Handfläche getrennt. Auf der Erde oder auf einem Ast geht der Gibbon aufrecht und benutzt seine Arme zum Balancieren.

Gibbons verlassen sich, wenn sie landen, ebenso auf die Kraft ihrer Arme und Hände wie auf die Stärke der Äste, um ihre 6 kg schweren Körper aufzufangen.

Um von einem Baum zum nächsten zu gelangen, macht er bis zu 20 m weite Sprünge.

GIBBONS SCHWINGEN SICH mit den Armen von Ast zu Ast. Versuche es auf dem Spielplatz am Klettergestell einmal selbst. Es ist ganz schön anstrengend.

☞ *50 PAVIAN, 235 ORANG-UTAN*

Elster-Tag

Die freche, laute und aggressive Gemeine Elster (*Pica pica*, unten) gehört zur Familie der Rabenvögel. Sie enährt sich von Insekten, Aas und Müll und stiehlt Eier und Küken aus den Nestern anderer Vögel. Man trifft sie häufig in den Parks und Gärten unserer Städte an, und sie soll angeblich glänzende, aber nutzlose Gegenstände stehlen und in ihrem Nester sammeln.

*Die Jagdelster (*Cissa chinensis*) kommt vom Himalaya bis Vietnam und im Süden bis Sumatra und Borneo vor.*

*Die Blauelster (*Cyanopica cyanus*, oben rechts) ist in Ostasien und Japan weit verbreitet, aber auch in den Bergen Spaniens und Portugals anzutreffen – eine erstaunliche nicht zusammenhängende Verbreitung. Die allgemein angeführte Erklärung dafür ist, daß die beiden Populationen die Überreste einer einst weiten Verbreitung sind. Man kann aber auch nicht ausschließen, daß der pittoreske Vogel von Seefahrern nach Portugal gebracht wurde.*

DIE WISSENSCHAFTLICHEN NAMEN von Lebewesen bestehen aus zwei Teilen und werden kursiv geschrieben. Der erste, der mit einem Großbuchstaben beginnt, bezeichnet die Gattung (*Genus*), der zweite, klein geschriebene, die Art (*Species*). Manche Gattungen umfassen nur eine Art. Damit wird unterstrichen, daß eine Art keine großen Ähnlichkeiten mit ihren nächsten Verwandten hat. Verwandte Gattungen wiederum fassen Biologen zu Familien (*Familia*) und Ordnungen (*Ordo*) zusammen. Die Gattung *Homo* umfaßt nur eine Art, *sapiens*, den Menschen.

☞ *209 LAUBENVOGEL, 250 KUCKUCK*

Tomaten-Tag

Tomaten gehören zu den wenigen eßbaren Früchten von Pflanzen aus der Familie der *Solanaceae*, der Nachtschattengewächse, zu denen auch Bilsenkraut und Stechapfel, deren Gift für den Menschen absolut tödlich ist, zählen. Tomaten waren in Spanien und Italien bereits seit über 200 Jahren beliebt, bevor sie auch in NordeuropaVerbreitung fanden.

Tomaten fanden in England Verbreitung, weil man glaubte, daß ihr Genuß Leute verliebt mache. Ihr ursprünglicher englischer Name war daher ›Liebesapfel‹.

Tomatensamen gelangen unbeschadet durch den Körper des Menschen und können lange Zeit überleben. Daher sind stillgelegte Abwasserspeicher oft dick von Tomatenpflanzen überwuchert.

Tomaten wurden schon im 16. Jh. von Südamerika nach Europa importiert. In Mexiko hießen sie tomatl. *Heute sind sie auf der ganzen Welt unter Namen bekannt, die von diesem Begriff abgeleitet sind.*

JEDES JAHR WERDEN etwa 60 Mio. t Tomaten verzehrt. Man ißt sie frisch oder verwendet sie für Saft, Suppe, Ketchup oder Tomatenmark. Brate eine Tomatenscheibe und sieh die Schnittkante an. Sie wird goldbraun oder schwarz. Das ist der Zucker, der beim Erhitzen karamelisiert. Karamel schmeckt süßer als Zucker, und daher schmecken Tomaten nach dem Braten auch süßer.

☞ *180–181 SAMENVERTEILUNG, 238 MELONE, 348 KÜRBIS*

Schimpansen-Tag

Die nächsten Verwandten des Menschen, die Schimpansen und die Bonobos, weisen erstaunliche Ähnlichkeiten mit uns auf, und 99 % ihrer Erbanlagen sind identisch mit den unseren. Daher wurden auch Schimpansen bei den ersten Flügen ins All als Versuchstiere eingesetzt, um festzustellen, ob Menschen die enorme Beschleunigung und die Schwerelosigkeit überleben können.

Schimpansen leben in Gruppen zusammen, die bis zu 60 Tiere umfassen. Ihr Lebensraum ist die bewaldete Savanne im äquatorialen Afrika.

Ein 40 kg schweres Männchen kann über 300 kg Zugkraft aufbringen, dreimal soviel wie ein erwachsener Mann.

Wie Menschen bekommen Schimpansen im Alter graue Haare.

Unsere Sprache können Schimpansen nicht einmal imitieren. Es ist aber gelungen, einigen Tieren die Zeichensprache beizubringen, mit deren Hilfe sie einfache Bitten ausdrücken und Fragen beantworten können.

SCHIMPANSEN LEBEN GESELLIG in hierarchisch gegliederten Großfamilien. Für die Kommunikation verfügen sie über ein weites Spektrum von Lauten, eine reiche Mimik und Gestik, sogar Küssen und Händchenhalten. Sie ernähren sich vorwiegend von Früchten, Kleintieren und Vogeleiern, manchmal jagen sie auch im Team Tiere bis zur Größe einer Gazelle. Schimpansen können einfache Werkzeuge selbst herstellen.

☞ *203 GORILLA, 235 ORANG-UTAN*

Elefanten-Tag

Elefanten sind die größten landbewohnenden Tiere. Es gibt zwei Arten, den Afrikanischen Elefanten, mit großen Ohren und Stoßzähnen bei beiden Geschlechtern, und den Indischen Elefanten, der kleinere Ohren hat und bei dem nur die Männchen Stoßzähne tragen. Indische Elefanten werden bis heute in Burma und Thailand in der Holzindustrie eingesetzt, um Baumstämme zu transportieren. Wie die Menschen sind auch die Elefanten in der Regel ›Rechtshänder‹ und benutzen vorzugsweise den rechten Stoßzahn, der daher gewöhnlich kürzer ist.

Der Rüssel des Elefanten ist seine Nase, die beiden Löcher an seinem Ende die Nasenlöcher. Elefanten trinken nicht durch die Nase, sondern saugen Wasser auf und spritzen es in den Mund.

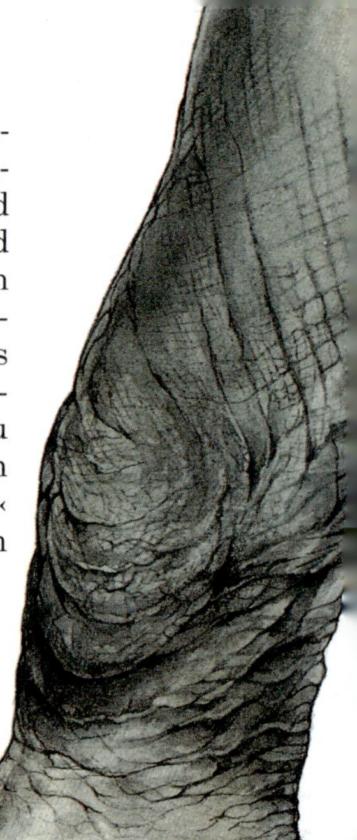

Die kleine Elefantenspitzmaus (unten) wiegt 100 g, der Bulle des Afrikanischen Elefanten 60 000mal soviel – 6 t. Klippschliefer (ganz unten) und Erdferkel sind die nächsten lebenden Verwandten der Elefanten.

DIE STOSSZÄHNE DES ELEFANTEN sind seine oberen Schneidezähne. Außer diesen besitzt er höchstens ein Paar Backenzähne auf jeder Seite der Kiefer. Die gewaltigen, mit Höckern versehenen Zähne zermahlen Gras, Blätter, Zweige und Äste. Im Lauf eines Elefantenlebens werden sie sechsmal durch neue ersetzt. Wenn auch die letzten Backenzähne abgenutzt sind, verhungert der Elefant. Wilderer haben wegen der Stoßzähne (des Elfenbeins) große Elefantenpopulationen in freier Wildbahn ausgerottet.

☞ *46 ERDFERKEL, 277 SPITZMAUS*

Eichen-Tag

Mindest 320 verschiedene Insektenarten, darunter auch der Eichenschwärmer (unten rechts), benötigen Holz, Blätter oder Knospen für ihre Fortpflanzung oder Ernährung. Eichenblätter weisen häufig Verwachsungen (Galläpfel) auf, die von Gallwespen verursacht werden. Diese veranlassen das Gewebe des Blattes, eine schützende Wand um ihre Larven zu bilden. Andere Gallwespenarten lösen die Schwellungen auf den Zweigen aus, die als Eichenäpfel bezeichnet werden.

Die meisten Eichenarten in temperierten Regionen verlieren im Winter ihre Blätter. Das Laub der Roteiche (unten) wird im Herbst feuerrot. Im Winter erkennt man Eichenzweige an den Gruppen kastanienbrauner Knospen.

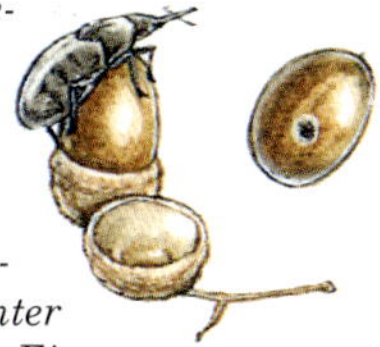

Eicheln sind Nüsse mit hohem Nährwert, der vom Eichel-Rüsselkäfer (oben) genutzt wird, dessen Larven sich einen Weg aus der Eichel fressen, wenn sie abfällt.

Das harte, beständige Eichenholz wurde jahrhundertelang zum Hausbau, für Möbel und für den Schiffsbau verwendet, während man aus der Rinde Schindeln, Isoliermaterial und Korken herstellte. Die Rinde der Korkeiche (unten) wird alle 7-8 Jahre vorsichtig abgeschält.

Schneide ein Stück aus einem jungen Eichenzweig, und identifiziere die verschiedenen Lagen: die korkige Rinde außen, darunter der Bast (Phloem), teilungsfähige Kambiumzellen und das tote, hölzerne, wasserführende Xylem im Zentrum.

☞ 169 BIRKE

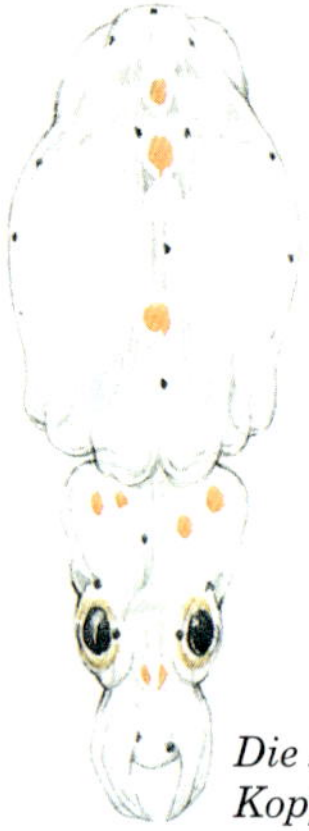

Tintenfisch-Tag

Der Tintenfisch (*Sepia*) und der Kalmar sind Kopffüßer. Kalmare sind in der offenen See lebende Räuber und ernähren sich von Fischen und Krustentieren. Die Beute wird mit den beiden Fangarme ergriffen und dann von einem oder mehreren der acht Saugarme festgehalten. Diese ziehen sie in das hornige Maul. Durch ein Gift wird sie getötet und dann zerkaut und verschlungen.

In der Haut der Tintenfische befinden sich drei verschiedenfarbige Pigmentzellen, die ausgedehnt oder zusammengezogen werden können. So kann der Tintenfisch seine Farbe ändern und sich seiner Umgebung anpassen.

Die Augen der Kopffüßer – die schon beim frisch geschlüpften Kalmar (oben) voll entwickelt sind – sind wie die unseren gebaut und verleihen dem Tier ein exzellentes Sehvermögen.

Tintenfische leben nahe vor der Küste, wo sie, halb im Sand vergraben, ruhen oder auf Beute lauern. Anders als der Kalmar besitzen sie eine innere gasgefüllte Schale, den sogenannten Sepia-Schulp, der ihnen den nötigen Auftrieb gibt.

KOPFFÜSSER SIND EINE WICHTIGE NAHRUNGSQUELLE für den Menschen. Tintenfische werden in Südostasien oft bei Nacht in Netzen gefangen. Dabei verwendet man Lampen, die die Tiere an die Oberfläche locken.

Kopffüßer pflanzen sich nur einmal fort und sterben dann. Kurz nach der Paarungszeit werden zahlreiche Schulpe an Land gespült und sind an vielen Stränden zu finden. Man kann das Alter des Tintenfisches anhand des Schulps bestimmen, denn die Knochenoberfläche weist – wie ein Baumstumpf – jährliche Wachstumsringe auf.

☞ *192 PIGMENTIERUNG, 275 NAUTILUS*

Seerosen-Tag

Im 19. Jh. waren Seerosen überaus beliebt, und große Menschenmengen kamen, um die riesige Amazonas-Seerose zu bewundern, als diese erstmals in Kew Gardens in der Nähe von London zu sehen war. Die Lotusblüte galt in der romantischen Vorstellung als Symbol des Fernen Ostens.

Die riesigen Blätter der Amazonas-Seerose, Nymphaea victoria-regia, *können 2 m Durchmesser erreichen und sind in der Lage, ein kleines Kind zu tragen.*

Nymphaea alba *ist die in Europa bekannte Weiße Seerose. Ihre wächsernen Blätter und geruchlosen Blüten treiben auf der Wasseroberfläche.*

Der ›Heilige Lotus‹ ist in ganz Indien und China anzutreffen. Seine weißen und rosafarbenen Blüten wachsen auf der Wasseroberfläche und verbreiten einen starken, hypnotischen Duft.

Lotussamen sind roh oder geröstet eine Leckerei.

Das Gewirr aus Stengeln in einem Seerosenbeet dient jungen Fischen und Amphibien als sicherer Zufluchtsort.

DIE WÄCHSERNE OBERFLÄCHE oder *Kutikula* macht die Seerosenblätter wasserfest und schützt sie vor Tierfraß. Ein Schlitz im Blatt sorgt dafür, daß das Regenwasser ablaufen kann, nur bei einigen tropischen Arten muß der starke Regen vom Blatt abtropfen und das restliche Wasser in der Sonne verdunsten. Schneide zwei Seerosenblätter aus Papier aus und bestreiche ein Blatt mit Wachs. Laß sie in einer Schüssel mit Wasser schwimmen, tauche sie unter und bespritze sie. Das gewachste Blatt wird kaum Schaden nehmen, während das ungewachste sich mit Wasser vollsaugt.

☞ *92 WASSEROBERFLÄCHE*

Kräuter-Tag

Die ersten ›Apotheker‹ waren wohl Jäger und Sammler, die durch Versuch und Irrtum lernten, Pflanzenextrakte zu verwenden, um Krankheiten zu behandeln, Schädlinge zu bekämpfen und Nahrung haltbar zu machen oder zu würzen. Dieser Entdeckungsprozeß muß sehr gefährlich gewesen sein, denn viele Pflanzen sind hochgiftig. Die gewonnenen Kenntnisse wurden zunächst mündlich von Generation zu Generation weitergegeben.

Rosmarin enthält ein aromatisches Öl und findet in der Küche und bei der Kosmetikherstellung Verwendung.

Es gibt zahlreiche Thymiansorten mit unterschiedlichen Duft- und Geschmacksnoten. Wie viele Kräuter enthält auch Thymian antiseptische Wirkstoffe; Thymianöl z. B. verwendet man zum Einbalsamieren.

Heute verwendet man Salbeiblätter vor allem als Gewürz für Fleischfüllungen. In früheren Zeiten glaubte man, daß sein Genuß ein langes Leben verleihe.

Wir kennen über 600 verschiedene Arten von Minze, von denen Pfefferminze und die Grüne Minze die bekanntesten sind. Verschiedene Minzearten waren bereits im Altertum bekannt und wurden als Heilmittel verwendet.

Kamillenblüten gießt man mit heißem Wasser auf und gewinnt so einen krampflösenden Tee, der gegen Magen-Darm-Beschwerden hilft.

Die Kapuzinerkresse stammt aus Peru und wurde von den spanischen Eroberern nach Europa gebracht. Die Indianer legten frische Blätter auf schlecht heilende Wunden.

Die Blätter des Borretsch haben einen gurkenähnlichen Geschmack. Sie lassen sich nicht konservieren, sondern können nur frisch verwendet werden. Auch die hübschen blauen Blüten sind eßbar. Die Samen enthalten Gamma-Linolensäure, die gegen Kreislaufschwäche hilft.

Die Monarde oder Indianernessel stammt aus Nordamerika, wo ihre Blätter von den Oswego-Indianern für einen Heiltee verwendet wurden.

VERSUCHE EINMAL, KRÄUTERPFLANZEN nur anhand ihres Geruchs zu bestimmen. Dazu mußt du Blätter oder Blüten zwischen deinen Fingern zerreiben.

☞ *44 TEE, 198 GEWÜRZE, 332–333 HEILPFLANZEN*

Der Gemeine Rainfarn gehört zur Familie der Chrysanthemen. Er riecht süß-würzig und enthält insektizide Wirkstoffe.

Tölpel-Tag

Es gibt 24 Arten von Tölpeln, die in zwei Gruppen eingeteilt werden: die Tropischen und die Eigentlichen Tölpel. Sie ernähren sich von Schwarmfischen, hauptsächlich aus der Heringsfamilie. Die Tölpel stürzen sich aus einer Höhe von 15-30 m ins Wasser und schnappen den Fisch knapp unter der Wasseroberfläche. Sie können allerdings auch tauchen und gerieten bereits in Tiefen von 30 m in Fischernetze.

Brauntölpel sind die verbreitetsten Tölpel der tropischen Meere; ihre Nester bestehen aus Mulden, die sie in den Sand scharren.

Rotfußtölpel bauen in Sträuchern oder Bäumen der tropischen Inseln Nester aus Zweigen.

Tölpel bilden große Brutkolonien. Der Dung der Blaufußtölpel, die auf zahlreichen Inseln vor der peruanischen Küste nisten, wird als Dünger kommerziell abgebaut und heißt Guano.

DIE BREITEN SCHWIMMFÜSSE der Tölpel haben zwei Funktionen. Während die Vögel ihre Eier ausbrüten, falten sie ihre Füße darum – Tölpel sind die einzigen Vögel, die so etwas tun. Ihre Füße dienen ihnen beim Schwimmen und Tauchen aber auch als kräftige Flossen.

Ein schwimmendes Tier bewegt sich vorwärts, indem es das Wasser nach hinten drückt. Dabei verdrängt ein breiter Fuß natürlich mehr Wasser als ein schmaler. Probiere selbt aus, wieviel schneller du im Wasser mit Flossen vorankommst.

☞ *255 FREGATTVOGEL, 360 BASSTÖLPEL*

Tausendfüßler-Tag

Trotz ihres Namens haben Tausendfüßler selten mehr als 200 Beine (der Rekord soll bei 752 liegen), und normal sind etwa 100. Sie ernähren sich von faulenden Pflanzen und helfen dadurch, daß sie Gänge im Humus graben, den Boden gut zu durchlüften. Jedes Segment eines Tausendfüßlers besteht aus zwei miteinander verwachsenen und hat daher zwei Beinpaare. Bei Hundertfüßlern gehört zu jedem Segment nur je ein Beinpaar.

Brüten ist Gemeinschaftssache. Die Weibchen bauen ein ›Nest‹ für die Eier und bewachen sie, bis die farblosen Jungen (oben) schlüpfen.

Das Gift der mexikanischen Blauen Tausendfüßler wurde verwendet, um Pfeilspitzen zu vergiften.

Die Riesentausendfüßler in Afrika werden bis zu 20 cm lang. In Malaysia leben ähnliche Tausendfüßler, die man häufig auf Waldpfaden antrifft, die aber nur halb so lang werden.

Kugelasseln (oben) können sich fast ganz zusammenrollen. So bieten sie einem Feind nur ihren schlüpfrigen, glatten Panzer ohne sichtbare Öffnung.

Suche unter Steinen und moderndem Holz nach Tausendfüßlern. (Sei vorsichtig!) Lege einen Tausendfüßler auf eine glatte Oberfläche und beobachte die Bewegung seiner Beine, wenn er läuft. Die Beine heben sich nacheinander und bewegen sich in sehr kurzen Schritten. Die sich hebenden Beine bilden eine Welle, die sich vom Kopf bis zum Körperende fortsetzt. Bei großen Tausendfüßlern können es vier bis fünf Beinpaare sein, die auf einmal vom Boden abgehoben werden. Die Kraft aus der gemeinsamen Anstrengung aller Beinpaare ermöglicht es dem Tier, sich auch in harten Boden einzugraben.

☞ *352 FALLAUB*

Mohn-Tag

Scheinmohn kommt aus Westchina.

Gärtner bezeichnen etwa ein Dutzend Pflanzen aus der Familie des Mohns, *Papaveraceae*, einfach als Mohn, während Botaniker den Namen nur für die etwa 70 Arten des *Papaver* verwenden. Der Klatschmohn, *Papaver rhoeas*, ist ein Symbol für die Gefallenen der Kriege. Man wählte diese Pflanze, da sie als einzige 1916 im Schlamm der Schlachtfelder an der Somme zwischen den Leichen der gefallenen Soldaten blühte.

Schlafmützchen ist pflegeleicht und eine beliebte Gartenpflanze in Europa.

Papaver somniferum, *Schlafmohn, wächst wild in Griechenland und im Orient.*

Klatschmohn, bis zum Einsatz von Herbiziden eine häufig in Kornfeldern vorkommende Pflanze, wurde im Mittelalter als Vorbote guter Ernten angesehen.

URSPRÜNGLICH PFLANZTE MAN DEN SCHLAFMOHN wegen seiner Samen an, die, in größeren Mengen gegessen, gegen Schlaflosigkeit helfen sollten. Der milchige Saft, den man aus Einschnitten in die halbreife Fruchthülse gewann, wurde zur Gewinnung von Opium verwendet. Heute wird er zur Herstellung von Morphium genutzt, einer wichtigen medizinischen Droge, die man in Notfällen zur Bekämpfung extremer Schmerzen einsetzt. Verschiedene Morphiumderivate werden als Sedativa (Beruhigungsmittel) und als Schmerzmittel bzw. Narkotika während Operationen eingesetzt.

☞ *298 DROGEN*

Orang-Utan-Tag

Der scheinbar immer etwas traurig dreinblickende Orang-Utan stammt aus Sumatra und Borneo. Zusammen mit dem Gorilla und dem Schimpansen gehört er zu den Tieren, die am engsten mit den Menschen verwandt sind. Sein Name kommt aus dem Malaiischen und bedeutet Mann (*Orang*) aus dem Wald (*Hutan*). Die sich langsam bewegenden Orang-Utans sind zu schwer, um die akrobatischen Fähigkeiten mancher anderer Affenarten zu erreichen. Ein Männchen kann bis zu 100 kg wiegen.

Orang-Utans bewegen sich langsam durch die Äste der Bäume und suchen dabei nach Früchten und jungen Blättern. Für die Nacht bauen sie sich ein Nest zum Schlafen. Normalerweise sind Orang-Utans Einzelgänger, doch die Jungen bleiben bis zum Alter von fünf oder sechs Jahren bei ihrer Mutter. Orang-Utans werden bis zu 40 Jahre alt.

OBWOHL ORANG-UTANS unter Naturschutz stehen, werden noch immer Weibchen von Wilderern geschossen, die die Jungen dann mitnehmen und sie an skrupellose Privatpersonen oder Zoodirektoren verkaufen. Malaiische und Indonesische Waldhüter und Zollbeamte versuchen, diese jungen Tiere zu konfiszieren und den Handel zu unterbinden. Die beschlagnahmten Tiere werden in ein Schutzgebiet gebracht.

☞ *203 GORILLA, 225 SCHIMPANSE*

Trauben-Tag

Traubenkerne fand man schon in prähistorischen Gräbern, und auch von den alten Ägyptern zur Zeit der Pharaonen weiß man, daß sie Trauben angebaut haben. Heute werden verschiedene Arten als Tafel-, Wein-, und Safttrauben kultiviert. Man kann Trauben durch Trocknen konservieren; sie heißen dann Sultaninen oder Rosinen. Der augenfälligste Unterschied zwischen den verschiedenen Arten ist der zwischen blauen und weißen Trauben.

Der älteste Wein, der je getrunken wurde, stammte aus einem antiken griechischen Schiff, das vor etwa 2500 Jahren gesunken war. Der Wein wurde als »scheußlich« beschrieben.

In den 1890er Jahren wurden in ganz Europa große Bestände an Weinstöcken vernichtet. Die Reblaus, ein blattlausähnlicher Wurzelschädling, war aus Amerika eingeschleppt worden und breitete sich unglaublich schnell aus. In Frankreich dauerte es 50 Jahre, bis die Weinbauern alle Reben durch neue Pflanzen ersetzt hatten, die auf reblausresistente amerikanische Wurzelstöcke aufgepfropft waren.

ROTWEIN WIRD AUS GANZEN BLAUEN TRAUBEN gekeltert, die Farbe stammt aus der Schale der Früchte. Die Herstellung beginnt damit, daß man die Trauben von den Stielen befreit, zerdrückt und die sogenannte Maische in Gärbottiche schüttet. Hefe wird zugesetzt und wandelt den Zucker in den Trauben in Alkohol und Kohlendioxid um. Nach 2-3 Wochen trennt man die Kerne und Schalen von der Flüssigkeit, und die Hefe und die feinen Partikel setzen sich ab. Der neue Wein wird mehrfach umgefüllt, wobei sich immer wieder Fruchtpartikelchen absetzen. Mit der Zeit wird der Wein klar und reif.

☞ *180–181 SAMENVERTEILUNG, 237 EXOTISCHE FRÜCHTE*

Exotische-Früchte-Tag

Unter exotischen Früchten verstehen wir solche, die aus fernen, meist tropischen Ländern kommen. Für die Menschen dort wären unsere Kirschen, Pflaumen und Birnen exotische Früchte.

Die Passionsfrucht aus Südamerika hat zähe, bittere Haut, süß-scharfes Fruchtfleisch und schwarze Samen.

Die südamerikanischen Guaven sind schwer zu transportieren und gelangen daher vorzugsweise als Konserven zu uns.

Mangostanen und Litschi-Früchte stammen aus Südostasien.

Die fettreichen Avocados werden gern mit einer Sauce aus Essig und Öl gegessen.

Die Karambola oder Sternfrucht schützt man in Papierhüllen vor Fruchtfliegen.

Papayabäume wachsen in Südostasien oft in den Küchengärten.

Mangos (ganz links) werden vielfach in Indien angebaut. Granatäpfel stammen aus Asien. Persimonen (rechts) sind eine wichtige Frucht in ihrer Heimat Japan und China.

Die Frucht des malaiischen Durianbaums besitzt wohlschmeckendes Fleisch, verströmt aber einen überaus intensiven Geruch, der von vielen Menschen als sehr unangenehm empfunden wird. An der Ostküste Malaysias findet ihre Beliebtheit in den jährlichen Durianfesten Ausdruck. Durianbäume werden von Fledermäusen befruchtet und tragen nur Früchte, wo es viele dieser Tiere gibt. Schneide eine tropische Frucht auf, zeichne sie und identifiziere Samen, Haut und Fruchtfleisch. Dann probiere sie und beschreibe ihren Geschmack.

☞ *272 ZITRUSFRÜCHTE*

Netzmelonen sind ziemlich klein. Ihr Fleisch ist rosa-orange und hat einen delikaten Duft.

Melonen-Tag

Melonen sind Kletterpflanzen, stammen ursprünglich aus den Tropen und werden heute im gesamten Mittelmeerraum kultiviert. Die meisten Melonen, die bei uns auf den Markt kommen, stammen aus Nordafrika und dem Nahen Osten, die Melonen in Nordamerika aus Mexiko oder Kalifornien, und die in Sydney verkaufte Melone wuchs wahrscheinlich in Queensland.

Melonen sind getrenntgeschlechtig und einhäusig, d. h., es wachsen sowohl männliche als auch weibliche Blüten an derselben Pflanze.

Gewaschene und getrocknete Melonensamen kann man als Vogelfutter verwenden.

Wassermelonen mit ihren eßbaren schwarzen Samen, die im roten Fruchtfleisch sitzen, können sehr groß werden und mehr als 10 kg wiegen.

Honigmelonen haben eine gelbe Schale und besonders süßes Fruchtfleisch. Unreife Melonen schmecken fad und holzig.

IN KÜHLEREN GEGENDEN werden Melonen in Gewächshäusern gezogen. Die Samen brauchen mindestens +18 °C, um zu keimen. Wenn die Pflanze zu wachsen beginnt, laß den Hauptschoß an einem Draht 2 m hoch werden, dann kneife die Spitze ab. Schneide auch Seitentriebe ab, die länger als 35 cm sind. Bringe Pollen aus einer männlichen Blüte auf das Zentrum einer weiblichen Blüte (du erkennst sie an der verdickten Basis). Wenn die Befruchtung erfolgreich war, wird die kleine Melone in wenigen Tagen zu wachsen beginnen.

☞ *180–181 SAMENVERTEILUNG*

Eisvogel-Tag

Die Alten Griechen nannten den Eisvogel ›Halkyon‹ (Wasserbrüter), da sie glaubten, er brüte auf der Oberfläche des Meeres, und die Götter hielten die See ruhig, während die Vögel ihre Nester bauen. Daher stammt die im Englischen noch immer gebräuchliche Redewendung von den Halkyonischen Tagen. Insgesamt gibt es weltweit über 80 Eisvogelarten, von denen etwa 60 im tropischen Asien und Australasien leben.

Der Gemeine Eisvogel sitzt bewegungslos auf einem Ast über einem Bach und wartet auf Beute, in der Regel eine Elritze.

Er taucht kopfüber ins Wasser, schnappt den Fisch mit dem Schnabel und fliegt zurück auf den Ast. Dort schlägt er seine Beute gegen das Holz, bis sie tot ist.

Danach dreht der Eisvogel den Fisch so lange in seinem Schnabel hin und her, bis er ihn mit dem Kopf zuerst hinunterschlucken kann.

WENN LICHTSTRAHLEN VON DER LUFT ins Wasser eintreten, werden sie gebrochen (Refraktion), und infolgedessen ist ein Fisch nicht genau da, wo er von oberhalb des Wassers zu sein scheint. Diese Verschiebung muß der Eisvogel berücksichtigen, wenn er einen Fisch fangen will. Lege einen länglichen Kieselstein auf den Boden einer großen Schüssel. Befestige ein Stöckchen am Rand des Behälters, so daß es genau über dem Stein steht. Wenn du jetzt die Schüssel mit Wasser füllst und von dem Stöckchen auf den Stein schaust, wird es dir so vorkommen, als hätte er seine Position verändert.

☞ *246 REIHER*

Apfel-Tag

Seltsamerweise zählen Äpfel nicht zu den echten Früchten, sondern werden von den Botanikern zur Verwandtschaft der Kernobstgewächse gezählt. Die eigentliche Frucht ist nur das Gehäuse – der fleischige, eßbare Teil ist der Blütenboden, der anschwillt und die Frucht umschließt, wenn sie wächst. Insgesamt gibt es über 2000 verschiedene Apfelsorten.

Äpfel werden von den Raupen des Apfelwicklers, ein Kleinschmetterling, befallen. Wenn du eine solche Raupe in einem Apfel findest, kannst du sicher sein, daß er nicht mit Insektiziden behandelt wurde.

Junge Apfelbäume können von ihrem eigenen Wurzelstock abgenommen und auf den Wurzelstock einer anderen Sorte aufgepfropft werden, um bestimmte Eigenschaften zu fördern.

Je nach Sorte sind Äpfelbäume Selbstbestäuber, oder sie werden von Insekten oder dem Wind befruchtet.

In unseren Supermärkten findet man in der Regel nur fünf oder sechs verschiedene Apfelsorten. Sie wurden ausgewählt, da sie unempfindlich sind, einheitlich aussehen und daher gut verkauft werden können. Sie sind bei weitem nicht die besten Apfelsorten, von denen viele aussterben werden, wenn die Menschen nicht anfangen, ihre Auswahlkriterien zu ändern. Gute Baumschulen und Gärtnereien bieten immer noch junge Bäume von interessanten, wohlschmeckenden Sorten an.

☞ *38 WILDROSE, 116 ERDBEERE, 237 EXOTISCHE FRÜCHTE*

Giraffen-Tag

Giraffen haben ebenso viele Halswirbel wie der Mensch, nämlich sieben, die aber sehr langgestreckt und mit Kugelgelenken versehen sind. Die Giraffe, das höchstgewachsene Tier der Erde, wird bis zu 6 m groß. Mit ihrer 40 cm langen Zunge und den beweglichen Lippen zupft sie Blätter aus den Baumkronen in den Savannenregionen Afrikas. Dank ihrer langen Beine erreicht sie Höchstgeschwindigkeiten von bis zu 45 km/h, und damit ist sie schneller als das schnellste Rennpferd.

Giraffen weichen dem Futterwettbewerb aus, indem sie Blätter fressen, die andere Säuger nicht erreichen können.

Giraffen geben kaum einen Laut von sich. Junge Giraffen blöken, ausgewachsene grunzen hin und wieder. Sie haben aber einen sehr großen Kehlkopf, und man vermutet, daß sie mit hochfrequentigen Lauten (Ultraschall) kommunizieren, die jenseits der menschlichen Hörgrenze liegen.

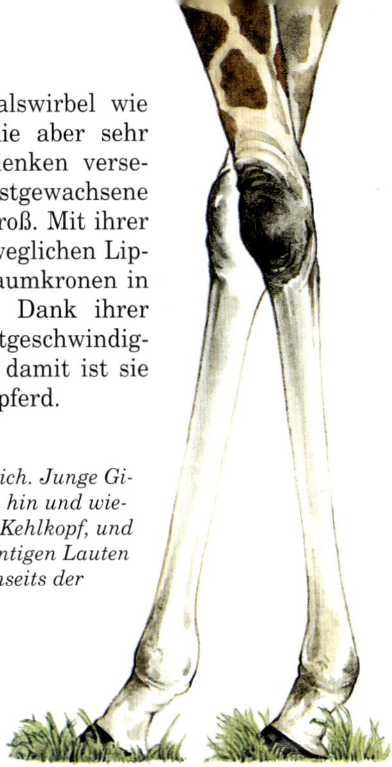

DAS HERZ EINER GIRAFFE produziert einen etwa dreimal so hohen Druck wie das des Menschen, damit auch ihr Gehirn mit Blut versorgt wird. Senkt eine Giraffe den Kopf, riskiert sie einen Blutsturz im Gehirn. Hebt sie ihn, kommt es leicht zu Blutleere. Der Blutdruck wird daher durch Ventile in den Adern in Hals und Gehirn geregelt. Fülle etwas Wasser in einen langen, schmalen Ballon und halte mal das eine, mal das andere Ende nach oben. So kannst du das Fließen des Bluts im Hals der Giraffe nachahmen. Die Funktion der Ventile imitierst du, indem du den Ballon mit Wäscheklammern abklemmst.

☞ *202 LANGE HÄLSE, 340 GROSSE TIERE*

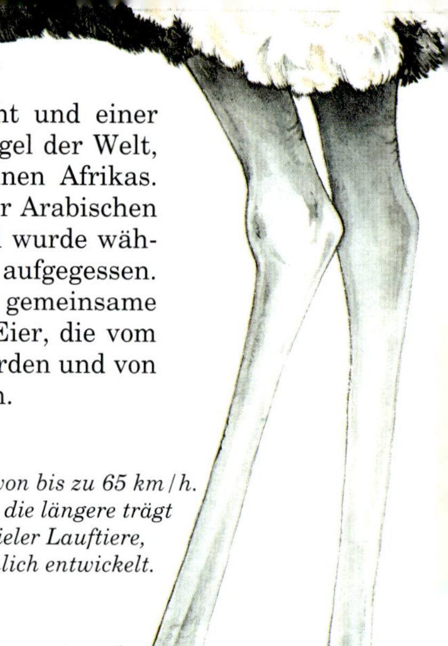

Straußen-Tag

Der mit bis zu 150 kg Gewicht und einer Kopfhöhe von 2,75 m größte Vogel der Welt, der Strauß, lebt in den Savannen Afrikas. Erst vor kurzem starb er auf der Arabischen Halbinsel aus – der letzte Vogel wurde während des Zweiten Weltkriegs aufgegessen. Straußenweibchen haben oft gemeinsame Nester. Darin liegen bis zu 30 Eier, die vom selben Männchen befruchtet wurden und von diesem auch ausgebrütet werden.

Mit 1,7 kg sind Straußeneier heute die größten Vogeleier. Obwohl ihre Schale nur 2 mm dick ist, kann sich ein ausgewachsener Mann auf ein Straußenei stellen, ohne daß es zerbricht.

Strauße erreichen Geschwindigkeiten von bis zu 65 km/h. Ihre Füße haben nur noch zwei Zehen, die längere trägt eine breite, scharfe Klaue. Die Zehen vieler Lauftiere, die im Grasland leben, haben sich ähnlich entwickelt.

IM SÜDLICHEN AFRIKA hält man Strauße wegen ihrer Federn, des Fleisches, der Haut (aus der feines Leder hergestellt wird) und ihrer Eier (die man 40 Minuten lang kochen muß) als Haustiere. Sie gehören zur Gruppe der Laufvögel, zu denen auch die Kiwis, Nandus, Kasuare und Emus zählen und die als die älteste Form der heute lebenden Vögel gilt.

☞ *60 VOGELFÜSSE, 202 LANGE HÄLSE*

Schützenfisch-Tag

Schützenfische leben im Brackwasser von Flußmündungen sowie in Mangrovensümpfen in Ostindien, Nordaustralien und auf den pazifischen Inseln. Die erwachsenen Tiere ziehen ins Meer hinaus, um im Salzwasser in Korallenriffen zu laichen. Die Jungen kehren, wenn sie zu einer Länge von 1-2 cm herangewachsen sind, ins Brackwasser zurück.

Schützenfische haben eine einzigartige Jagdtechnik entwickelt: Sie schießen Insekten von der über das Wasser hängenden Vegetation ab, indem sie einen Wasserstrahl auf sie spritzen. Das Insekt fällt herunter und wird gefressen.

Toxotes jaculator, *hier abgebildet, wird bis zu 25 cm lang. Beim Schwimmen hält er sein Maul an der Wasseroberfläche, nimmt einen Schluck Wasser, visiert seine Beute an und spritzt einen Wasserstrahl bis zu 1,5 m weit. Dabei entwickelt er eine sehr hohe Treffsicherheit und die meisten ›Schüsse‹ finden ihr Ziel. Der Wasserstrahl wird zwischen der Zunge und dem Gaumen geformt, wobei die Zungenspitze für die Feinjustierung verantwortlich ist, fast so, wie wenn man Kirschkerne spuckt. Beim Zielen kommt erschwerend hinzu, daß der Schützenfisch die Refraktion zwischen Luft und Wasser berücksichtigen muß.*

☞ *239 EISVOGEL*

Quetzal-Tag

Das Wappentier Guatemalas, der Quetzal, hat auch der Währung des Landes ihren Namen gegeben.

Quetzals gehören zur Familie der Trogone – eine Gruppe von 34 Arten, die einzelgängerische Bewohner der Regenwälder der Alten und Neuen Welt sind. Trogone haben zu Kletterfüßen entwickelte Klauen. Anders als bei den Papageien, bei denen der äußere Zeh nach hinten gerichtet ist, ist es bei den Trogonen der zweite, innere Zeh.

Der Quetzal ist einer der prächtigsten Vögel der Welt und lebt im dichten Regenwald vom südmexikanischen Hochland bis nach Costa Rica. Er mißt von der Schnabel- bis zur Schwanzspitze 35 cm. Die langen Schwanzfedern (die nach der Mauser nachwachsen, links) sind dabei nicht eingerechnet. Sie können bis zu 60 cm lang sein.

Angeblich hat die Haut der Trogone die ›Konsistenz von nassem Haushaltspapier‹. Tatsächlich sind Trogone schwieriger zu häuten und für Museen auszustopfen, als alle anderen Vögel.

Die Azteken und Maya verehrten die herrlichen Quetzals als Götter der Luft. Ihre Schwanzfedern wurden bei Zeremonien eingesetzt. Man fing die Vögel, behandelte sie mit großem Respekt, rupfte ihre Schwanzfedern aus und ließ sie dann frei, so daß ihre Federn wieder nachwachsen konnten. Sowohl der Name als auch das Aussehen des Quetzals floß in die Darstellung des gefiederten Schlangengottes der Maya ein, Quetzalcóatl. Heute betrachten die Guatemalteken den Quetzal als Geist der Freiheit.

☞ *356–357 REGENWALD*

Die Kälber sind eine begehrte Beute der Wölfe. Wittern die ausgewachsenen Moschusochsen die Raubtiere, bilden sie einen Ring um die Jungen. Sie stehen dabei mit den Hörnern nach außen und bilden so eine fast undurchdringliche Mauer.

Moschusochsen-Tag

Der Moschusochse ist in Wirklichkeit gar kein Rind, sondern gehört zur Familie der Schafe und Ziegen. Er lebt in einer der unwirtlichsten Gegenden der Welt, der kanadischen Tundra. Die Männchen, die mindestens 500 kg wiegen, beginnen im Juli, um die Weibchen zu kämpfen, wobei sie sich stoßen, brüllen und sehr aggressiv werden. Ihr Name leitet sich von dem starken, unangenehmen Geruch her, den die Männchen absondern.

Die Hörner werden bei Konkurrenzkämpfen und als Waffe gegen Wölfe eingesetzt. Sie sind allerdings keine Hilfe, wenn die Tiere im Sommer ihren Winterpelz verlieren und Horden von Moskitos die nackte Haut angreifen.

Moschusochsen stellen sich im Winter eng zusammen, um Schutz vor den arktischen Winden zu finden, die häufig –20 °C kalt sind.

WÄHREND DER BRUNFTZEIT kämpfen die Männchen um die Herrschaft über eine Gruppe von Weibchen. Diese Form des Kampfes kann man bei allen Herdentieren beobachten – den Hirschen (*Cervidae*) und den Hornträgern (*Bovidae*). Zu dieser Familie zählen die Moschusochsen, Rinder, Antilopen, Schafe und Ziegen. Der strenge Geruch, den die brünftigen Männchen ausströmen, versetzt die Weibchen in Fortpflanzungslaune, gleichzeitig löst er aber auch die Aggressivität der anderen Männchen aus. Am Ende der Brunftzeit haben die stärksten dominanten Männchen ihre Ansprüche etabliert.

☞ *19 WILDSCHAF, 59 HIRSCH, 144 SCHAF, 313 ZIEGE*

Reiher-Tag

Wie die meisten der ca. 60 Reiherarten besitzt der Graureiher, der hier abgebildet ist, spezielle Polster mit ständig wachsenden Federn auf der Unterseite seines Körpers. Dabei handelt es sich um sogenannte Puderdaunen, die zu Staub zerfallen, wenn der Reiher sie mit seinem Schnabel auf seinem Kopf und Hals verteilt. Der Staub absorbiert Fett, Fischschleim und Schmutz.

Der afrikanische Glockenreiher breitet seine Flügel über der Wasseroberfläche aus. In ihrem Schatten kann er die Fische besser ausmachen.

Seine unterschiedlich langen Wirbel erlauben es dem Reiher, den Hals beim Fliegen S-förmig anzulegen.

Junge Rotrücken-Nachtreiher betteln unablässig um Nahrung, die hauptsächlich aus kleinen Schildkröten besteht.

Bei vielen Reiherarten kann man während des Brütens erstaunliche Farbveränderungen beobachten: Die normalerweise gelben Augen des Mangrovenreihers werden orange.

PUDER SAUGT FLÜSSIGKEIT AUF. Viele Tiere wälzen sich im Staub, um sich zu reinigen. Tropfe ein wenig Salatöl auf einen Teller und streue einen Teelöffel Mehl darüber. Rühre nach einer oder zwei Minuten um, und du wirst sehen, daß das Öl vom Mehl aufgesogen wurde und nun kleine Klümpchen bildet, die du mit einer Gabel ›auskämmen‹ kannst. Versuche es noch einmal mit Talkumpuder: Du erhältst dasselbe Ergebnis. Nun reibe etwas von dem Puder auf deine Haut: Sie fühlt sich plötzlich ganz trocken und sauber an.

☞ *24 SILBERREIHER, 60 VOGELFÜSSE*

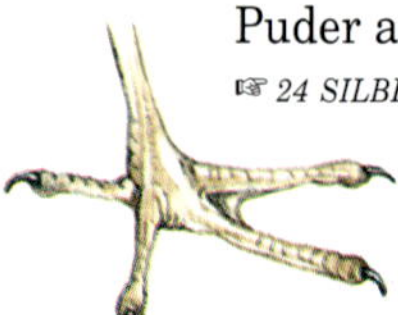

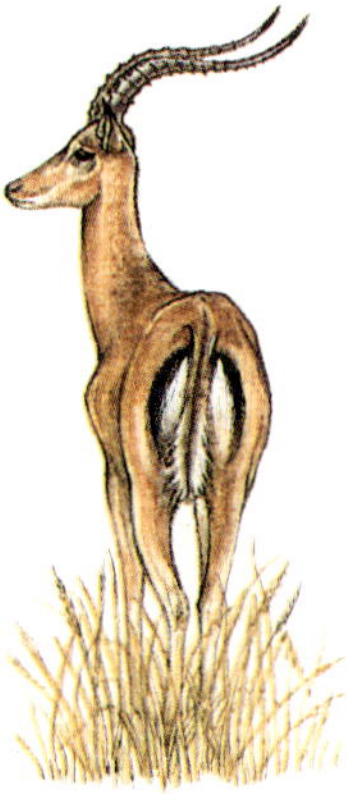

Impala-Tag

Wenn eine Herde von Impalas aufgeschreckt wird, fliehen die Tiere in verschiedene Richtungen. Sie können dabei bis zu 3 m hoch oder weit springen und im Sprung die Richtung wechseln. Diese erstaunliche Fähigkeit verwirrt Raubtiere wie Leoparden, die unter den wild durcheinanderspringenden Impalas kein einzelnes Beutetier fixieren können.

Nur die männliche Impala-Antilope besitzt zwei elegant geschwungene Hörner.

In der Trockenzeit können sich mehrere hundert Impala-Antilopen zu einer Herde zusammenschließen, die sich in der Regenzeit in mehrere kleine Gruppen von 20 bis 30 Weibchen aufspaltet, die von je einem Männchen angeführt werden. Die übrigen Männchen bilden eigene Herden.

Dass sich mehrere weibliche Tiere um ein einziges dominantes Männchen scharen, kommt im Tierreich häufig vor. Durch diese Verhaltensweise können die starken und erfolgreichen Männchen ihre Erbanlagen an eine viel größere Zahl von Nachkommen weitergeben, als wenn sie sich mit nur einem Weibchen paaren. Beim Überleben hilft den jungen Impalas einerseits ihr genetisch ererbtes instinktives Verhalten (das wahrscheinlich für ihr wildes Durcheinanderspringen verantwortlich ist) sowie andererseits Verhaltensweisen, die sie von den erwachsenen Tieren lernen.

☞ *59 HIRSCH*

Giftige-Pilze-Tag

Weltweit gibt es mehrere hundert Arten von Pilzen, die man essen kann. Doch einige Arten sind giftig, und ihr Genuß kann tödlich sein. Die meisten Gifte wirken allerdings nur langsam. Sie werden sich also vermutlich nicht als Schutzmechanismus entwickelt haben, da sie nicht grundsätzlich verhindern, daß der Pilz gegessen wird. Die Wirkung zeigt sich oft erst nach Stunden oder gar Tagen.

Der Pantherpilz verursacht Muskarinvergiftungen, die tödlich sein können.

Ißt man den Satanspilz roh, verursacht er heftige Übelkeit, Durchfall und Krämpfe.

Der Grüne Knollenblätterpilz ist der giftigste bekannte Pilz.

Tintlinge verursachen Brechreiz, wenn man sie roh ißt.

Der Brauntäubling enthält ein Gift, das sich im Körper akkumuliert.

Fliegenpilze enthalten Halluzinogene, die tödlich wirken können.

ISS NIE SELBST GESAMMELTE PILZE, außer du weißt hundertprozentig sicher, um welche Art es sich handelt. Es gibt zwar viele gute Bestimmungsbücher für Pilze, aber du solltest im Zweifelsfall immer einen Pilzkenner um Rat fragen. Der Pilz ist nur ein kleiner Teil der ganzen Pflanze, seine Aufgabe ist es, die Sporen zu verbreiten, aus denen sich neue Pilze entwickeln können. Der Rest des Pilzes heißt *Mycelium* (Mycel) oder Pilzgeflecht. Das sind dünne Fäden, die im Boden oder in vermoderndem Holz verzweigt sind und aus denen immer neue Pilze wachsen.

☞ *4–5 FROSCH UND KRÖTE, 162 GIFTIGE PFLANZEN, 174 GIFTSCHLANGEN*

Stachelschwein-Tag

Die hakenbewehrten Stacheln sind ein effektiver Schutz – daß das Stachelschwein sie gezielt auf einen Angreifer abschießen kann, ist allerdings eine Legende. Wenn es sich bedroht fühlt, dreht sich das Tier um und läuft blitzschnell rückwärts auf seinen Feind zu. Das Stachelschwein kann seine Stacheln so aufstellen, daß es größer erscheint.

Oft bleiben Stachelspitzen in der Haut eines Feindes stecken und verursachen schwere Entzündungen.

Alle Stachelschweine können mit Hilfe ihrer stark entwickelten Krallen gut auf Bäume klettern. Die südamerikanischen Baumstachler haben Greifschwänze.

Die Stacheln sehr junger Tiere sind weich.

NIMM DREI ODER VIER etwa 60 cm lange dünne Bambusstöckchen und mache daraus einen ›Stachelschweinschwanz‹. Schneide den Bambus genau hinter den Knoten ab, so daß die Enden der Stöckchen geschlossen sind. Bündle sie und rassle damit. Schneide das Ende mit den Knoten ab, so daß die Stöckchen offen sind, und rassle noch einmal damit. Nun klingen sie viel lauter. Die Spitzen der Stacheln brechen ab, wenn die Tiere ausgewachsen sind. Mit ihren offenen Enden machen sie dann viel mehr Lärm als die geschlossenen der jungen Tiere – genauso wie bei deinen Bambusstöckchen.

☞ *324 FLUCHT UND VERTEIDIGUNG*

Kuckuck-Tag

Der amerikanische Kuhstärling ist wie der Kuckuck ein Brutparasit.

Der Europäische oder Gemeine Kuckuck legt seine Eier in die Nester kleinerer Vögel. Sobald der junge Kuckuck schlüpft, stößt er alle anderen Küken und Eier aus dem Nest. Auf diese Weise erhält er alle Nahrung, die seine Zieheltern herbeibringen, für sich.

Raupen gehören zur wichtigsten Beute des Kuckucks. Der Vogel verträgt die Haare der Raupen, die bei anderen Vögeln Brechreiz auslösen. Diese kleinen Haare setzen sich an der Magenschleimhaut des Kuckucks ab, die sich in regelmäßigen Abständen ablöst. Dann hustet der Kuckuck die Haare und die Haut in einem kleinen Ball aus, und die Magenschleimhaut wächst wieder nach.

Nur der männliche Kuckuck stößt den charakteristischen Ruf aus, und zwar mit geschlossenem Schnabel.

Ein junger Kuckuck wird schnell größer als seine Zieheltern, die oft Schwierigkeiten haben, den Riesen mit genügend Futter zu versorgen.

Der Kuckuck ist nicht der einzige Brutparasit unter den Vögeln. Die amerikanischen Kuhstärlinge benutzen denselben Trick, um ihre Jungen aufziehen zu lassen. Alle 42 Arten des Echten Kuckucks (*Cuculidae*) sind Brutparasiten. Die Eier eines Kuckuckweibchens sehen immer gleich aus, aber jedes legt Eier mit einer eigenen, sehr charakteristischen Färbung und versucht, sie in das Nest eines Vogels mit ähnlich gefärbten Eiern zu legen. Suche Bilder von den Eiern verschiedener Vögel, und male hartgekochte Hühnereier mit Wasserfarbe an, so daß sie aussehen wie diese Eier.

☞ *175 ERDKUCKUCK, 325 PARASITEN*

Hahnenfuß-Tag

Der Knollige Hahnenfuß (*Ranunculus bulbosus*), der hier abgebildet ist, wächst auf trockenerem Grasland als der bekannte Gemeine Hahnenfuß. Er unterscheidet sich von diesem durch die zurückgebogenen Kelchblätter, und an der Basis der Pflanze befinden sich verdickte, knollenartige Wurzeln, daher auch der Name. Die Pflanze ist nicht weiter spezialisiert und heißt im Volksmund auch Butterblume.

Butterblumen haben fünf Blütenblätter mit fünf Kelchblättern direkt darunter, die nach außen gebogen sind.

Die gelben Staubblätter über den eng zusammenstehenden grünen Fruchtblättern haben verdickte Spitzen (Staubbeutel), die die Pollen produzieren.

Der Pollen, der auf den Stempel an der Spitze eines Fruchtknotens fällt, wächst innen weiter, um die Samenanlage, das ›Ei‹, im Fruchtknoten zu befruchten.

Blütenblätter und Staubblätter fallen ab, wenn der Fruchtknoten reift. Er birgt die äußerlich nicht sichtbaren Samenanlagen.

SCHNEIDE EINE BLÜTE senkrecht in zwei Hälften. Versuche, die verschiedenen Teile zu identifizieren. Die hier abgebildete Butterblume hat sowohl männliche (Staubbeutel) als auch weibliche Organe (Stempel und Fruchtknoten), manche Pflanzen produzieren aber auch getrennte männliche und weibliche Blüten. Die Fruchtknoten können sehr komplex sein, mit vielen Samenanlagen, denen ein einziger Stempel zur Verfügung steht.

☞ *196 BLÜTE*

Wildschwein-Tag

Die Familie der Schweine, *Suidae*, besteht aus einer Anzahl verschiedener Arten, zu denen auch unser Hausschwein gehört. Alle Schweine gebrauchen ihre Schnauze, um in der Erde nach Früchten, Samen, Wurzeln und Pilzen zu suchen. Freilebende Wildschweine gelten in vielen Teilen der Erde als Schädlinge und werden sowohl deshalb als auch wegen ihres hervorragenden Fleisches gejagt.

Trotz seines Namens ist das afrikanische Rote Flußwildschwein kein Flußbewohner, doch wälzt es sich ebenso gern im Schlamm wie jede andere Schweineart.

Die recht häßlichen afrikanischen Warzenschweine suchen tagsüber in kleinen Gruppen nach Graswurzeln. Nachts zwängen sie sich in von Stachelschweinen oder Ameisenbären gegrabene Höhlen.

Die Frischlinge der europäischen Wildschweine sind braungestreift – eine wirksame Tarnung.

DIE HAUER DES WILDSCHWEINS sind die Schneidezähne des Unterkiefers und wachsen wie die der Nagetiere kontinuierlich nach. Die Zähne im Oberkiefer sind kleiner und reiben an den Basen der unteren Zähne.

Die Einheimischen in Vanuatu ziehen gewöhnlich die oberen Zähne ihrer Schweine und füttern die Tiere mit weicher Nahrung, so daß die Hauer zu einem Kreis zusammenwachsen können. Schweine mit solchen Hauern werden teuer bezahlt. Nach dem Schlachten des Schweins werden die Hauer zu Armbändern oder rituellen Gegenständen verarbeitet.

☞ 3 *HAUSSCHWEIN*

Eulen-Tag

Der Uhu ist die größte Eule mit einer Flügelspanne von 2 m. Seine ›Ohren‹ sind nur Federbüschel. Die eigentlichen Ohren liegen tiefer am Kopf.

Die Augen der nachtaktiven Eule sind sehr groß, damit sie so viel Licht wie möglich auffangen können. Deshalb bleibt kein Platz mehr, sie in den Augenhöhlen zu bewegen. Statt dessen dreht die Eule ihren ganzen Kopf zur Seite. Bei vielen Eulen ist ein Ohr größer, liegt höher am Kopf und empfängt Laute im niedrigen Frequenzbereich besser, während das kleinere Ohr besonders auf Hochfrequenztöne ausgelegt ist.

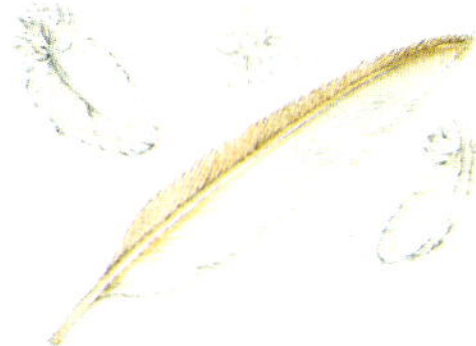

Die Federn der Schleiereule sind besonders dick und weich, damit sie völlig geräuschlos fliegen und sich auf ihre Beute, kleine Nagetiere, herabsenken kann.

Alle Eulenarten stehen in Deutschland unter Naturschutz.

Schon seit dem Altertum gelten Eulen als Unglücks- oder Todesboten.

EINE EULE KANN in absoluter Dunkelheit eine Maus genau ausmachen, nur anhand der leisen Geräusche, die sie verursacht. Leise Geräusche und Echos geben auch uns im Dunkeln Hinweise auf unsere Umgebung. Halte dir die Ohren zu, und versuche einmal, in einem völlig verdunkelten Raum eine andere Person zu finden. Das ist nicht einfach. Nimm deine Hände von den Ohren und versuche es noch einmal.

☞104–105 NACHTAKTIVE TIERE

Eine Schnee-Eule legt bis zu 12 Eier, die vom Weibchen ausgebrütet werden.

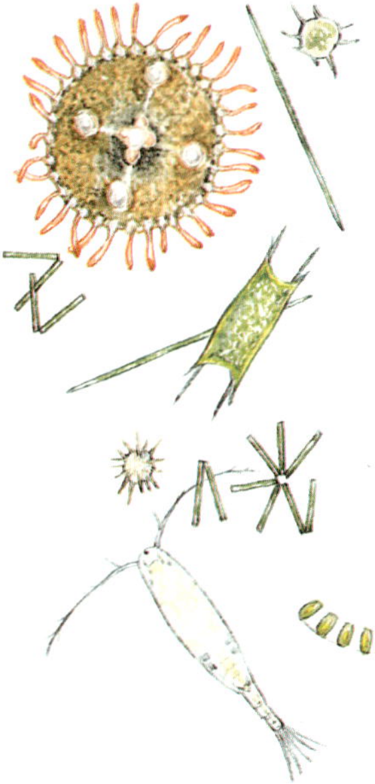

Plankton-Tag

Als Plankton bezeichnet man Tausende von verschiedenen Arten kleiner Pflanzen und Tiere, die im Wasser von Meeren und Seen treiben. Phytoplankton besteht aus winzigen Pflanzen, die ihre Energie aus Sonnenlicht, Wasser und Kohlendioxid gewinnen, ein Photosynthese genannter Prozeß. Die winzigen Tiere des Zooplanktons ernähren sich von Phytoplankton und werden ihrerseits von größeren Tieren gefressen.

Zum Zooplankton zählen die Larven vieler Meerestiere wie Krabben und Seeigel.

In tropischen Meeren kann man manchmal nachts im Kielwasser von Schiffen phosphoreszierendes Plankton sehen. Ein einziger Wassertropfen kann bis zu 6000 Lebewesen enthalten.

Wie Pflanzen produziert Phytoplankton Sauerstoff durch Photosynthese.

WENN DU EINEN FEINEN NYLONSTRUMPF, der über eine Drahtschlinge gezogen ist, beim Waten durch das Meer hinter dir herziehst, kannst du Plankton fangen (s. S. 375). Fülle ein Gefäß mit sauberem Meerwasser und drehe den Strumpf darin nach außen. Sieh dir einen Tropfen deines Fangs durch eine Lupe oder unter dem Mikroskop an. Phytoplankton ist blaßgrün. Die Farbe kommt vom Chlorophyll, der Substanz, die mit Hilfe des Sonnenlichts aus Kohlendioxid und Wasser Zucker macht. Zooplankton besitzt kein Chlorophyll und ist oft fast völlig durchsichtig.

☞ *92 WASSEROBERFLÄCHE*

Fregattvogel-Tag

Mit einer Flügelspannweite von 2 m und einem Körpergewicht von lediglich 2 kg ist der Fregattvogel ein hervorragender Gleiter, an Land aber sehr unbeholfen. Er greift seine Nahrung meist im Flug von der Meeresoberfläche – Fische, Tintenfische, Quallen und junge Schildkröten. Die Bewohner der Inseln im Pazifik sollen früher angeblich Fregattvögel dazu abgerichtet haben, wie Brieftauben Botschaften von Insel zu Insel zu bringen.

Fregattvögel brüten auf tropischen Inseln und Riffs. Ihre Küken brauchen am längsten von allen Vögeln, bis sie flügge werden. Die Jungen beginnen erst nach 6 Monaten zu fliegen, kehren aber auch dann noch zum elterlichen Nest zurück, um sich bis zum Alter von etwa einem Jahr weiter füttern zu lassen.

Während das Weibchen nach Stöckchen sucht, bewacht das Männchen den Nistplatz.

In der Balzzeit wird der orangefarbene Kehlsack des Männchens leuchtend rot und kann wie ein Ballon aufgeblasen werden.

FREGATTVÖGEL GREIFEN ANDERE VÖGEL im Flug an. Tölpel, die schwerfällig, Kropf und Schnabel voller Fische, zu ihrem Nest zurückkehren, sind bevorzugte Opfer. Der Fregattvogel ergreift den Schwanz des Tölpels, schwingt ihn nach oben und schickt den plumperen Vogel im Sturzflug nach unten. Der Tölpel gerät in Panik, läßt die Fische fallen, und der Fregattvogel fängt sie in der Luft.

☞ 232 TÖLPEL

Käfer-Tag

Käfer sind eine Ordnung der Insekten mit etwa 350 000 Arten, die in fast allen Lebensräumen zu Hause sind. Obwohl sie so zahlreich sind, sehen wir sie nur selten. Schaue unter Steine und gefällte Bäume, nimm moderndes Holz auseinander und sieh auch unter loser oder abgefallener Rinde nach.

Manche Arten der Prachtkäfer (Buprestidae, *oben) können in Larven- oder Puppenform bis zu 40 Jahre lang in den harten Stämmen tropischer Bäume leben.*

Aus ihren Afterdrüsen spritzen die Bombardierkäfer (oben) eine chemische Substanz, die explodiert, wenn sie mit Luft in Berührung kommt.

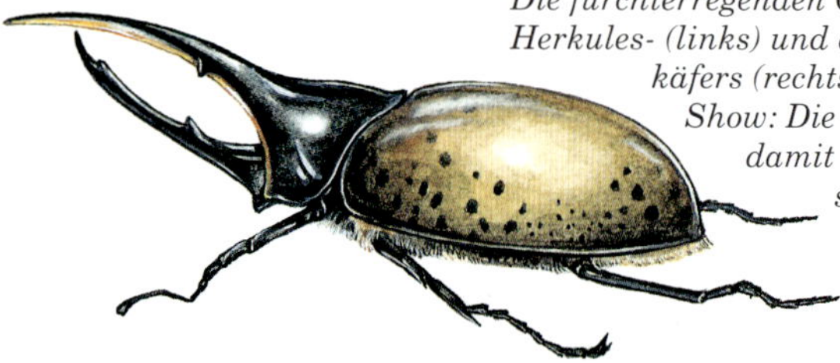

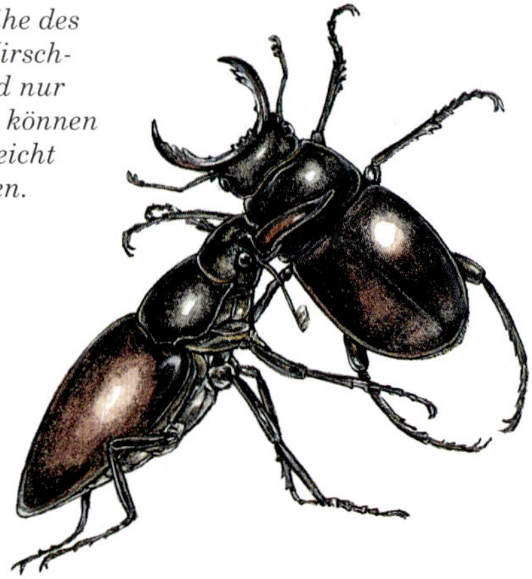

Die furchterregenden Geweihe des Herkules- (links) und des Hirschkäfers (rechts) sind nur Show: Die Tiere können damit nur leicht stupsen.

Totengräber (links) graben tote Kleinsäuger ein und legen ihre Eier daneben ab. Die Larven der Käfer fressen den Kadaver dann auf.

In diesem Buch findest du einige Möglichkeiten, wie man ganz leicht Käfer fangen kann. Fallöcher (s. S. 374) eignen sich für Laufkäfer und Kurzflügelkäfer. Man kann auch verdorbenes Fleisch oder Dung in einer Tasche als Köder über eine solche Falle hängen und zieht damit Totengräber und Mistkäfer an. Beim Umgang mit Köderfallen mußt du unbedingt auf größte Sauberkeit achten, um dich nicht mit Krankheitserregern zu infizieren.

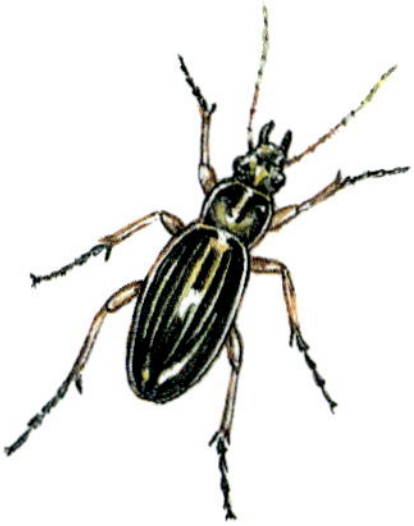

Die Larven der Maikäfer (rechts) heißen Engerlinge; sie ernähren sich von Wurzeln und gelten daher als Schädlinge. Die Engerlinge haben eine Entwicklungszeit von 3-5 Jahren; bei besonders günstigen Bedingungen kommt es zur Massenvermehrung und damit zu einem sogenannten ›Maikäferjahr‹.

Laufkäfer (Carabidae) *sind flinke Räuber. Manche tropische Arten sind Baumbewohner.*

Kartoffelkäfer (unten) können erhebliche Schäden auf Kartoffelfeldern anrichten.

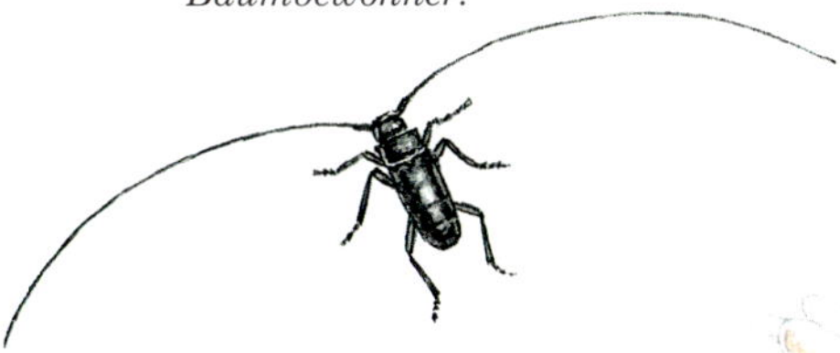

Die langen ›Hörner‹ der Bockkäfer (oben) sind ›Antennen‹; man weiß nicht, warum sie so außerordentlich lang sind.

Die blaßgrünen Flecken an den Bauchringen der Glühwürmchen (links) leuchten und können an- und abgeschaltet werden. Die Männchen einer in Malaysia lebenden Leuchtkäferart versammeln sich auf Bäumen und leuchten gleichzeitig auf; ein Signal für die Weibchen.

UM KÄFER AUS BÜSCHEN und Bäumen zu sammeln, brauchst du einen Stock und einen hellen Regenschirm. Öffne den Schirm und halte ihn verkehrt herum unter einen Busch. Dann schlage mit dem Stock kräftig ein-, höchstens zweimal gegen die Pflanze. Jeder Käfer, der nach den ersten Erschütterungen nicht abgefallen ist, wird sich so fest verklammern, daß er nicht herunterfällt.

☞ *106 MAGNOLIE, 236 BIOLUMINESZENZ, 259 PANZER, 285 MASSENVERMEHRUNG, 347 SCHNABELKERFE*

Erdmännchen-Tag

Erdmännchen oder Surikaten sind kleine Mangusten, die in den trockenen, sandigen Ebenen des südlichen Afrika leben. Sie bilden gut strukturierte Gruppen von etwa 30 Tieren, die gemeinsam jagen – Insekten, kleine Nager, manchmal Schlangen – und auch in Teamarbeit ihre Gemeinschaftsbaue pflegen sowie Räuber vertreiben.

Auf Afrikaans heißen Erdmännchen ›Stokstertjes‹ – ›Stockschwänzchen‹. Der Schwanz bildet die Stütze, wenn das Erdmännchen aufrecht steht, um nach Feinden Ausschau zu halten.

Ein oder zwei Erdmännchen lenken einen Skorpion ab, während ein drittes sich anschleicht und seinen Schwanz mit dem giftigen Stachel abbeißt. Danach verzehren sie ihn gemeinsam.

Jagende Erdmännchen stellen ihre Schwänze auf, so daß sich die einzelnen Mitglieder der Gruppe leicht sehen und ihre Position in der Formation beibehalten können. Um eine andere Gruppe abzuschrecken, springen alle Tiere eines Rudels gleichzeitig auf und ab, stoßen schrille Schreie aus und wirbeln eine große Staubwolke auf. Damit verwirren sie den Feind und lassen die eigene Gruppe größer erscheinen.

☞ *215 MUNGO*

Marienkäfer-Tag

Die Siebenpunkt-Marienkäfer legen Häufchen von gelben, kegelförmigen Eiern und kleben sie an Blätter.

Auf der ganzen Welt gibt es über 4000 verschiedene Marienkäferarten. Praktisch alle sind Jäger, die sich von Schildläusen und anderen Insekten ernähren. Blattläuse und Schildläuse saugen Pflanzensäfte und richten oft große Schäden an. Marienkäfer und ihre Larven sind daher wertvolle Helfer im Kampf gegen Ungeziefer. Deshalb führte man in einigen Ländern verschiedene Marienkäfer-Arten ein, um der Schildläuse Herr zu werden, die die Ernten bedrohten.

Nach etwa einer Woche schlüpfen Larven aus den Eiern und lassen ihre Haut an der Sonne trocknen, ehe sie auf die Jagd gehen.

Die Larven fressen fast ununterbrochen Blatt- und Schildläuse. Sie häuten sich drei oder vier Mal, bevor sie ihre endgültige Größe erreicht haben

Wenn die Larve ausgewachsen ist, häutet sie sich zum letzten Mal, und unter der Haut kommt die Puppe hervor.

Obwohl der Körper des fertigen Käfers bereits durch die Haut der Puppe zu sehen ist, dauert es noch eine gute Woche, bis er schlüpft. Er ist zunächst blaß und trägt keine Punkte, aber sein Panzer wird schnell hart, dunkelt dabei nach, und das Muster entwickelt sich.

DIE PUNKTE auf den Deckflügeln (*Elythren*) des Marienkäfers sind bei manchen Arten immer gleich, bei anderen nicht. Während das Muster des Siebenpunkt-Marienkäfers, das hier abgebildet ist, immer gleich bleibt, ist das der Zweipunkt-Marienkäfer extrem variabel. Diese Veränderungen sind sowohl genetisch als auch durch Umweltfaktoren bestimmt. Die Art mit zwei schwarzen Punkten auf rotem Grund übersteht den Winter im Winterschlaf besser als andere Formen. Eine schwarze, verschwommene Form erweist sich als wesentlich erfolgreicher in der Fortpflanzung als die anderen.

☞ *256–257 KÄFER*

Löwenzahn-Tag

Jede der gelben ›Blüten‹ des Löwenzahns ist in Wirklichkeit eine Ansammlung von über 100 einzelnen sogenannten Strahlenblüten. Alle bestehen aus einem einzigen Blütenblatt mit Röhre, Stempel und Staubbeutel. Der Fruchtknoten am Grund der Blüte hat nur eine einzige Samenanlage, die nach der Befruchtung zu einem Samen heranreift.

Der Löwenzahn wird von Insekten bestäubt, besonders von Käfern, Bienen und Fliegen.

Wenn der Löwenzahn befruchtet ist, schließt er sich, und die Blütenblätter verwelken.

Die ›Pusteblume‹ entsteht, wenn die Samen heranreifen. Jede Samenanlage entwickelt einen winzigen Stengel, an dessen oberem Ende sich weiche Härchen befinden.

Sind die Samen ausgereift, lösen sie sich ab und werden vom Wind davongetragen. Die Löwenzahnsamen keimen sehr schnell, wenn sie auf geeignetem Boden gelandet sind.

DER LÖWENZAHN produziert eine Vielzahl von Samen, die durch den Wind verbreitet werden und dabei große Entfernungen zurücklegen können. Sie wachsen auch auf wenig fruchtbarem Boden und nehmen mit Ritzen im Asphalt vorlieb. Viele Pflanzen nutzen den Wind, um ihre Samen zu neuen Lebensräumen tragen zu lassen. Stell ein flaches Tablett mit steriler Blumenerde auf die Fensterbank oder in den Garten. Beobachte, wie lange es dauert, bis die ersten Samen angeweht werden und zu keimen beginnen. Laß sie heranwachsen und versuche, sie zu bestimmen.

☞ *180–181 SAMENVERTEILUNG*

Tiger-Tag

Tiger jagen für gewöhnlich allein. Sie liegen auf der Lauer und verlassen sich darauf, daß ihr gestreiftes Fell sie im Schatten der hohen Gräser unsichtbar werden läßt. Sie springen ihre Beute, etwa ein Wildschwein oder einen Hirsch, plötzlich an und schlagen sie. In Ausnahmefällen greifen sie auch Menschen an.

Die Stacheln des Stachelschweins können für das Verhungern eines Tigers verantwortlich sein: Bleibt eine im Kiefer oder der Pranke des Tigers stecken, kann das Tier nicht mehr jagen.

Die scharfen, spitzen Zähne dienen dazu, die bis zu 25 kg Fleisch einer Mahlzeit aus der Beute zu reißen.

Die gewaltigen Muskeln an Schultern, Hals und Kiefern befähigen den Tiger, sogar so große Beutetiere wie einen Büffel zu erlegen – aber auch ganz sanft ein Tigerjunges zu tragen.

Ursprünglich stammt der Tiger aus Sibirien. Deshalb liegt er an heißen Tagen gern im Schatten oder schwimmt, um sich abzukühlen.

TIGER SCHLEICHEN SICH vorsichtig an ihre Beute heran und bewegen sich dabei ganz langsam, indem sie ihre gut gepolsterten Pranken behutsam auf den Boden setzen. Sie ziehen ihre Krallen ein, damit kein Zweig oder Halm daran hängenbleibt und ein Geräusch verursacht. Schau zu, wie eine Katze sich anschleicht und tief duckt, ehe sie springt. Der Tiger verhält sich fast genauso: Beide Tiere sind eng verwandt. Männliche Tiger markieren ihr Revier ebenso wie Kater mit ihrem stark salzhaltigen Urin. Die feuchten Flecken ziehen Schmetterlinge an, die das Salz aufsaugen.

☞ *63 LÖWIN*

Chamäleon-Tag

Ein Chamäleon bewegt sich sehr langsam und muß sich auf seine Fähigkeit, die Farbe zu wechseln, verlassen, um sich zu schützen. Der Farbwechsel geschieht durch Zellen, die Farbpigmente enthalten und die sich unter der durchsichtigen Haut des Tieres öffnen und schließen können. In der Sonne oder wenn es erregt ist, wird ein Chamäleon sehr dunkel. Ist es kalt oder fürchtet es sich, wird es hell.

Chamäleons leben auf Bäumen und benutzen ihren beweglichen Schwanz, um Sprossen und Zweige zu greifen.

Viele der 85 Chamäleon-Arten haben Stacheln oder Höcker. Beim männlichen Dreihorn-Chamäleon (unten) sitzen sie am Kopf.

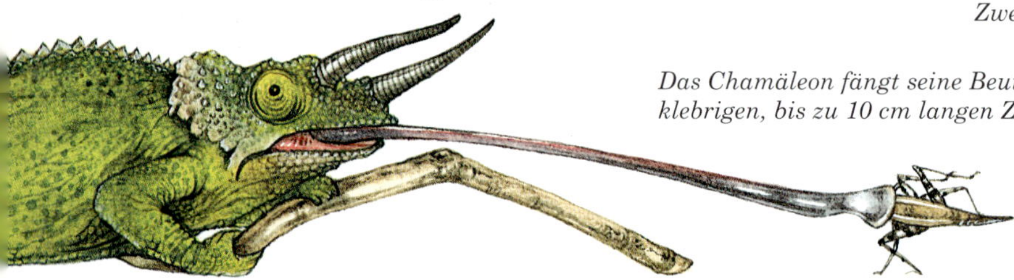

Das Chamäleon fängt seine Beute mit seiner klebrigen, bis zu 10 cm langen Zunge.

Die Pigmentzellen eines Chamäleons sind in etwa den Rasterpunkten eines Zeitungsfotos vergleichbar. Schau dir ein Zeitungsfoto unter einer Lupe an. Helle Stellen bestehen wie zusammengezogene Pigmentzellen aus kleinen Farbpunkten, während dunkle Stellen aus größeren Punkten bestehen – wie erweiterte Pigmentzellen. Farben entstehen durch die Mischung verschiedenfarbiger Punkte: rote und gelbe Punkte ergeben Orange, blaue und rote Violett und so weiter.

☞ *192 PIGMENTIERUNG*

Kronenkranich-Tag

Mit seinen roten Kehllappen, der Haube und der schmächtigen Erscheinung sieht der Kronenkranich ein wenig komisch aus. Er lebt im Marschland und auf feuchten Ebenen des Niltals und südlich davon in ganz Afrika. In der Luft wirkt er elegant und kräftig. Kranichschwärme fliegen in bis zu 2 km Höhe in V-Formation und stoßen dabei immer wieder kräftige, trompetenartige Rufe aus.

Kraniche ernähren sich von gemischter Kost. Neben Beeren, Samen und Wurzeln fressen sie gern auch kleine Wirbellose, Schlangen, Eidechsen und Frösche.

Alle Kraniche haben eine charakteristische Luftröhre. Sie ist sehr lang und vielfach gewunden und gewickelt. Damit können sie ihre lauten Trompetenstöße erzeugen, die über mehrere Kilometer zu hören sind.

Das auf dem Boden gebaute Nest des Kronenkranichs ist ein unordentlicher Haufen aus Pflanzen. Darin liegen meist zwei blaßblaue Eier.

WIE IN DER LUFTRÖHRE des Kranichs formt sich im Rohr einer Trompete ein bestimmter Ton, wenn man die Luft darin in Schwingung versetzt. Der Trompeter spitzt seine Lippen, bläst und erzeugt dadurch Vibration. Der Ton ändert sich, wenn das Rohr verlängert oder verkürzt wird, was durch die Betätigung der Tasten der Trompete geschieht. Aus einem Stück Rohr oder Gartenschlauch mit einem Trichter an einem Ende kannst du ein sehr einfaches Blasinstrument herstellen.

☞ *136 MANDSCHURENKRANICH*

Krokodil-Tag

Krokodile, primitive, aber erfolgreiche Reptilien, gibt es schon seit der Zeit der Dinosaurier auf der Erde. Große Exemplare aus mehreren der 13 Arten können bis zu 10 m lang werden. Sie kommen überall in den Tropen in Süß- oder Brackwasser vor. Das Meereskrokodil kann sogar weit draußen auf hoher See überleben und hat die pazifischen Inseln bis Fidschi kolonisiert.

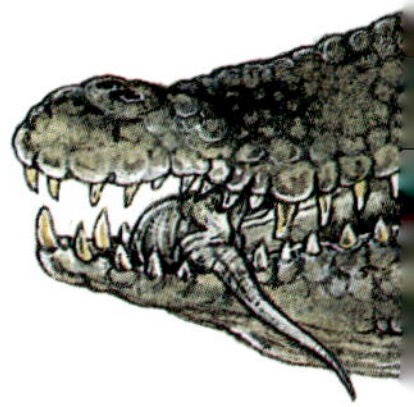

Frisch geschlüpfte Nil-Krokodile kriechen durch die Lücken zwischen den Zähnen ins Maul der Mutter und werden von ihr umhergetragen.

Wenn Krokodile auf Beute lauern, ragen nur ihre Augen und Nasenlöcher aus dem Wasser heraus.

Die Kiefermuskulatur der Krokodile ist vergleichsweise schwach. Man kann das Maul der Tiere mit einer einfachen Schnur zubinden. Daher sind Krokodile auf die Kraft angewiesen, die sie beim Zusammenklappen der Kiefer entwickeln.

KROKODILE ERNÄHREN SICH von Fisch, fressen aber auch Tiere, die zu nahe ans Ufer kommen oder im Wasser waten. Sie ziehen ihre Beute unter Wasser und ertränken sie. Dann lagern sie sie, indem sie sie unter einem Baumstamm festklemmen, bis der Körper in Verwesung übergeht. Da sie mit ihren Zähnen das Fleisch nicht zerschneiden können, muß die Nahrung so weich sein, daß die Krokodile sie in Stücke zerreißen können, die klein genug sind, um verschluckt zu werden.

☞ *32 PIRANHA, 137 KOMODOWARAN*

Kamel-Tag

Für die Bewohner von Wüstengebieten sind Kamele seit jeher unentbehrlich. Sie produzieren Milch und Wolle und werden als Reit- und Lasttiere genutzt. Sie sind perfekt an das Leben in sehr trockenen Regionen angepaßt: Sie können ihren Wasserverlust minimieren und ihre Körpertemperatur kontrollieren. Außerdem sind sie in der Lage, bis zu 1 000 km zurückzulegen, ohne zu fressen oder zu trinken.

Verschließbare Nasenlöcher und zwei oder drei Reihen von Wimpern schützen die Kamele bei Sandstürmen.

Wenn das in ihren Höckern gespeicherte Fett dem Stoffwechsel zugeführt wird, versorgt es die Kamele mit Energie und Wasser. Die Körpertemperatur der Tiere fällt in der Nacht ab und nimmt am Tag wieder zu, wobei Differenzen von bis zu 6 °C möglich sind.

Das afrikanische Dromedar hat nur einen Höcker, das zentralasiatische Trampeltier dagegen zwei.

KAMELE HABEN ZAHLREICHE FÄHIGKEITEN entwickelt, die ihnen helfen, in der Wüste zu überleben. Eine dicke Haut zwischen den beiden Zehen sorgt dafür, daß die Tiere nicht im Sand einsinken; ihr Urin ist hochkonzentriert und der Kot fast völlig trocken – Kameltreiber benutzen ihn als Brennstoff für ihre Lagerfeuer. Kamele können bis zu 30 % ihres Körpergewichts an Flüssigkeit verlieren, ohne Schaden zu nehmen und dann bis zu 100 l Wasser auf einmal wieder aufnehmen.

☞ *78–79 WÜSTE*

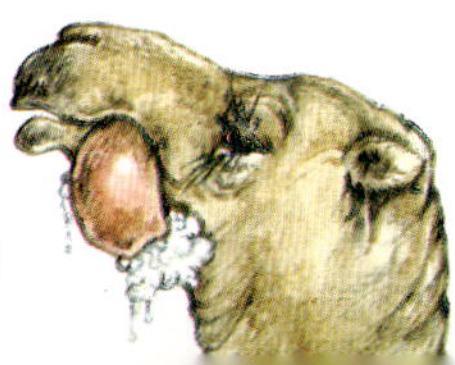

Geier-Tag

Die sechs Geierarten der Neuen Welt sind nur entfernt mit den 15 in der Alten Welt bekannten Arten verwandt, obwohl sie sich in Aussehen und Verhalten sehr ähneln. Die beiden Gruppen stellen verschiedene Familien dar: Die Geier der Alten Welt sind eng mit den Adlern und Falken verwandt. Die meisten Geier ernähren sich von Aas – meist Kadaver größerer Säugetiere.

Königsgeier kommen von Mexiko bis Nordargentinien vor. Ihr seltsam gefärbter Kopf ist ein beliebtes Motiv in der indianischen Kunst.

Der nackte Kopf und Hals erleichtern es den Geiern, sich nach der Nahrungsaufnahme zu säubern.

Geier kreisen auf aufsteigenden warmen Luftströmen und halten dabei nach Beute Ausschau. Sie sammeln sich in der Luft über einem sterbenden Tier oder Beuteresten eines Raubtieres. Dabei können sie erstaunliche Höhen erreichen.

Das Verhalten der Geier erscheint uns oft abstoßend. So warten etwa Indiengeier bei Begräbniszeremonien darauf, daß die Überreste der Leichen in den Fluß geworfen werden. Der Schmutzgeier (unten) vertilgt wahllos Aas, Müll und Exkremente. Er nimmt mit seinem Schnabel Steine auf, um damit Straußen- und Flamingo-Eier aufzuschlagen.

☞ *28–29 GEBIRGE, 270 ADLER*

Pfeilschwanzkrebs-Tag

Die bis zu 60 cm langen Pfeilschwanzkrebse leben im flachen Meer- oder Brackwasser und ernähren sich von Würmern und Mollusken. Sie bewegen sich sehr langsam.

Pfeilschwanzkrebse sind keine echten Krebse. Am engsten sind sie wohl mit den Trilobiten verwandt, die vor 225 Mio. Jahren ausstarben. Pfeilschwanzkrebse gibt es bereits seit 300 Mio. Jahren, vier Arten haben bis heute überlebt: eine in Nordamerika und drei in Südostasien.

Ihr ›Panzer‹ sieht wie ein Helm aus, ist aber zweigliedrig. So können sie sich bewegen und mit Hilfe ihres steifen, spitzen Schwanzes auch eingraben.

Unter der Schale ist die Mundöffnung von fünf Laufbeinpaaren und einem Paar kleiner Scheren umgeben. Fedrige Kiemen an den Beinen nehmen Sauerstoff aus dem Wasser auf.

Im Frühjahr sammeln sich bei Hochwasser Pfeilschwanzkrebse in großer Zahl an der Uferlinie zur Eiablage. Die Eier werden im Sand vergraben. Die Larven sehen aus wie winzige Trilobiten.

WARUM DIE PFEILSCHWANZKREBSE bis heute überlebten, die Trilobiten dagegen ausstarben, bleibt ein Geheimnis. Trilobiten waren wie große, im Meer lebende Asseln, sie waren gepanzert und besaßen gute Augen. Die Art muß zahlreich gewesen sein, denn wir kennen viele hundert fossile Überreste. Sie starb jedoch im Perm aus, als viele der Flachmeere, in denen die Trilobiten lebten, austrockneten und ein Großteil des Festlands zur Wüste wurde. Aber ihre Körpergliederung hat sich offenbar bewährt: Sie lebt in der Larve des Pfeilschwanzkrebses ebenso fort wie in vielen anderen Crustaceen.

☞ *95 LEBENDE FOSSILIEN*

Ara-Tag

Aras sind die größten Vertreter der Familie der Papageien. In den Regenwäldern, die sich von Mexiko nach Nordargentinien erstrecken, leben 15 Arten. Die Vögel fliegen in kleinen Gruppen kreischend über die Baumwipfel und suchen nach Futter – Palmnüsse, Früchte und Samen, die sie mit ihrem starken Schnabel und der muskulösen Zunge aufbrechen.

Seit dem 16. Jh. werden Hyazintharas in Europa in Gefangenschaft gehalten.

Der Grünflügelara wird bis zu 1 m groß und wird in vielen Zoos gehalten.

Der Soldaten-Ara (Mitte) hat ein kahles Gesicht und errötet, wenn er sich aufregt.

Aras besitzen zum Klettern ausgeprägte Klauen, d. h. zwei nach vorn und zwei nach hinten gerichtete Zehen. Damit können sie sehr gut Äste umfassen oder Früchte festhalten, um Teile abzubeißen.

WIE DIE MEISTEN PAPAGEIEN sind auch die Aras als Käfigvögel sehr beliebt. Der Handel mit den Vögeln ist heute zum größten Teil verboten, geht aber illegal weiter, und die Populationen vieler Papageienarten, die ohnehin schon Opfer der Zerstörung ihres Lebensraums werden, sind so weit zurückgegangen, daß sie als gefährdet angesehen werden müssen. Vom Spix-Ara z. B. gibt es nur noch ein einziges freilebendes Männchen: Die Art ist zum Aussterben verurteilt.

☞ 280–281 PAPAGEI

Hummer-Tag

Wie Krabben und Steingarnelen sind Hummer Crustaceen, die fünf Beinpaare besitzen. Bei echten Hummern trägt das erste Beinpaar Scheren, die beim Männchen viel größer sind als beim Weibchen. Mit der einen Schere wird die Beute zerbrochen, mit der anderen die Nahrung aufgenommen. Langusten (Panzerkrebse) haben keine Scheren. Ihre Fühler sind zum Schutz gegen Raubfische mit Dornen bewehrt.

Langusten (unten) unternehmen lange Wanderungen zu ihren Eiablageplätzen. Dabei marschieren sie in langen Reihen, ein Tier hinter dem anderen.

Echte Hummer leben in Löchern und Felsspalten im flachen Wasser, die sie nur verlassen, um Nahrung zu suchen.

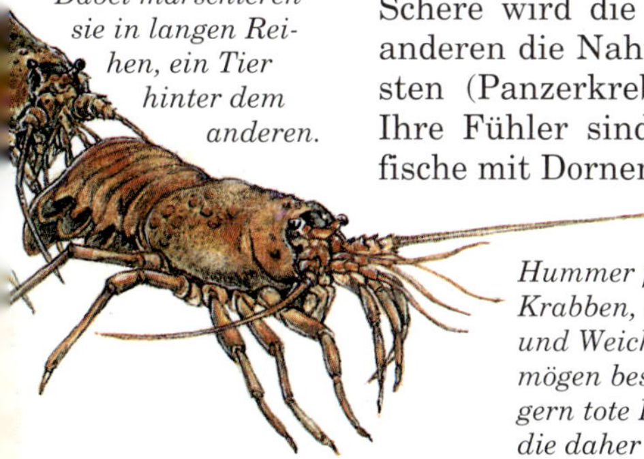

Hummer fressen kleine Krabben, Fische, Würmer und Weichtiere. Sie mögen besonders gern tote Fische, die daher auch als Köder in Hummerkörben ausgelegt werden. Dabei handelt es sich um Weidenkörbe mit einem langen Hals.

Der Amerikanische Hummer (unten links) ist die schwerste Crustacee; das schwerste Tier, das je gefangen wurde, wog etwas über 20 kg.

LEBENDE EUROPÄISCHE UND AMERIKANISCHE HUMMER (*Homarus vulgaris* und *H. americanus*) sind dunkelblau. Interessanterweise ist das Farbpigment *(Astaxanthin),* das dafür verantwortlich ist, mit dem Karottenfarbstoff *(Carotin)* verwandt. Wenn man den Hummer kocht, zerbricht der Proteinanteil des Pigments, und der Hummer wird leuchtend orange. Hummer sind eine teure Delikatesse. Das eßbare Fleisch sind die Muskeln des Schwanzes und der Beine, aber das beste an ihnen ist der saftige Muskel der Schere. Um sie zu knacken, braucht man eine Hummerzange.

☞ *139 KREBS, 308 KRABBE*

Adler-Tag

Im Gegensatz zu ihren nahen Verwandten, den aasfressenden Geiern, töten Adler in der Regel ihre Beute selbst und ernähren sich von frischem Fleisch oder Fisch. Sie gehören zu den größten Vögeln, und ihre Schnelligkeit und Kraft erlauben es ihnen, auch Beute zu schlagen, die viel größer ist als sie selbst. So wurde z. B. ein Kronenadler (ca. 4 kg) beobachtet, wie er einen 15 kg schweren Buschbock schlug. Meistens jagen die Vögel allerdings kleinere Beute.

Schlangenadler ernähren sich, wie ihr Name schon andeutet, fast ausschließlich von Schlangen.

Der Weißkopf-Seeadler, das Wappentier der USA, ernährt sich von Fisch und jagt manchmal, ähnlich wie die Fregattvögel, anderen Vögeln, besonders Fischadlern, ihre Beute ab.

Der auf den Philippinen vorkommende Affenadler ist einer der größten Greifvögel. Heute leben in freier Wildbahn weniger als 50 Paare.

Adler verwerten Energie so effizient, daß sie mit wenig Nahrung auskommen: Ein 3,5 kg schwerer Steinadler braucht 250 g Fleisch am Tag. Adler nutzen Winde und aufsteigende Warmluft, um sich nach oben tragen zu lassen, und brauchen ihre Flügel dabei kaum zu bewegen.

HÄLT EIN SEEADLER seine Beute erst einmal in den Klauen (rechts), gibt es für sie kein Entkommen mehr. Adler reißen ihre Beute mit ihren scharfen Schnäbeln in Stücke. Manchmal lagern sie in Astgabeln Vorräte ein. In ihrer Silhouette sind die Schwungfedern (die größten Federn in den Schwingen) deutlich zu sehen, z. B. beim Afrikanischen Fischadler (links).

☞ *93 SCHNABEL, 266 GEIER, 350 TURMFALKE*

Fledertier-Tag

Fledermäuse oder Flughunde (*Chiroptera*) sind die einzigen flugfähigen Säugetiere. Von den 970 Arten sind 170 sogenannte *Macrochiroptera*, große Fruchtfledermäuse, und 800 *Microchiroptera*, kleinere, insektenfressende Fledermäuse. Die Flügel der Fledermaus bestehen aus feiner, doppelter Haut, die zwischen den stark verlängerten Fingern und dem Unterarm aufgespannt ist.

Microchiroptera *jagen auch in absoluter Dunkelheit,während Fliegende Hunde etwas Licht brauchen, um sich sicher orientieren zu können.*

Die südamerikanische Vampirfledermaus beißt Löcher in die Haut schlafender Rinder und leckt deren Blut.

Fledermäuse stoßen Ultraschalltöne aus, deren Echo zurückgeworfen wird, wenn sie auf Hindernisse treffen. Diese Töne sind so hoch, daß Menschen sie nicht hören können. Die großen Ohren dienen dazu, die Echos aufzufangen, anhand derer die Fledermaus die Form und Entfernung nahegelegener Objekte ausmachen kann.

FLEDERMÄUSE JAGEN BEI NACHT und schlafen am Tag. In der Dämmerung verlassen sie ihre Behausung. Beobachte bei Einbruch der Dunkelheit z. B. verlassene Gebäude oder Kirchtürme – vielleicht entdeckst du Fledermäuse, die dort ihre Schlafplätze haben. In vielen Gebieten sind die Bestände allerdings stark bedroht.

☞ *104–105 NACHTAKTIVE TIERE*

Fruchtfledermäuse (oben) haben große Mahlzähne und starke Kiefer. Fischfledermäuse fangen Fische knapp unter der Wasseroberfläche von Teichen und Bächen in Südamerika.

Zitrusfrüchte-Tag

Zitronen, Orangen, Limonen, Mandarinen und Pampelmusen gehören zu den Zitrusfrüchten. Sie erhalten ihren charakteristischen sauren Geschmack von der Zitronensäure. Als erste bauten die Chinesen vor etwa 4000 Jahren Zitrusfrüchte an. Heute werden weltweit etwa 40 Mio. t Orangen pro Jahr konsumiert, die Hälfte davon in Form von Saft.

Zitrusfrüchte sind reich an Vitamin C. Die Amerikaner bedachten die britischen Seeleute mit dem Spitznamen »Limeys«, etwa »Zitrönchen«, weil sie Zitronensaft tranken, um gegen Skorbut vorzubeugen, eine Krankheit, die aus Mangel an Vitamin C entsteht.

Kumquats (oben) sind genaugenommen keine Zitrusfrüchte, aber sehr eng mit ihnen verwandt. Sie eignen sich gut zum Einlegen sowie für die Herstellung von Marmelade oder Likör.

Die Schale der Zitrusfrüchte enthält ein ätherisches Öl; das Öl der Bergamotte wird gern zur Herstellung von Parfum verwendet.

REIBE DIE SCHALE EINER ORANGE fest mit einem Stück Würfelzucker ab. Du wirst dabei feststellen, daß der Zucker etwas aufsaugt, ohne daß er sich auflöst. Wenn du ihn ein paar Minuten auf ein Stück Papier legst, wird er einen öligen Abdruck hinterlassen. Schneide eine Orange in zwei Hälften, und sieh dir die Schnittkante an der äußeren Schale genau an. Dort befinden sich Öldrüsen. Lecke an dem Zuckerwürfel: Er hat das stark würzig schmeckende Öl aus der Orangenschale absorbiert.

☞ *237 EXOTISCHE FRÜCHTE*

Heuschrecken-Tag

Heuschrecken gehören zur Gruppe der *Orthoptera*, deren Name aus dem Griechischen abgeleitet ist (*orthos* = gerade und *pteron* = Flügel) und die Art und Weise beschreibt, wie die Flügel in Ruhestellung am Körper gehalten werden. Der Name ihrer Ordnung lautet *Saltatoria*, ein vom Lateinischen *saltare* (springen) abgeleiteter Begriff, der sich auf die vergrößerten Hinterbeine bezieht, dank derer die Tiere weit springen können.

Heuschrecken sind Pflanzenfresser, die mit ihren großen Kiefern (oben) Stücke aus Blättern beißen. Die in riesigen Schwärmen umherziehenden Wanderheuschrecken sind seit biblischer Zeit gefürchtet, da sie ganze Ernten komplett vernichten. Die Schwärme der Wanderheuschrecken sind manchmal so groß, daß man sie auf Radarschirmen ausmachen kann.

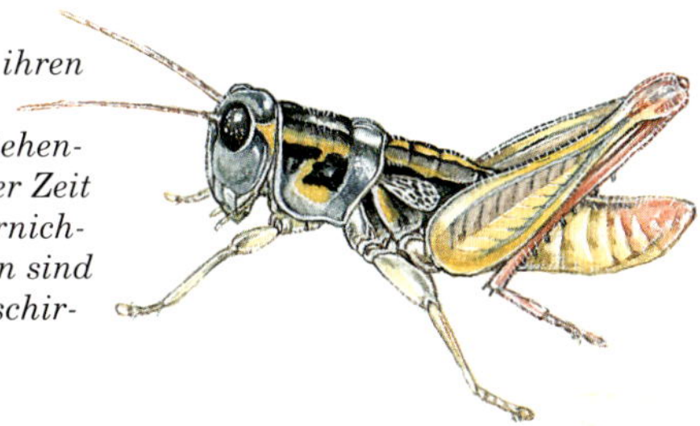

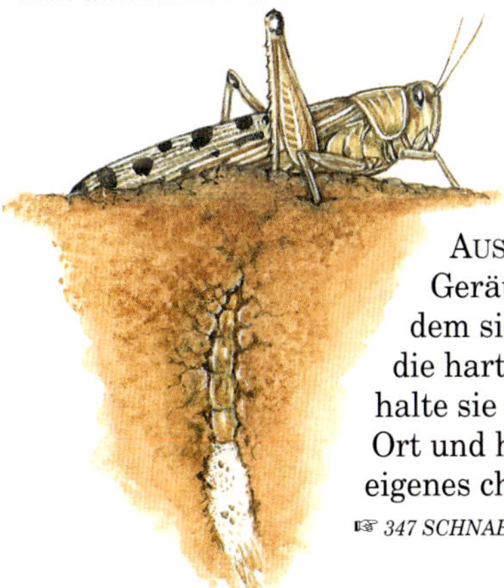

Manche der Orthoptera *sind flügellos, doch bei nahezu allen Arten entwickeln sich die Flügel nach und nach und werden mit jeder Häutung der Larve größer.*

AUSGEWACHSENE HEUSCHRECKEN kommunizieren durch Geräusche, das sogenannte Zirpen. Sie erzeugen es, indem sie Auswüchse auf den Hinterbeinen schnell über die harten Deckflügel ziehen. Fange einige Heuschrecken, halte sie in einem luftigen Behälter an einem sonnigen Ort und höre ihrem Zirpen zu. Jede Art verfügt über ihr eigenes charakteristisches Klangmuster.

☞ *347 SCHNABELKERFE*

Schnabeltier-Tag

Der Schnabel des Schnabeltiers besteht aus Horn. Das Tier benutzt ihn, um unter Steinen in Bächen und Flüssen nach Beute zu suchen.

Das australische Schnabeltier und der Ameisenigel sind die einzigen Säugetiere, die Eier legen. Man bezeichnet sie als *Prototheria.* Das Schnabeltier lebt in Höhlen nahe am Wasser. Dank seiner mit Schwimmhäuten versehenen Zehen und seines breiten, kräftigen Schwanzes kann es gut schwimmen. Es ernährt sich von Kleinkrebsen, Wasserinsekten und Larven. Außerdem frißt es Muscheln und Frösche.

Das Weibchen schließt sich in seinen Nestbau ein, bevor es zwei weichschalige Eier legt und ausbrütet. Nach zehn Tagen schlüpfen die Jungen, doch es dauert noch sechs Monate, bis sie selbständig sind.

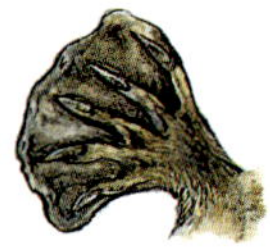

Augen und Ohren liegen in einer tiefen Hautfalte, die geschlossen wird, während das Schnabeltier taucht. Die Männchen verteidigen sich mit giftigen Spornen an den Hinterbeinen.

Säugetiere werden in drei Unterklassen eingeteilt – eierlegende Säugetiere oder *Prototheria,* Beuteltiere oder *Metatheria* (z. B. Känguruhs) und Plazentatiere oder *Eutheria* (die Mehrzahl aller Säugetiere, einschließlich des Menschen). Alle säugen ihre Jungen, aber bei Plazentatieren entwickeln sich die Jungen schon im Körper sehr weit. Beuteltiere hegen ihre Jungen, die im Embryostadium geboren werden, in einem Beutel, in dem Milchdrüsen sitzen. *Prototheria* besitzen weder Beutel noch Zitzen; die Milch tritt aus einem Drüsenfeld aus und wird von den Jungen aufgeleckt.

☞ *305 BEUTELTIER*

Nautilus-Tag

Mit Nautilus oder Perlboot bezeichnen wir eine Ordnung der Kopffüßer, die sechs Arten umfaßt. Zur Klasse der Kopffüßer gehören die *Nautilida,* die Tintenschnecke, der Kalmar und die Krake. Anders als die übrigen Mollusken sind Kopffüßer sehr wendig und weit entwickelt. Sie verfügen über gute Sehkraft, guten Geruchs- und Tastsinn. Sie sind die intelligentesten der Wirbellosen und haben ein Lern- und Erinnerungsvermögen.

Perlboote findet man im Indischen und Pazifischen Ozean in Tiefen von bis zu 600 m. Sie tauchen niemals auf. Die ersten lebenden Exemplare wurden erst vor 25 Jahren von Sporttauchern bei Neu-Kaledonien beobachtet.

Das weibliche Papierboot (Argonauta) *besitzt hornige Schalen an ihren beiden ersten Armen, die, zusammengelegt, sie und ihre Eier schützen.*

Luftkammern sind die Schwimmkörper des Perlboots. Durch Poren fließt die Luft ein und aus, um den Auftrieb je nach Tiefe zu verändern.

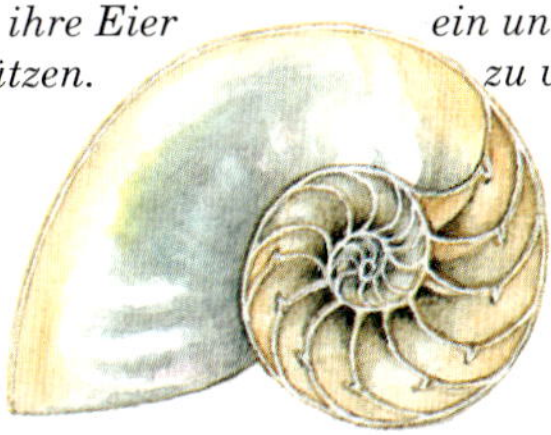

Das Gehäuse des Perlboots besteht aus Luftkammern, die durch Poren (Sipho) verbunden sind.

Das Perlboot ist der einzige Kopffüsser mit einer äußeren Schale. Perlboote erschienen zum ersten Mal gegen Ende des Kambriums auf der Erde, also vor 520 Mio. Jahren, und entwickelten zahlreiche Gattungen. Sie wurden von einer noch erfolgreicheren Gruppe der Kopffüßer überholt, den Ammoniten, die mehrere tausend Arten umfassen, und unter denen sich einige spektakuläre große Räuber befinden, deren Gehäuse einen Durchmesser von über 1 m erreicht. Die nur als Fossilien erhaltenen Ammoniten starben vor 70 Mio. Jahren aus, während einige Arten der Perlboote überlebten.

☞ *104 OKTOPUS, 205 TINTENFISCH*

Paradiesvogel-Tag

1522 brachte Fernão de Magalhães das erste Gefieder eines Paradiesvogels nach Europa, und es dauerte bis 1862, ehe man hier auch ein lebendes Exemplar zu Gesicht bekam. Ende des 19. Jh. wurden jährlich über 50 000 Vögel wegen ihrer Federn, die damals als Hutschmuck begehrt waren, getötet. Erst in den 20er Jahren unseres Jahrhunderts wurde der Handel mit den Federn verboten.

Der Ruf des Prachtparadiesvogels (unten) ähnelt dem Sirren einer Gewehrkugel.

ZWISCHEN NEUGUINEA und Nordost-Australien gibt es 43 Arten von Paradiesvögeln. Das Balzverhalten der Männchen ist ebenso einzigartig wie ihr Gefieder. Der Sichelschwanzparadiesvogel (oben links) befreit in einem Umkreis von 5 m alle Sträucher von ihren Blättern, bevor er mit seinem Tanz beginnt. Göttervögel versammeln sich in Schwärmen für ihr Balzritual, und ein Baum voller werbender Männchen ist ein atemberaubender Anblick.

☞ *83 LEIERSCHWANZ, 151 PFAU, 209 LAUBENVOGEL*

Spitzmaus-Tag

Spitzmäuse sind sehr klein und unglaublich aktiv und brauchen daher enorme Mengen an Nahrung. Die Etrusker-Spitzmaus ist mit 4 cm Körperlänge das kleinste Säugetier. Die meisten Spitzmäuse fressen pro Tag mehr Insekten, Würmer und Käfer, als ihr eigenes Körpergewicht ausmacht.

Spitzmäuse müssen stetig fressen. Sie ruhen nur für kurze Zeit und können innerhalb von zwei Stunden verhungern.

Katzen fressen keine Spitzmäuse, da sie bitter riechen und Speichelgift enthalten. Eulen hingegen können sie sehr gut verdauen.

Spitzmäuse sind sehr kampflustig. Sie quieken laut, während sie miteinander um Reviere kämpfen, um die lebenswichtige Nahrungsversorgung sicherzustellen.

Es gibt keine Spitzmäuse in den Polarregionen, Südamerika und Australasien.

DAS PROBLEM DER SPITZMAUS ist ihre geringe Größe. Kleine Gegenstände geben ihre Temperatur schneller an die Luft ab als große, da sie im Verhältnis zu ihrem Körpervolumen mehr Oberfläche besitzen. Die warmblütige Spitzmaus braucht daher im Verhältnis zu ihrer Körpergröße auch mehr Nahrung, um Wärmeenergie zu erzeugen und die Körpertemperatur konstant zu halten, als ein großer Säuger.

Nimm ein großes und ein kleines Glas und fülle beide mit heißem Wasser. Beobachte, wie lange jedes braucht, um abzukühlen.

☞ *341 KLEINE TIERE*

Pelikan-Tag

Das spanische Wort für Pelikan ist ›Alcatraz‹. Das berüchtigte Gefängnis auf einer Insel vor San Francisco wurde nach den Pelikanen benannt, die einst auf der Insel brüteten.

Der große Kehlsack des Pelikans dient nicht dazu, Nahrung aufzubewahren, sondern ist eine Art Kescher, mit dem der Vogel fischt. Der Unterkiefer biegt sich nach außen, und der große Sack nimmt bis zu 12 l Wasser auf. Dann drückt der Vogel das Wasser heraus und verschluckt die Fische, die in seinem Schnabel zurückgeblieben sind.

Die Braunpelikane sind die einzigen Pelikane, die Fische fangen, indem sie sich aus der Luft ins Wasser stürzen. Die fünf anderen Arten fischen beim Schwimmen.

Der Braunpelikan (unten) brütet an den Küsten Amerikas und ist das Wappentier des Staates Louisiana. Er sucht oft in der Nähe von Anglern und Booten nach toten Fischen.

ROSAPELIKANE FISCHEN IN GRUPPEN in den Salzseen Zentralafrikas. Sie schwimmen in Hufeisenformation auf das Ufer zu, wobei sie mit den Flügeln auf das Wasser schlagen und die Fische auf das Ufer zutreiben. Wenn die Fische eingekreist sind, tauchen die Pelikane ihre Schnäbel ins Wasser und schöpfen die Beute heraus. Trotz ihrer großen Schwingen und des leichten Knochenbaus fällt den Pelikanen das Abheben schwer. Einmal in der Luft, werden sie aber zu sehr eleganten und fähigen Segelfliegern.

☞ *93 SCHNABEL*

Eisbär-Tag

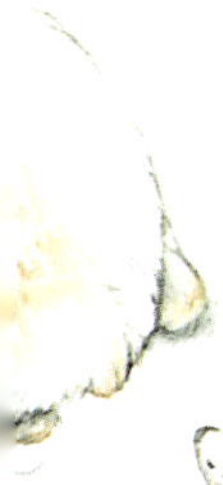

Eisbären sind sehr große und starke, in der Arktis lebende Fleischfresser, die auf dem Eis des gefrorenen Nordpolarmeeres große Strecken zurücklegen. Gelegentlich treiben sie mit dem Packeis weit auf die offene See hinaus. Im Sommer halten sie sich gern an den Küsten Alaskas, Kanadas, Grönlands und Rußlands auf.

Ein männlicher Eisbär kann bis zu 700 kg wiegen und bis zu 3,5 m lang werden. Weibchen werden 320 kg schwer und 2 m lang.

Die Mutter bleibt vier bis fünf Monate mit den Jungen in der Höhle und säugt sie mit ihrer sehr fetthaltigen Milch, ehe sie sich aus der Schneeverwehung befreit und zum ersten Mal mit den Jungen jagt.

Das Weibchen bringt in einer in eine Schneewehe gegrabenen Höhle mitten im Winter zwei Junge zur Welt.

Eisbären ernähren sich von Seehunden. Sie warten an den Löchern im Eis, an denen die Seehunde in regelmäßigen Abständen Luft holen, und reißen sie mit einem einzigen Schlag ihrer Pranke aus dem Wasser.

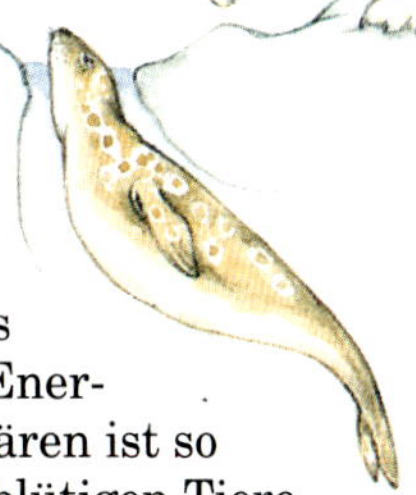

Der dicke, wasserabstossende Pelz der Eisbären schützt das Tier nicht nur an Land vor der Kälte, sondern auch, wenn es schwimmt. Eisbären können ohne weiteres Entfernungen bis zu 30 km im eiskalten Wasser zurücklegen. Die Energiekonservierung und Wärmeisolierung der Eisbären ist so effektiv, daß der Eisbär eines der wenigen warmblütigen Tiere ist, die mit einer Infrarot-Kamera nicht aufgenommen werden können.

☞ *2 ROBBE, 89 SCHWARZBÄR*

Papageien-Tag

Angehörige der Papageienordnung *Psittaciformes* findet man in allen tropischen Ländern. Zu ihnen zählen einige der farbenprächtigsten Vögel. Die Ordnung umfaßt u.a. Kakadus, Nymphensittiche, Loris, Aras, Unzertrennliche und Keilschwanzsittiche. Sie alle haben große Köpfe, kurze Hälse, stark nach unten gebogene, hakenförmige Schnäbel und Kletterfüße (siehe Ara). Der nachtaktive neuseeländische Kakapo ist die einzige flugunfähige Art.

In der australischen Umgangssprache bezeichnet man einen Witzbold als ›Galah‹. Dieser Name geht auf einen akrobatischen, rosa-grauen Papagei zurück, der häufig in der Umgebung von Städten anzutreffen ist. Aus nicht näher bekannten Gründen haben Galahs eine Abneigung gegen Rosa und zerstören z. B. rosafarbene Wäscheklammern.

Der neuseeländische Kea wurde zum Schädling, als man auf den Inseln Schafe einführte. Die Vögel lernten, auf lebenden Schafen zu landen, deren Rücken aufzureißen und das Fett um die Nieren der Tiere zu fressen.

Die Australier leben in einer Haßliebe mit den Kakadus, deren rauhe, schrille Rufe sehr laut und unangenehm sind. Sie können in Obstplantagen schwere Schäden anrichten, doch sind sie schöne und unterhaltsame Vögel.

Alle 315 Papageienarten legen runde, weiße glänzende Eier. Die meisten Arten nisten in Baumlöchern, doch graben einige australische Papageien ihre Nestlöcher in Termitenhügel. Argentinische graubrüstige Sittiche brüten in Kolonien, die sich in den Zweigen eines Baumes ein einziges großes Nest bauen und es von Jahr zu Jahr vergrößern, bis es zu groß wird und zerbricht.

Unzertrennliche (ganz rechts) kommen aus Afrika und Madagaskar. Die gern im Käfig gehaltenen Vögel scheinen tatsächlich die gegenseitige Gesellschaft zu mögen; kuschelnd hocken sie zusammen. In der Freiheit ziehen sie in großen Schwärmen über das Land und können erhebliche Ernteschäden verursachen.

DIE PAPAGEIEN und ihre Verwandten sind berühmt für ihre Fähigkeit, sprechen zu lernen, auch wenn sie wahrscheinlich nicht die geringste Ahnung davon haben, was sie sagen. Sie lernen am besten, wenn sie jung sind, und ahmen dabei die Töne nach, die sie am häufigsten hören. Das können ganze Sätze sein, Liedfetzen oder schlimmstenfalls das Klingeln des Telefons, das Geräusch einer Bohrmaschine oder die Toilettenspülung. Die meisten Papageien haben nur ein geringes Repertoire, aber der Rekordhalter kannte immerhin fast 1000 Wörter.

☞ *268 ARA*

Höhlenbewohner-Tag

Höhlen bieten zwei Gruppen von Tieren Lebensraum – denen, die sich ständig darin aufhalten und sich darin fortpflanzen, und denen, die zwar darin Schutz finden, sich aber ihre Nahrung außerhalb der Höhle suchen. Viele Arten haben sich daran angepaßt, ständig unter der Erde zu leben und dadurch ihre Fähigkeit zu sehen verloren. Sie verlassen sich ganz auf ihren Geruchs- und Tastsinn, um sich in der Dunkelheit zu orientieren.

In einer völlig dunklen Welt sind Farben überflüssig. Daher sind Grottenolme wie viele andere Tiere, die diesen Lebensraum mit ihnen teilen, unpigmentiert.

Die Höhlensalangane benutzt Höhlen als Unterschlupf und um dort zu nisten, verbringt aber den größten Teil ihres Lebens auf der Jagd nach Insekten in den Kokoshainen und an den Stränden Südostasiens. Ihr Nest, das an die Höhlenwand geklebt wird, besteht aus Speichel und gilt in der asiatischen Küche als besondere Delikatesse. In den Gegenden, in denen die Salanganen nisten, wird das Sammeln der Nester kommerziell betrieben.

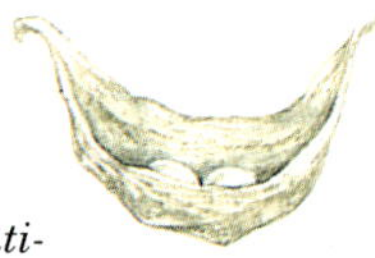

IN GEMÄSSIGTEN REGIONEN sind Felswände der natürliche Nistplatz der Segler und Schwalben, doch sie haben gelernt, ihre Nester auch unter die Dachvorsprünge von Häusern zu bauen. Beobachte, wie Segler und Schwalben ihre Nester mit Stroh, Gras und Federn bauen und mit Lehm und Speichel an Mauern festzementieren.

Die außerordentlich langen Fühler der Höhlengrille ermöglichen es ihr, sich ein ›Tastbild‹ von ihrer Umgebung zu machen.

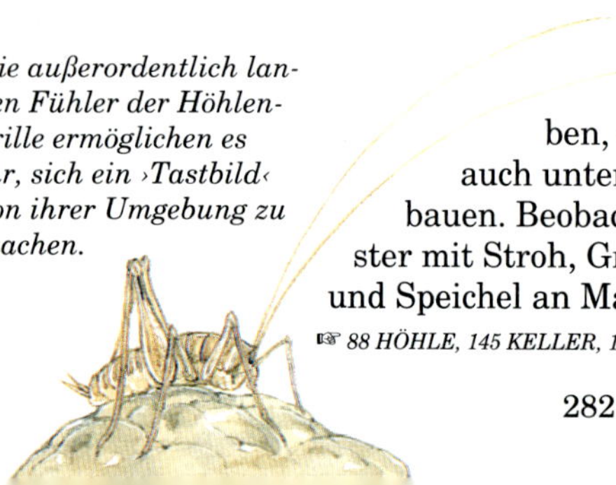

☞ *88 HÖHLE, 145 KELLER, 192 PIGMENTIERUNG, 349 SCHWANZLURCH*

Tiefsee-Tag

3 km unter der Meeresoberfläche, wo die großen Kontinentalplatten, die die Erdkruste bilden, zusammenstoßen, gibt es unablässig vulkanische Eruptionen. Als das amerikanische Tiefsee-Forschungs-U-Boot ›Alvin‹ 1977 die kochenden hydrothermalen Vulkanschlote vor den Galapagos-Inseln untersuchte, entdeckten die Wissenschaftler riesige Röhrenwürmer, gewaltige Venusmuscheln und blinde Krabben, die der Wissenschaft noch völlig unbekannt waren.

Weiße Riesenmuscheln (oben) und Miesmuscheln (rechts) filtern ihre Nahrung aus der bakteriellen ›Suppe‹, die sich in dem heißen, mineralreichen Wasser entwickelt. Blinde Schlotkrabben (oben) dagegen sind Resteverwerter. Sie können Infrarotstrahlung wahrnehmen und sich so in der Nachtschwärze des Meeresbodens orientieren.

Riftia pachyptila, *der Riesenröhrenwurm (rechts) wird 1 m lang und unterscheidet sich so sehr von allen anderen bekannten Lebensformen, daß die Biologen eine neue Ordnung* (Phylum) *für ihn erfinden mußten.*

DIE TIERE, die zwischen den Vulkanschloten in der Tiefsee leben, hängen vor allem von der Energie der Bakterien ab, die für ihren Stoffwechsel Schwefelwasserstoff benötigen, nicht von Pflanzen, die die Energie des Sonnenlichts speichern. Der einzigartige Charakter dieser Tiefseefauna und -flora wird an *Riftia* deutlich, die weder ein Maul noch einen Verdauungstrakt besitzt, sondern für ihre Ernährung vollständig von symbiotischen Bakterien abhängt, die in ihrem Gewebe leben.

☞ *165 MEERESWURM, 179 TIEFSEEFISCHE*

Maulwurf-Tag

Der kleine, aber sehr kräftige und nur etwa 100 g schwere europäische Maulwurf kann in fünf Minuten 4-5 kg Erde bewegen, wenn er sich durch den Boden gräbt und dabei Hügel aufwirft. Er ist fast völlig blind und taub und nimmt mit seiner extrem empfindlichen Schnauze kleine Vibrationen in der Erde wahr, die z. B. entstehen, wenn ein Wurm in seinen Gang eindringt.

Die Empfindlichkeit der Schnauze des Sternmulls wird durch einen Kranz fleischiger Strahlen um die Nasenlöcher noch erhöht. Er lagert Fett in seinem Schwanz ab.

Das Muttertier lähmt Würmer, indem es deren Köpfe abbeißt, und lagert die noch lebendigen Tiere ganz in der Nähe des Nestes.

Mit ihren kräftigen Vorderpfoten können Maulwürfe etwa das 20fache ihres eigenen Körpergewichts heben. Der weiche Pelz bewegt sich leicht in alle Richtungen, so daß sich das Tier ohne weiteres vor- und rückwärts durch seine engen Tunnel bewegen kann.

Es gibt erstaunlich viele Regenwürmer, und daher leiden Maulwürfe nur selten Hunger. Du kannst die Zahl der Regenwürmer in eurem Garten abschätzen, indem du eine bestimmte Fläche, z. B. einen Quadratmeter, absteckst, und die Regenwürmer an die Oberfläche treibst. Dafür mußt du den Boden gießen und Erschütterungen erzeugen; die meisten Regenwürmer werden etwa nach 20 Minuten an die Oberfläche kommen. Zähle sie und rechne dann aus, wieviele Würmer im ganzen Garten leben.

☞ 54–55 LEBEN UNTER DER ERDE

Maulwürfe leben zu 90 % von Regenwürmern.

Massenvermehrungs-Tag

Wenn sich Parasiten oder pathogene Organismen (biologische Krankheitserreger) in ihren Wirten und Opfern verstärkt vermehren, lösen sie hohe Infektions- und Sterberaten aus. Die irische Hungersnot von 1845-47 wurde durch eine Massenvermehrung des Kartoffelpilzes *Phytophthora infestans* verursacht, der Trockenfäule hervorruft und die Kartoffelernte völlig vernichtete. Als Folge verhungerten 1 Mio. Menschen.

Der Kartoffelpilz ist noch immer einer der gefährlichsten Schädlinge (links), doch es gelang, die Schäden durch Fungizide sowie durch die Züchtung von Kartoffelsorten, die weniger pilzanfällig sind, einzudämmen. Vor allem in den Entwicklungsländern zerstören Schädlinge und Krankheiten bis heute die Ernten aber noch in erschreckendem Maß.

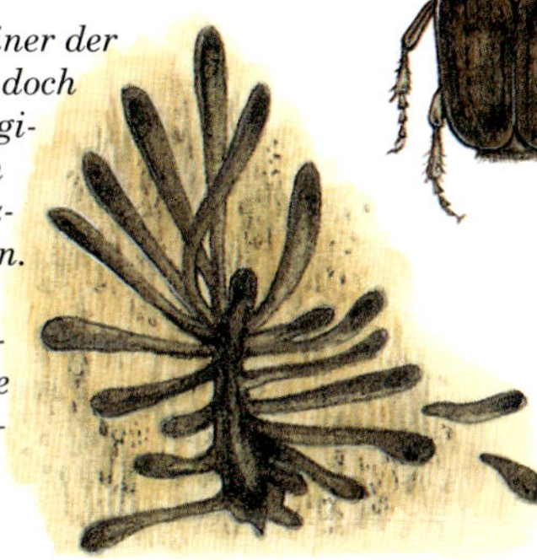

SUCHE NACH DEN CHARAKTERISTISCHEN TUNNELN des Großen Ulmensplintkäfers unter der Rinde toter Ulmen. Dieses Insekt ist für das Ulmensterben verantwortlich. Eine mutierte, äußerst virulente Form des Pilzes *Ceratocystis ulmi*, den die Käfer von Baum zu Baum übertragen, blockiert das wasserführende Gewebe. Das Laub wird gelb, und die Bäume sterben innerhalb von nur etwa drei Jahren ab.

☞ *49 LAUS, 184 RATTE, 188 FLOH*

Biolumineszenz-Tag

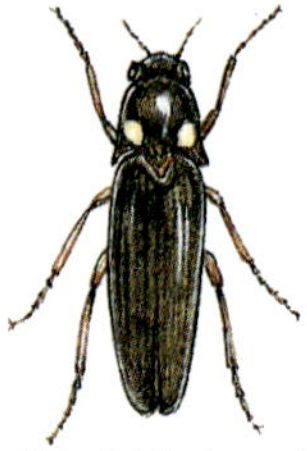

Die Lichtimpulse des männlichen Glühwürmchens sollen Weibchen anlocken. Jede Art verfügt über ihren eigenen Signalcode.

Manche Arten von Pilzen, Schwämmen, Korallen, Meereswürmern, *Crustaceen*, Mollusken und Insekten strahlen nach Einbruch der Dunkelheit Licht aus – ein Phänomen, das als Biolumineszenz bezeichnet wird. Ihr unheimliches Glühen und pulsierendes Leuchten entstehen, wenn eine Substanz in ihrem Gewebe, das Luciferin, von einem Enzym namens Luciferase aufgespalten wird.

Viele Tiefseefische strahlen in der ewigen Dunkelheit Licht aus. Jede Art verfügt dabei über ein individuelles Lichtmuster, an dem sich wahrscheinlich Männchen und Weibchen derselben Art erkennen können.

Biolumineszente Pilze kennt man seit der Zeit des Aristoteles. Sie wachsen vor allem auf vermoderndem Holz.

Früher hielten manche Leute Leuchtkäfer in einem Glas, damit sie bei dem schwachen, grünlich-gelben Licht lesen konnten.

DER BESTE PLATZ, um Biolumineszenz zu beobachten, sind Wiesen an warmen Sommerabenden, wenn sich die Glühwürmchen versammeln, oder das Meeresufer, wo in den sich brechenden Wellen Tausende von biolumineszenten planktonischen Protozoen und Algen Lichtblitze aussenden.

Du kannst mit Hilfe künstlicher Lumineszenz das nächtliche Verhalten von Tieren studieren. Markiere die Häuser großer Weinbergschnecken mit phosphoreszierender Farbe und folge dann nach Einbruch der Dunkelheit ihrem Schein.

☞ *11 PILZE, 179 TIEFSEEFISCHE, 256-257 KÄFER*

Blutegel-Tag

Es gibt es etwa 650 Blutegelarten, die sowohl im Meer als auch im Süßwasser und an Land leben. Landlebende Arten kommen in den Wäldern Südostasiens und Australiens vor. Man spürt Blutegel und ihre Bisse nur selten, doch nachdem das Tier abgefallen ist, blutet die Wunde häufig noch weiter. Daher ist ein wachsender Blutfleck auf der Kleidung oft der erste Hinweis darauf, daß man gebissen wurde.

Blutegel besitzen Rezeptoren, die zum Teil als kleine schwarze Punkte auf beiden Seiten des Kopfes (oben) sichtbar sind, um Licht, Wärme und Bewegung auszumachen. Weitere Rezeptoren erkennen Körpergeruch und Blut.

Wird ein Blutegel auf seine Beute aufmerksam, streckt er sich nach oben und schwingt nach allen Seiten, bis er sie berührt. Manche Arten lassen sich auf ihre Opfer herabfallen.

Der australische Tiger-Blutegel kann zehnmal soviel Blut trinken, wie er selbst wiegt.

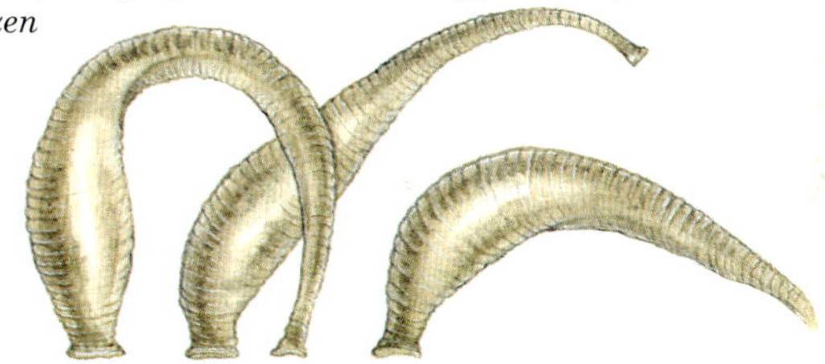

Blutegel sind aus mehreren Segmenten bestehende Ringelwürmer. Sie sind Hermaphroditen, d. h. gleichzeitig Männchen und Weibchen. Sie bewegen sich, indem sie sich in Schleifen legen, und benutzen dabei die Saugorgane am Schwanz und um das Maul.

JAHRHUNDERTELANG VERWENDETE MAN BLUTEGEL, um Krankheiten zu behandeln, von denen man annahm, daß sie durch ›schlechtes Blut‹ verursacht würden und dieses daher entfernt werden müsse. Im frühen 19. Jh. importierte man innerhalb von 18 Jahren 500 Mio. Blutegel nach Frankreich, von denen das Stück für einen Gegenwert von heute ca. 50 Mark gehandelt wurde. Heute erleben die Blutegel ein Comeback in der Medizin. Sie werden wegen ihres Speichels gezüchtet, der eine chemische Verbindung namens Hirudin enthält, die die Blutgerinnung verhindert.

☞ *271 FLEDERMAUS, 325 PARASITEN, 327 BANDWURM*

Pflanzen, die sich bewegen

Pflanzen stehen durchaus nicht so unbeweglich da, wie es oft vielleicht scheinen mag. Wenn man sie im Zeitraffer filmt, erkennt man, daß sich Blätter, Blüten und Stiele ständig als Reaktion auf Reize bewegen. Manche dieser Bewegungen sind rasch. Die Blätter der sehr empfindlichen Mimose (*Mimosa pudica*, rechts) falten sich zusammen, wenn man sie berührt.

An Sauerklee kann man Schlafbewegungen beobachten – er faltet die Blätter bei Nacht zusammen.

Springkraut (links) besitzt Früchte, die bei der leisesten Berührung ›explodieren‹.

Die Blüten des Roten Gauchheil (links) schließen sich bei kaltem oder bedecktem Wetter, um so die Pollen zu schützen.

ES GIBT DREI WESENTLICHE FORMEN von Bewegungen bei Pflanzen. Das Wachstum ist langsam und entsteht durch Entwicklung neuer Zellen. Der *Tropismus* ist eine gerichtete Bewegung als Reaktion z. B. auf Licht. Stelle einen Topf mit Sämlingen in eine Kiste, in die nur durch einen schmalen Spalt Licht einfällt. Die Sämlinge werden alle in Richtung dieses Spalts wachsen. Die Krümmung des Stamms der Winde (rechts) heißt *Nastie*; sie wird durch schnelleres Zellwachstum in dem Teil des Stamms ausgelöst, der die Unterlage nicht berührt.

☞ *186 FLEISCHFRESSENDE PFLANZEN*

Tarnungs-Tag I

In den Beziehungen zwischen Jägern und Beutetieren spielt die Tarnung eine zentrale Rolle. Die Streifen eines auf der Lauer liegenden Tigers (unten links) verbergen ihn im Licht und Schatten des langen Grases, während die Flecken im Fell eines Kitzes (unten rechts) es im gesprenkelten Licht am Rande eines Waldes so gut wie unsichtbar werden lassen.

Schneehühner und diverse andere Vögel, die in kalten Regionen leben, entwickeln ein weißes Wintergefieder, das sie in ihrer Umgebung von Eis und Schnee so gut wie unsichtbar macht.

DIE RÄUBERISCHE KRABBENSPINNE (oben) und die auf dem Meeresgrund lebende Scholle (oben links) können beide ihre Farbe wechseln, um sich der Umgebung anzupassen. Dadurch wird ihre Tarnung gegen die unterschiedlichen Hintergründe effektiver. Erfolgreiche Tarnung hängt oft auch von entsprechenden Verhaltensmustern ab. Der Marmorschwalm (links) klammert sich an Zweige, um einem abgebrochenen Ast zu gleichen. Lerne von der Natur, wenn du Tiere beobachtest: Tarne dich selbst mit Farben, die sich in deine Umgebung einpassen, und vermeide, daß du dich gegen den Himmel abhebst.

☞ *43 SCHNEE, 192 PIGMENTIERUNG, 330 TARNUNG II*

Schmetterlings-Tag

Auf unserem Planeten gibt es über 200 000 verschiedene Schmetterlingsarten, deren Raupen fast jede Blütenpflanze fressen. Einige Pflanzen haben chemische Giftstoffe entwickelt, um die Raupen abzuschrecken, die ihrerseits dagegen resistent wurden und die Gifte teils sogar selbst verwenden.

Der Holunderbär (rechts) faltet seine Flügel zusammen, während die des Federgeistchens im rechten Winkel abstehen.

Der männliche Flechtenbär (oben links) verwendet Gifte, die er als Raupe gefressen hat, als Duftstoff, um Weibchen anzulocken.

Widderchen oder Blutströpfchen (oben rechts) sind tagsüber unterwegs. Ihre leuchtenden Farben warnen Vögel davor, sie zu fressen – sie enthalten Zyanid.

Die nachts fliegenden Bärenspinner können hochfrequentige Töne erzeugen, mit denen sie das ›Radarsystem‹ der Fledermäuse stören.

SCHMETTERLINGE SEHEN ultraviolettes Licht sehr gut, rotes dagegen schlecht. Benütze eine Taschenlampe, über die du rotes Zellophan legst, um Nachtfalter beim Fressen zu beobachten; achte vor allem auf den Rüssel, mit dem sie den Nektar aus den Blüten saugen. Baue einen Falterfütterplatz. Mische zwei Eßlöffel Sirup mit einem Eßlöffel Bier und streiche die Mischung auf einen Baumstamm, den du gut beobachten kannst. Manche Nachtschmetterlinge werden regelmäßig zur selben Zeit hierher kommen, um von der Mischung zu fressen.

☞ *306–307 FALTER*

Kautschukbaum-Tag

Die Entdeckung der Eigenschaften des Kautschuks (*Latex*) aus dem Brasilianischen Kautschukbaum *Hevea brasiliensis* fiel zeitlich ziemlich genau mit der Erfindung luftgefüllter Reifen und der Entwicklung des Explosionsmotors zusammen. Die daraus entstehende enorme Nachfrage nach Kautschuk führte dazu, daß man in den tropischen Ländern Kautschukbäume in Plantagen anpflanzte. Um 1940 war Kautschuk das Hauptexportgut Malaysias.

In Baumschulen werden aus Kautschuknüssen Bäumchen gezogen. Die Nüsse tragen ein verschnörkeltes Muster.

Der Kautschukzapfer benutzt ein gekrümmtes Messer, um einen breiten, V-förmigen Schlitz in die Rinde zu schneiden. Daraus fließt der Kautschuk durch einen kleinen Trichter in einen am Baum festgebundenen Behälter.

Die Setzlinge werden ausgepflanzt, wenn sie etwa 1 m hoch sind. Nach 10 Jahren wird der Baum zum ersten Mal angezapft.

DIE GUMMI-INDUSTRIE im Fernen Osten verdankt Nathaniel Ward, dem Erfinder des Minigewächshauses, der Wardschen Kiste, viel. Kautschuksamen überleben nur kurze Zeit; 1877 überstanden nur 2800 der 70 000 Kautschuksamen die lange Seereise von Brasilien nach Europa. Man mußte sie in Wardschen Kisten, wo sie vor plötzlichem Temperaturwechsel und Salzwasserspritzern sicher waren, keimen lassen, bevor man sie transportieren konnte.

☞ *44 TEE, 99 KAFFEE, 309 ZUCKER*

Otter-Tag

Die lebhaften und verspielten Otter sind perfekt an das Leben im Wasser angepaßt. Ihr dichtes weiches Fall ist wasserabweisend, zwischen den Zehen haben sie Schwimmhäute, und Ohren und Nasenlöcher können sie beim Tauchen verschließen. Bei Sonnenuntergang beginnen sie, im Wasser Fische, Amphibien und Krebse zu jagen, an Land stellen sie allen möglichen kleinen Wirbeltieren und Wirbellosen nach.

Die sehr bewegungsempfindlichen Barthaare helfen dem Otter, unter Wasser seine Beute auszumachen.

Die ungewöhnliche aufrechte Stellung des Otters ist die Beobachtungshaltung – wie beim Murmeltier. Der Otter ist sehr scheu, und ihn selbst wird man selten sehen, aber seine Füße mit den Schwimmhäuten hinterlassen auffällige Abdrücke.

Der Kalifornische Seeotter kann mit einem Stein eine Muschel aufschlagen, während er auf dem Rücken schwimmt. Diese Art wäre Ende des 19. Jh. durch die Jagd fast ausgerottetet worden, überlebte aber dank erlassener Schutzgesetze.

OBWOHL DER EURASISCHE FISCHOTTER in ganz Europa und Asien leben kann, ist er heute an vielen Orten sehr selten geworden. Der Bestand ging zurück, teils weil er stark bejagt wurde, teils wegen der zunehmenden Verschmutzung der Gewässer. Das Kielwasser der Schiffe, das die Ufer der schiffbaren Gewässer erodiert, macht es den Ottern unmöglich, sichere Baue anzulegen, ebenso wie die Begradigung der Flüsse und die Befestigung der Ufer.

☞ *329 FLUSSUFER*

Mimikry-Tag

Fast alle Glasflügler ahmen Bienen oder Wespen nach. Der Hornissenschwärmer imitiert die Hornisse und kann seinen Hinterleib sogar so anspannen, als wolle er stechen.

Mimikry ist ein Sonderfall der Schutzanpassung und besonders häufig bei Insekten. Eine harmlose Art gibt sich den Anschein einer giftigen oder gut geschützten. Auf diese Weise profitiert die ungefährliche Art von der Tatsache, daß ihr Vorbild wegen seiner Giftigkeit oder Aggressivität gefürchtet ist: Ihre Feinde meiden die harmlose und eßbare Art, da sie sie für die gefährliche halten.

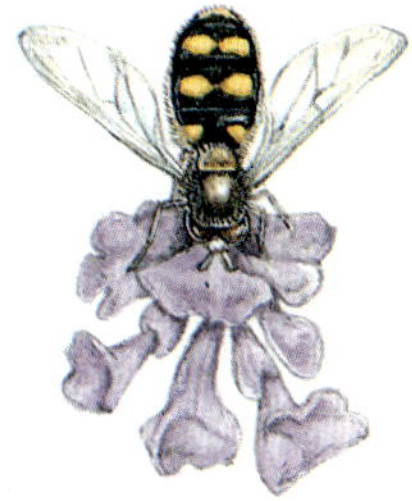

Die harmlosen Schwebfliegen ahmen durch ihre schwarz- und gelbgestreiften Hinterleiber sowie ihren ähnlich ruckartigen Flug Bienen und Wespen nach.

Diverse Formen des afrikanischen Schwalbenschwanzes, Papilio dardanus *(links), imitieren verschiedene Arten der Monarchfalter (rechts), die Alkaloide enthalten und für Vögel giftig sind.*

In den 50er Jahren des 19. Jh. erkannte der Naturforscher Henry Bates erstmals Mimikry und die typische Nachahmung, also das Imitieren gefährlicher Tiere durch harmlose. Deshalb bezeichnet man dies auch als Batessches Mimikry. Später erkannte man, daß es auch für die gefährlichen Organismen von Vorteil sein konnte, wenn sie einander ähneln: Auf diese Weise müssen sich ihre Feinde nur an wenig ›erinnern‹, und es gibt tatsächlich zahlreiche Beispiele dieser Art, die man als Müllersches Mimikry bezeichnet.

☞ *289, 330 TARNUNG*

Überwinterungs-Tag

Der Frost tötet das Laub ab und schädigt die wachsenden Spitzen der Pflanzen. Daher haben viele Pflanzen Strategien entwickelt, um den Winter zu überleben. Die meisten Laubbäume der gemäßigten Zonen werfen ihre Blätter ab, wenn die Tage im Herbst kürzer werden, und verbergen die zarten Spitzen in Knospen, die von schützenden Schuppen umgeben sind (links).

Das Ohmkraut (rechts) ist eine einjährige Pflanze, die als Same überwintert, der im Frühjahr keimt und sehr schnell heranwächst. Die meisten Einjährigen überwintern als Samen.

Die winterharte Spanische Hyazinthe (rechts) speichert in ihrer Zwiebel während des Frühjahrs Stärke, bevor sich das Blätterdach der Bäume bildet und sie nicht mehr genügend Licht erhält. Der oberirdische Teil der Pflanze stirbt im Sommer ab und zurück bleibt nur die Zwiebel, die dann bis zum nächsten Frühling in der Erde ruht.

Die immergrüne Behaarte Alpenrose (unten links) bringt eine Fülle harter Blätter hervor, die in der Lage sind, auch die tiefen Temperaturen der alpinen Regionen zu überstehen.

VIELE PFLANZEN haben quasi eingebaute ›Schlafmechanismen‹, die verhindern, daß ihre Knospen während wärmerer Perioden im Winter zu früh aufbrechen. Wenn du im Winter ein paar Buchenzweige abschneidest und sie an einem warmen Ort ins Wasser stellst, werden sich die Knospen nicht öffnen. Schneidest du dagegen welche Anfang Mai, werden sich die Knospen im Haus öffnen. Eine die Winterruhe auslösende Chemikalie, die erst durch eine längere Reihe von Winterfrösten zerbrochen wird, verhindert ein zu frühes Ausschlagen.

☞ *154–155 WINTERSCHLAF*

Eier-Tag

Eier waren der Schlüssel zur Eroberung des Landes durch die Wirbeltiere – also Tiere mit einer Wirbelsäule. Die ersten Wirbeltiere, die auch auf dem Land lebten, waren Amphibien, die allerdings für die Eiablage ins Wasser zurück mußten, da ihre Eier keine schützende Schale besitzen: nur von einer gallertartigen Masse umgeben, werden sie im Wasser vom Männchen befruchtet, das über den Eiern schwimmt und dabei Sperma absondert.

Reptilieneier (oben rechts) werden im Körper des Weibchens befruchtet. Sie enthalten einen Nahrungsvorrat für die Entwicklung des Embryos, und die Schale verhindert ihr Austrocknen.

Frösche und Kröten sind typische Amphibien, die für die Eiablage und die Entwicklung der Kaulquappen ans Süßwasser gebunden sind.

Auch die Eier von Säugetieren werden im Körper befruchtet, doch das Junge bleibt bis zu einem viel weiter entwickelten Stadium im Körper der Mutter.

REPTILIEN WAREN DIE ERSTEN WIRBELTIERE, die sich außerhalb des Wassers fortpflanzen konnten. Da ihre Eier, mit Nahrungsreserven versehen, in einer wasserdichten, schützenden Schale verpackt sind, können die Jungen darin heranwachsen, bis sie – gleich nach dem Schlüpfen – an Land leben und für sich selbst sorgen können. Dies ist ein bedeutender Vorteil der Reptilien gegenüber den Amphibien. Doch Eier sind von Austrocknung und Räubern bedroht. So haben Säugetiere diese Art der Fortpflanzung verbessert, indem sie das Junge im Körper der Weibchen heranwachsen lassen.

☞ *4–5 FROSCH UND KRÖTE, 152 MAULBRÜTER*

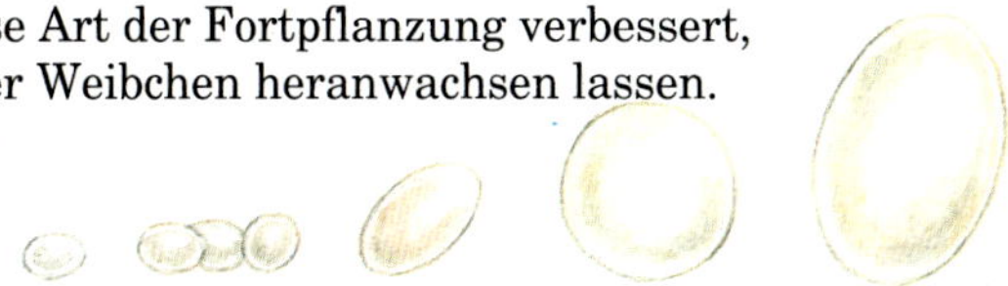

Australische Pflanzen

Australien ist ein vielfältiger Kontinent, auf dem man die verschiedensten Habitate – von alpinen bis zu Wüsten und Regenwäldern – antrifft. Seine lange geographische Isolation von anderen kontinentalen Landmassen und die unterschiedlichen Habitate sind dafür verantwortlich, daß man hier eine faszinierendere Vielfalt von Pflanzen antrifft als sonst irgendwo auf der Erde.

Der Grasbaum Xanthorrhoea *ist ein Schopfbaum mit über 1 m langen grasartigen Blättern und wächst in sehr trockenen Gegenden. Manche Arten werden über 350 Jahre alt und blühen erst, wenn sie etwa 200 Jahre alt sind.*

Die Banksien wurden nach Sir Joseph Banks benannt, dem Botaniker, der Australien zusammen mit Kapitän Cook erforschte. Die Aborigines essen den Nektar der Banksien, und ihre Blüten werden vom Honigbeutler bestäubt.

Die Ruhmesblume, Clianthus formosus, *wächst in den trockenen Gegenden Westaustraliens. Mit ihren auffälligen klauenförmigen Blüten ist sie eine beliebte Zierpflanze.*

WIE VIELE INSELN besitzt auch Australien zahlreiche endemische Arten, die man sonst nirgendwo auf der Welt antrifft. Weite Teile des Kontinents sind sehr trocken und leiden unter häufigen Buschfeuern. Daran haben sich bestimmte Arten angepaßt: Die Früchte der *Banksia ornata* verstreuen ihre Samen erst, nachdem sie von Flammen ausgedörrt wurden, und *Xanthorrhoea* wird vom Feuer zur Blüte angeregt und treibt ihre Blütenknospen häufig aus den brandgeschwärzten Stämmen.

☞ *75 KOALA, 141 EUKALYPTUS*

Capybara-Tag

Die charakteristische tiefe Schnauze des Capybaras enthält ständig nachwachsende, große Backenzähne, mit denen die Tiere zähe Pflanzen zermahlen. Die sich überschneidenden Schneidezähne wachsen kontinuierlich. Sie reiben sich ständig aneinander und bleiben auf diese Weise immer scharf.

Capybaras oder Wasserschweine sind die größten Nagetiere der Welt. Sie werden etwa so groß wie Schafe und wiegen bis zu 65 kg. Capybaras leben in Herden, die aus 10-20 Tieren bestehen. Sie halten sich in der Nähe der langsam fließenden Gewässer Südamerikas auf. Im Morgengrauen sowie bei Einbruch der Dunkelheit wälzen sie sich im Wasser und suchen nach Gras und Wasserpflanzen – fast wie kleine Nilpferde.

Capybaras haben mit Schwimmhäuten versehene Füße, so daß sie sich in den von ihnen bevorzugten schlammigen Gegenden leicht bewegen können.

WIE IHR NAHER VERWANDTER, das Meerschweinchen, schmecken auch Capybaras sehr gut und werden daher von der Landbevölkerung Südamerikas gejagt. Capybaras werden im sumpfigen Gelände aufgescheucht und erlegt. Angeschossene Tiere flüchten ins Wasser, wo ihr Blut Piranhas anlockt. Daher fürchten erfahrene Capybara-Jäger die Piranhas, die ihnen oft ihren Fang vor der Nase wegfressen.

☞ *32 PIRANHA, 57 KANINCHEN, 184 RATTE*

Drogen-Tag

Die betäubende oder anregende Wirkung mancher Pflanzen muß schon der steinzeitliche Mensch erkannt haben, als er durch Probieren herausfand, welche Pflanzen eßbar waren. Viele Arten enthalten chemische Verbindungen, die auf das Nervensystem und das Gehirn einwirken. Tabak (rechts) enthält das Alkaloid Nikotin, ein mild anregendes Mittel. Er wurde im 16. Jh. erstmals aus Südamerika nach Europa gebracht und fand bald weite Verbreitung. Heute weiß man, daß durch Tabakgenuß Lungenkrebs entstehen kann, und die toxischen Eigenschaften dieser Pflanze kann man daran ermessen, daß Nikotin ein sehr wirksames Insektizid ist.

Aus Stechäpfeln werden seit der Zeit der Azteken Halluzinogene gewonnen.

DIE SÜCHTIG MACHENDEN EIGENSCHAFTEN mancher Pflanzen haben ihnen einen sehr schlechten Ruf eingebracht, doch viele Arten wurden in verschiedenen Zeiten aus ganz anderen Gründen angebaut. Hanf (*Cannabis sativa*, oben links) hat Stengel, die aus langen, harten Fasern bestehen, und wurde daher lange Zeit weithin als Rohmaterial für die Produktion von Segeltuch und Seilen, Matten und Gurten angebaut – das stark süchtig machende Kokain, das aus dem Kokastrauch (*Erythroxylon coca*) gewonnen wird, war bis ins späte 19. Jh. sogar ein wichtiger Bestandteil von Coca-Cola.

☞ *44 TEE, 99 KAFFEE, 332–333 HEILPFLANZEN*

Schwanen-Tag

Drei der fünf Schwanarten, die es auf der Welt gibt, sind ganz weiß. Sie brüten im Norden der nördlichen Halbkugel und ziehen im Winter nach Süden. Der Schwarzhalsschwan kommt aus dem südlichen Südamerika, während der Schwarze Schwan ursprünglich aus Australien und Tasmanien stammt und nun auch in Neuseeland heimisch gemacht wurde.

Höckerschwäne tragen ihre Küken, solange sie noch sehr jung sind, auf dem Rücken.

Schwanenpaare bleiben ein Leben lang zusammen und kommen jährlich an denselben Brutplatz zurück, um dort ihr enormes Nest aus trockenen Pflanzenteilen zu bauen.

1697 entdeckten holländische Seefahrer in Westaustralien den Schwarzen Schwan. Als die ersten Tiere nach Europa gebracht wurden, riefen sie dort großes Erstaunen hervor.

Schwanenjunge sterben oft qualvoll an Vergiftungen durch Bleigewichte, die von Anglern achtlos weggeworfen wurden.

SCHWÄNE SIND DURCH UNSERE ZIVILISATION besonderen Gefahren ausgesetzt. Sie wiegen etwa 15 kg und sind keine besonders guten Flieger. Viele sterben, weil sie mit Hochspannungsleitungen kollidieren. Schwäne ernähren sich von Wasserpflanzen und sind damit direkt von der Wasserverschmutzung bedroht. Häufig kommen die Vögel auch durch die Plastikringe von Getränkedosen-Sechserpacks um. Sie verfangen sich mit ihren Hälsen in den Ringen und würgen sich langsam zu Tode.

☞ *185 GANS, 336 ENTE*

Pfeffer-und-Paprika-Tag

Im Englischen bezeichnet »Pepper« zwei verschiedene Pflanzen: Der aus Südamerika stammende Paprika (*Capsicum*, links) gehört zur Familie der Nachtschattengewächse (*Solanaceae*); seine Früchte sind die roten, grünen und gelben Schoten oder kleine, scharfe Chilischoten (Cayennepfeffer). Der aus Indien stammende Pfeffer (*Piper*, rechts) gehört zur Familie der *Piperaceae* und liefert den schwarzen und den weißen Pfeffer.

Chilischoten (oben und rechts) sind sehr scharf. Man trocknet und mahlt sie zu Cayennepfeffer.

Pfeffer ist eine Kletterpflanze. Aus unreif geernteten und getrockneten Früchten erhält man die schwarzen Pfefferkörner, aus reifen und geschälten die milderen weißen Pfefferkörner.

Gemüsepaprika ist milder. Getrocknet und gemahlen ist er ein unverzichtbares Gewürz.

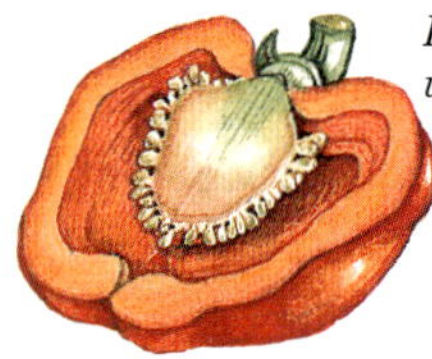

Die meisten Pfefferkörner kommen aus Indien, Sarawak und Indonesien. Allein die USA importieren etwa ein Drittel der Welternte.

JAHRHUNDERTELANGE ZUCHT durch den Menschen hat dazu geführt, daß es eine sehr große Vielfalt scharfer Chilis gibt. So wurden Pflanzen, deren Früchte noch schärfer waren als die der Elternpflanzen, von den Bauern besonders gehegt und ihre Samen dazu benutzt, neuen Chili anzupflanzen. Wenn man auf diese Weise Pflanzen auswählt und miteinander kreuzt, um ein gewünschtes Ergebnis, etwa sehr scharfe Chilischoten, zu erhalten, ist das im Grunde genommen eine Nachahmung der natürlichen Auslese. Fast alle Kulturpflanzen und Haustierarten sind auf diese Weise entstanden.

☞ *198 GEWÜRZE, 317 GERUCH UND GESCHMACK*

Pinguin-Tag

Die etwa 20 Arten der Familie der Pinguine leben an den Küsten des Antarktischen Ozeans. Die am weitesten nördlich brütende Art trifft man auf den Galapagos-Inseln an. Die flugunfähigen Vögel haben zurückgebildete Flügel, die unter Wasser als Ruder dienen, und speziell an das Leben im Wasser angepaßte, mit Schwimmhäuten versehene, kräftige Füße. Als hervorragende Schwimmer erreichen sie unter Wasser Geschwindigkeiten von bis zu 35 km/h.

Felsenpinguine kommen auf den Falkland-Inseln und anderen subantarktischen Inseln vor. Sie sind bekannt für ihre furchtlosen Sprünge von Felsen, wenn sie durch rauhes Gelände ziehen.

Junge Kaiserpinguine werden nur alle zehn Tage gefüttert. Sie drängen sich zusammen, um genug Wärme zu erhalten, und warten, daß ihre Eltern Futter aus dem Meer bringen.

Die Kaiserpinguine leben auf dem antarktischen Festland. Sie bauen keine Nester, sondern das 1,3 m große Männchen brütet das Ei auf seinen mit einer dicken Haut, der Bruttasche, bedeckten Füßen aus.

KAISERPINGUINE ZIEHEN bis zu 90 km ins Landesinnere, wo sie im März ihre Brutplätze erreichen. Im Mai legt das Weibchen ein einziges Ei, übergibt es sofort dem Männchen und macht sich auf den Weg zurück ans Meer, um nach Nahrung zu suchen. Während des antarktischen Winters brütet das Männchen dann das Ei aus. Etwa zwei Monate steht es nur da, umtost von Winden, die bis zu 200 km/h erreichen, und bei Temperaturen von bis zu –30 °C, und trägt das Ei auf seinen Füßen. Das Küken schlüpft ein paar Tage, bevor das Weibchen zurückkehrt.

☞ *10 FLUGUNFÄHIGE VÖGEL*

Kokosnuß-Tag

Kokospalmen werden bis zu 30 m hoch. Ihr Holz verwendet man zum Bauen, die Blätter zum Dachdecken und zur Herstellung von Matten und Körben. Die Frucht, die Kokosnuß, enthält, solange sie noch grün ist, eine erfrischende Flüssigkeit, die sogenannte Kokosmilch. Die reife Frucht bietet ein festes, weißes, süßes Fleisch. Die Fasern der Schale benutzt man, um daraus Matten, Seile und Bürsten herzustellen.

Oft treiben Kokosnüsse weite Strecken im Meer. Wenn sie an einen Strand gespült werden, keimen sie und bringen eine neue Palme hervor.

Von außen nach innen hat die Kokosnuß vier Schichten: Rinde, Fasern, Schale und Fleisch. Nimmt man die Hülle ab (unten rechts), hat die Schale drei weiche Augen an einem Ende. Alte Hüllen und Schalen (unten links) sind eine beliebte Eiablagestätte für Moskitos.

Das Fleisch der Kokos nuß kann frisch geges sen werden. Getrockn wird es zu Kopra, aus dem man hochwertige Pflanzenöl gewinnt.

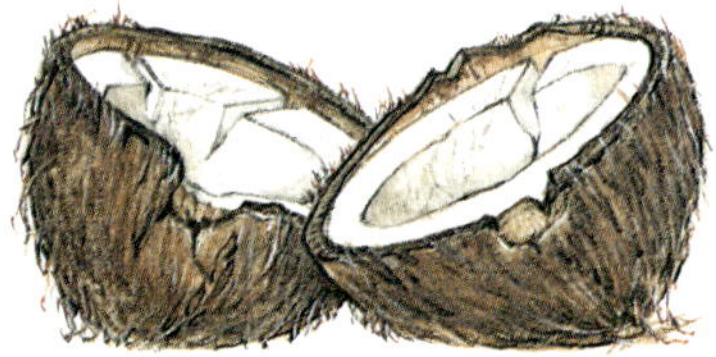

LASS DIR VON JEMANDEM HELFEN, eine Kokosnuß zu öffnen. Zunächst wird die Schale rundherum angesägt, anschließend setzt man ein großes Messer auf diese Linie und bricht die Schale mit einem kräftigen Hammerschlag auf das Messer auseinander. Wenn du das Fleisch gegessen hast, laß die Schale trocknen. Schleife die Innen- und Außenseite mit Sandpapier ganz glatt. Sei geduldig – es dauert lange, denn die Schale der Kokosnuß ist einer der härtesten pflanzlichen Stoffe, die wir kennen. Poliere sie schließlich mit etwas Salatöl, und deine Schale sieht aus wie ein original polynesisches Trinkgefäß.

☞ *157 KEIMLING, 322 TORFMOOR*

Yuccamotten-Tag

Yuccas und Agaven sind Wüstenpflanzen aus Nord- und Mittelamerika, deren große, harte, schwertförmige Blätter in Rosetten wachsen. Das besondere an ihnen ist, daß sie nur von einer einzigen Tierart bestäubt werden können, und zwar jede Yucca-Art in der Regel nur von einer einzigen Art des Bestäubers. Dabei handelt es sich um eine kleine weiße, graue oder gesprenkelte Motte, die Yuccamotte (*Pronuba yuccasella*).

Die Mottenlarven schlüpfen und ernähren sich von den sich entwickelnden Yuccasamen.

Yuccas blühen in unregelmäßigen Abständen und bringen dann eine herrliche große Rispe hervor. Fledermäuse suchen in den Blüten nach Nektar, und weibliche Motten sammeln Pollen, die sie unter ihrer Zunge zu einer Kugel zusammenrollen.

Die weibliche Motte fliegt zu einer anderen Yuccablüte, krabbelt in den Blütenboden, durchbohrt den Fruchtknoten mit ihrem scharfen Legestachel und legt mehrere Eier. Dann klettert sie auf das Staubblatt und preßt die Pollenkugel auf den Stempel.

DIE BEZIEHUNG ZWISCHEN DER YUCCAMOTTE und der Yuccapflanze bezeichnet man als Symbiose. Die Raupen der Yuccamotte können sich nur von den Yuccasamen ernähren, und die Yuccas werden nur von Yuccamotten bestäubt, so daß das Überleben der einen Art abhängig von dem der anderen ist. Da die Raupen nicht alle Samen fressen können, kann sich die Yucca dennoch fortpflanzen.

☞ *323 BESTÄUBUNG DURCH FLIEGEN, 346 ORCHIDEE*

Flamingo-Tag

Der afrikanische Kleine Flamingo sucht in sehr salzigem Wasser nach Nahrung. Überschüssiges Salz wird durch die Nasenlöcher ausgeschieden.

Flamingos sind Watvögel, die in flachen Gewässern nach Algen und Kleintieren suchen. Sie legen ihren Kopf mit der Oberseite nach unten auf den Grund des Gewässers und schwingen ihn hin und her. Dabei pumpen sie durch Vor- und Zurückschieben ihrer Zunge Wasser in den Schnabel. Kleine Tiere wie Krebse und Wasserflöhe bleiben dabei an Lamellen im Schnabel hängen.

In einer der wenigen großen Flamingokolonien Afrikas zählt man bis zu 1 Mio Paare.

Flamingokolonien werden vielerorts durch Flugverkehr gestört.

DIE AUFFÄLLIGE ROSA FÄRBUNG der Flamingos rührt von den kleinen, Carotin enthaltenden Krebsen her, die den überwiegenden Teil der Nahrung der Vögel darstellen. Zooflamingos füttert man mit Karottensaft oder künstlichen Farbstoffen, damit ihre Federn nicht grau werden. Nicht viele Farben bei Pflanzen oder Tieren gehen so direkt auf die Nahrung zurück.
Versuche einmal, die Blütenfarbe von Blumen zu ändern, indem du dem Wasser etwas Lebensmittelfarbe zufügst.

☞ *192 PIGMENTIERUNG*

Beuteltier-Tag

Das Hauptmerkmal der Gattung der Beuteltiere ist, daß die frischgeborenen Jungen – kaum mehr als Embryos – sofort nach der Geburt in die Bauchtasche des Muttertiers klettern und sich dort an einer Zitze festsaugen. Größere Arten säugen ihre Jungen mehrere Monate lang, bis die Kleinen groß genug sind, um für sich selbst zu sorgen.

Die Fettschwanzbeutelmaus speichert Fett an der Basis des Schwanzes. In Dürrezeiten bietet ihr das Fett Energie und Wasser.

Virginisches Nord-Opossum, in den ganzen USA verbreitet.

Die amerikanischen Opossums und die australischen Possums oder Kusus gehören verschiedenen Familien an.

Australischer Langschwanz-Bilchbeutler

Der plumpe australische Wombat ist nachtaktiv und ernährt sich von Gras und Wurzeln. Wenn er gestört wird, vergräbt er sich unglaublich schnell und kann innerhalb von zwei Minuten völlig unter der Erde verschwunden sein.

Der Koalabär, bekannt aus den Werbeanzeigen einer Fluggesellschaft und Modell für knuddeliges Spielzeug, kann im wirklichen Leben auch ziemlich aggressiv werden.

Die Europäer brachten Katzen, Füchse, Ratten, Mäuse und eine intensiv betriebene Landwirtschaft auf das australische Festland. Die Beuteltiere litten unter dem neuen Konkurrenzdruck, der Bedrohung durch Raubtiere und den Landschaftsveränderungen, und einige Arten sind vom Aussterben bedroht. Auf Tasmanien und den kleineren australischen Inseln gibt es immer noch keine Füchse. Daher findet man hier noch Beuteltiere, die auf dem Festland zurückgegangen oder ausgestorben sind.

☞ *75 KOALA, 135 KÄNGURUH, 328 TASMANISCHER WOLF*

Falter-Tag

Der ›Staub‹ auf den Flügeln des Falters besteht eigentlich aus winzigen Schuppen oder Haaren mit abgeflachtem Ende, die wie Tischtennisschläger geformt sind. Die mikroskopische Struktur der Schuppen ist kompliziert – sie haben Längsrillen und sehr viel feinere Querrillen. Die Schuppen bestehen aus mehreren Schichten *Kutikula*, feinen Häutchen, und sind innen hohl.

Bei vielen Arten sind nur die Männchen bunt.

Millionen von Monarchfaltern (links) wandern zum Überwintern 4 000 km weit von den USA nach Mexiko.

Wenn Falter ihre Flügel öffnen, erscheinen bei manchen Arten große Augenflecken, die Feinde abschrecken.

Die braunen und schwarzen Pigmentfarben bei Faltern entstehen durch Melanin.

Die Farben der Falter werden entweder durch Pigmente in den Schuppen oder durch ihre Oberflächenstruktur hervorgerufen. Die durch die Struktur hervorgebrachte Farbe entsteht, wenn die einzelnen Schichten, aus denen die Schuppen bestehen, bestimmte Farben absorbieren, andere dagegen reflektieren. Oder sie geht auf die Längs- und Querrillen in den Schuppen zurück, die die verschiedenen Farben in verschiedenen Winkeln reflektieren, was man als Interferenz bezeichnet.

Viele Falterarten in warmen Regionen leben nur wenige Tage – gerade lange genug, um sich zu paaren und Eier abzulegen. Nur wenige Arten überwintern dagegen als ausgewachsene Tiere.

Manche Falter verteidigen ihr Revier gegen jeden Eindringling und greifen dabei auch Vögel und Menschen an.

Schmetterlinge sehen auch ultraviolettes Licht, das wir nicht zu erkennen vermögen. Daher erscheinen die Farben des Schmetterlings einem anderen Schmetterling wahrscheinlich ganz anders als uns.

WIE DURCH REFLEXION und Absorbtion Farbwirkungen auf einer Oberfläche entstehen, kannst du feststellen, wenn du an einem sonnigen Tag draußen Seifenblasen machst. Ihre dünne Haut absorbiert einige Farben, während sie andere reflektiert. Ähnliche Farbwirkungen, sogenannte ›Newtonsche Ringe‹, entstehen, wenn du zwei feuchte Glasscheiben aufeinanderlegst – vom Zentrum nach außen solltest du Violett, Blau, Grün, Gelb, Orange und Rot erkennen – die Farben des Regenbogens.

☞ *118 WANDERUNG, 192 PIGMENTIERUNG, 290 SCHMETTERLING*

Krabben-Tag

Krabben gehören zur Familie der *Decapoda* (Griechisch: deca = zehn; podos = Fuß), Krebse mit einem kurzen Körper und einem breiten Rückenpanzer, das erste der fünf Beinpaare trägt große Scheren. Krabben sind Meeresgrundbewohner, die sehr gut seitwärts laufen können. Viele Arten können zudem auch leicht vorwärts und rückwärts laufen und gut schwimmen.

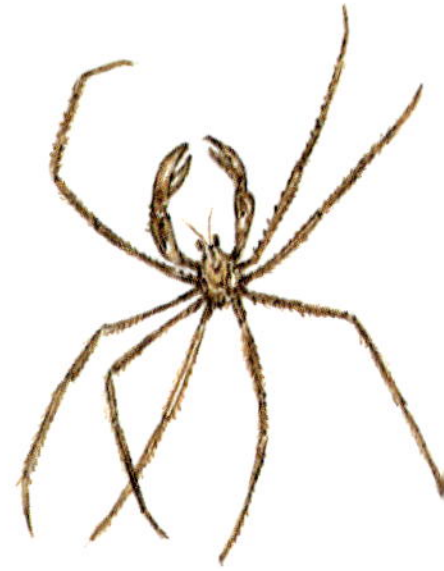

Mangrovenkrabben können auf Bäume klettern. Sie führen Wasser mit sich, um ihre Kiemen feucht zu halten, solange sie an Land sind.

Japanische Riesenkrabben sind mit über 3 m Durchmesser die größten Krebstiere. Sie sind Geschöpfe der Tiefsee und mit unseren Seespinnen verwandt.

Geisterkrabben laufen sehr schnell und sind so durchscheinend, daß man ihre Schatten leichter erkennt als die Tiere selbst.

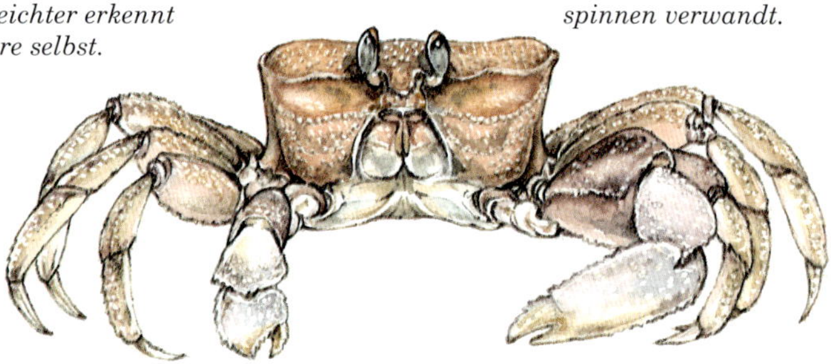

Einsiedlerkrebse (unten) leben in leeren Schneckenhäusern. Sie schieben ihren ungepanzerten verletzlichen Hinterleib in das Schneckenhaus hinein, um ihn zu schützen.

In flachen Mulden am Strand kannst du bei Ebbe Einsiedlerkrebse fangen. Während sie wachsen, müssen diese Krebse die Schneckenhäuser, die ihnen Schutz bieten, mehrfach wechseln, und wenn du mehrere Krebse und verschieden große Schneckenhäuser in ein Gefäß mit Salzwasser gibst, kannst du beobachten, wie sie mit ihren großen Scheren um die leeren Schneckenhäuser kämpfen.

☞ *139 KREBS, 269 HUMMER, 326 PARTNERSCHAFT*

Zucker-Tag

Die Stengel des Zuckerrohrs werden geerntet, bevor die Pflanze blüht.

In Brasilien und auf den Philippinen wird aus Zuckerrohr gewonnener Kraftstoff schon kommerziell eingesetzt.

Bis zur Mitte des 19. Jh. verwendete man in Europa zum Süßen von Speisen und Getränken entweder Honig oder Rohrzucker. Zuckerrohr ist ein hochwüchsiges tropisches Gras, das in Plantagen angebaut wird. Aus den Pflanzenstengeln wird der Saft herausgepreßt und der Zucker dann kristallisiert. Anfang des 19. Jh. begann man, Zuckerrüben aus der kultivierten Form des See-Mangold zu züchten, einer wilden Küstenpflanze, die wahrscheinlich schon von den Assyrern als Gemüse gezogen wurde.

Das Protein einer afrikanischen Pflanze, des Thaumatococcus daniellii, *ist die Substanz mit der größten natürlichen Süße.*

Die Roten Beete sind ein naher Verwandter der Zuckerrübe mit hohem Pigmentgehalt. Die Runkelrübe hat sehr große Knollen, die vor allem als Viehfutter verwendet werden.

Die Blätter von Pflanzen, die von Blattläusen befallen sind, bedeckt ein klebriger Film. Die Blattläuse saugen Zucker in Form von Saccharose, Sucrose und Aminosäuren aus den Phloemen an Stengel und Blättern. Die Pflanzen enthalten reichlich Sucrose, aber nur sehr wenig von den für die Blattläuse viel wichtigeren Aminosäuren. Wenn du die Blattläuse durch eine starke Lupe betrachtest, wirst du bemerken, daß sie die überschüssige Sucrose in winzigen Tröpfchen wieder ausscheiden, die den klebrigen Überzug auf den Blättern bilden, wenn sie getrocknet sind.

☞ *87 MAIS, 237 EXOTISCHE FRÜCHTE*

Nashorn-Tag

Es gibt fünf Arten von Nashörnern, die in Afrika, Indien und Südostasien leben. Sie tragen ein oder zwei Hörner auf der Nase bzw. Stirn, die aus kompakten hornigen Fasern bestehen. Die Tiere benutzen sie entweder, um gegeneinander zu kämpfen, oder aber, um sich gegen Raubtiere zu verteidigen. Nashörner haben schlechte Augen, ihr Gehör und ihr Geruchssinn sind dagegen hervorragend.

Die afrikanischen Spitzmaulnashörner greifen mit ihrer beweglichen Oberlippe kleine Äste und Zweige.

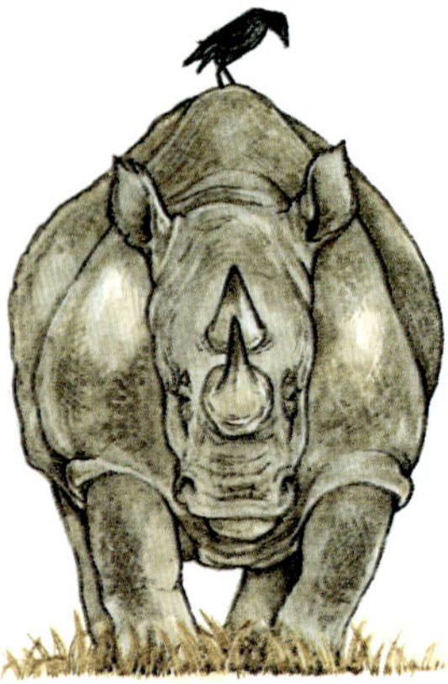

Beim Grasen rupft das afrikanische Breitmaulnashorn mit seinen breiten Lippen die Gräser ab. Die größten Tiere, mächtige Bullen, können bis zu 3 000 kg wiegen.

Das sehr seltene und vom Aussterben bedrohte Sumatra-Nashorn ist das einzige Rhinozeros mit behaartem Körper. Die Art kommt nur noch in Westmalaysia, auf Sumatra und Borneo vor.

Wegen ihrer Hörner, denen man v. a. in China – zu Unrecht – große Heilkräfte nachsagte, wurden Rhinozerosse gnadenlos gejagt. Holzfällerei und die landwirtschaftliche Nutzung hat die Reviere der Nashörner stark eingeschränkt. Das Java-Nashorn ist inzwischen wahrscheinlich ausgerottet, und Versuche, das Sumatra-Nashorn in Gefangenschaft zu züchten, waren bisher nicht sehr erfolgreich.

☞ *130–131 BEDROHTE TIERE*

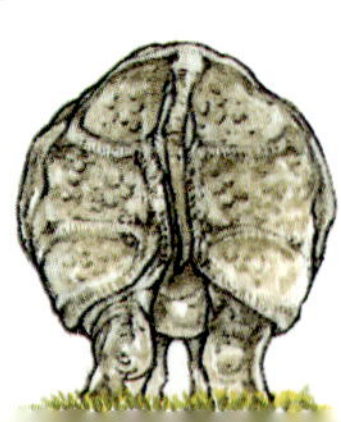

Aga-Tag

Die Aga ist zwar nicht die größte Kröte der Welt, kann aber bis zu 25 cm lang werden, über 500 g wiegen und hat dann einen entsprechenden Appetit. Sie wurde aus dem tropischen Amerika auf die Inseln des Pazifik und der Karibik und nach Australien eingeführt, um dort der Ratten- und Insektenplage in den Zuckerrohrplantagen Herr zu werden, wo sie sich inzwischen selbst zu einer Plage entwickelt hat.

Männliche Geburtshelferkröten watscheln mit um die Hinterbeine gewikkelten Laichsträngen umher, bis die Kaulquappen bereit sind zu schlüpfen.

Die Eier der Wabenkröte enthalten einen sehr großen Eidotter und werden in speziellen Taschen auf dem Rücken des Weibchens abgelegt, wo die Kaulquappen auch schlüpfen und heranwachsen. Erst wenn die kleinen Kröten fertig entwickelt sind, kommen sie hervor. Sie entgehen so der gefährlichen Entwicklungsphase in einem Teich.

DIE VERBREITUNG DER AGA durch den Menschen ist ein klassisches Beispiel für die Gefahren, die damit verbunden sind, räuberische Arten in isolierten Lebensräumen, z. B. auf Inseln, heimisch zu machen. Die Aga richtet großen ökologischen Schaden an, indem sie junge Vögel, Eidechsen und Brückenechsen erbeutet. Mit bis zu 35 000 Eiern pro Jahr hat sie eine phänomenale Reproduktionsrate, und in Australien wird man ihrer Vermehrung nicht mehr Herr.

☞ *4–5 FROSCH UND KRÖTE, 8 MOLCH, 164 BÄRENKLAU*

Hausmaus-Tag

Seit dem Beginn der Zivilisation nutzen Hausmäuse die Fähigkeit des Menschen, Häuser zu bauen und Vorräte zu lagern, für sich aus. Ursprünglich stammen die Nager aus Zentralasien, wo sie auf Feldern und in Wäldern leben, doch sie folgten dem Menschen, wo auch immer er sich niederließ. Da das Tier nachtaktiv ist, sind die ersten Zeichen für seine Anwesenheit nächtliche Kratz- und Schabgeräusche aus Speisekammern, Küchen und Holzfußböden.

Die afrikanische Klettermaus besitzt einen Greifschwanz.

Alle zwei Monate werden 6-10 nackte, blinde Junge geworfen, die schon nach sechs Wochen selbst geschlechtsreif sind. In Kornkammern und anderen Nahrungsspeichern vermehren sich die Mäuse mit unglaublicher Geschwindigkeit und verpesten, was sie nicht fressen, durch ihren Urin und ihren Kot.

MAUSARTIGE SÄUGETIERE gibt es fast überall auf der Welt. Die malaiische Baummaus (ganz oben links) ist ein gewandter Kletterer, die Streifen- oder Zebramaus (oben links) kommt in weiten Teilen Afrikas vor, und in Australien gibt es Beutelmäuse, die sich unter anderem auch von den dorthin eingeschleppten Hausmäusen ernähren.

☞ *22 ZWERGMAUS, 210 TIERE IM HAUS*

Ziegen-Tag

Gemsen leben in kleinen Herden in den Gebirgsregionen Europas und Kleinasiens.

Manchmal hüten nur neun- oder zehnjährige Kinder drei bis vier Monate lang in den Bergen des Iran und des Kaukasus die Ziegenherden des Dorfes. Die Lebensgrundlage des Menschen in diesen trockenen Regionen, die Ziegen, stammen von den echten Wildziegen Zentralasiens und des Nahen Ostens ab. Sie sind sehr genügsam und nutzen noch karge Weiden, wo Rinder und Schafe nicht mehr genügend Nahrung finden.

Hausziegen hält man wegen ihrer Milch, ihres Fleischs und ihrer Haut, die zu Leder verarbeitet wird.

Der Alpensteinbock kommt in den Alpen und den Pyrenäen vor und ernährt sich von kleinwüchsigen Hochgebirgspflanzen, im Winter von Flechten.

Die amerikanische Schneeziege ist entfernt mit der Gemse verwandt. Sie hat recht kurze Beine und ist ein sicherer Kletterer. Schneeziegen fühlen sich auf Geröllfeldern ebenso wohl wie auf schneebedeckten Bergen und werden von ihrem dicken Fell warmgehalten.

AUS ZIEGENHAUT FERTIGT MAN ein sehr feines Leder, aus dem z. B. Einbände für teure Bücher hergestellt werden. Die Haut wird mit einem Sud aus gekochter Rinde und Blättern des Sumachbaumes gegerbt, dessen Wirkstoff das sogenannte Tannin ist. Diese Substanz ist auch in schwarzem Tee enthalten, und je länger du deinen Tee ziehen läßt, desto mehr Tannin wird frei und gibt dem Tee einen bitteren Geschmack.

☞ *19 WILDSCHAF, 144 SCHAF*

Küstensequoia-Tag

Kalifornische Küstensequoien oder Redwoodbäume kommen nur an einem sehr schmalen Küstenstreifen von Oregon bis südlich von Monterey vor. Sie gelten als die am höchsten werdende Art und können über 1000 Jahre alt werden. Anders als die meisten Nadelbäume bilden sie zwischen ihren Wurzeln Schößlinge, und bevor ein alter Baum stirbt, beginnt an seiner Basis ein neuer zu wachsen. Ihre langen, geraden Stämme machen sie zu einem beliebten Nutzholz, das zudem sehr dauerhaft und resistent gegen Schädlinge ist.

Die männlichen und weiblichen Blüten, die in den Zapfen sitzen, sind winzig im Verhältnis zu den gewaltigen Bäumen. Die reifen Zapfen messen im Durchmesser nur 2 cm.

Als höchster Baum der Welt gilt eine Küstensequoia in Kalifornien, die man »Howard Libbey« taufte und die etwa 112 m hoch und 500 Jahre alt ist. Doch man kennt auch Exemplare, die über 2600 Jahre alt sind.

An den Stümpfen gefällter Bäume kann man die Jahresringe erkennen. Dabei entsprechen die breiten Ringe den Jahren, in denen die Wachstumsbedingungen besonders gut waren.

DER KALIFORNISCHE REDWOODBAUM und sein enger Verwandter, der Mammutbaum oder die Riesensequoia, sind die größten Organismen, die je auf der Erde lebten. Beide Arten wurden vor etwa 150 Jahren nach Europa eingeführt und können hier in vielen botanischen Gärten bewundert werden.

☞ *318 KIEFER*

Gezeitentümpel-Tag

Die in den Gezeitentümpeln Europas am häufigsten verbreitete Seeanemone ist die grüne oder rote Pferdeaktinie. Wenn sie ihre Tentakel einzieht, kann sie sogar mehrere Stunden im Trockenen überleben.

Der Regen verdünnt das Meerwasser in den kleinen Tümpeln, die sich bei Ebbe an Felsküsten bilden, während die Sonne das Wasser verdunsten und den Salzgehalt wieder steigen läßt. So müssen die Organismen, die hier leben, sehr flexibel sein.

Große gepanzerte Krabben leben in den Tümpeln der flacheren Zonen von Felsküsten.

Während der Paarungszeit versammeln sich manchmal zahlreiche Gemeine Seesterne in der Nähe des Ufers.

Die Wachsrose mit ihren langen, schwingenden Tentakeln lebt hoch an felsigen Uferstreifen, oft in flachen Tümpeln, die nur einen schwachen Salzgehalt aufweisen.

Die kleinsten Arten der Meeresschnecken leben in der Spritzzone und werden immer nur kurz von Meerwasser bedeckt. Strandschnecken grasen die mit Algen bewachsenen Felsen der Gezeitenzone ab, während die Kreiselschnecken den Algenteppich unterhalb der Ebbelinie abweiden.

Die Algenarten weisen eine Verbreitung in deutlich unterschiedenen Zonen auf: Blasentang wächst in den mittleren und flacheren Uferbereichen.

BAUE EIN SICHTGERÄT für Gezeitentümpel, um das Leben von Meerestieren im Uferbereich zu beobachten. Die Bastelanleitung findest du auf Seite 377.

☞ *94 SEESTERN, 100 TANG, 117 MUSCHEL- UND SCHNECKENSCHALEN, 308 KRABBE, 339 SEEANEMONE*

Geparden-Tag

Es ist die Geschwindigkeit, nicht die Ausdauer, die den Geparden zu einem erfolgreichen Jäger macht. Er erreicht über kurze Strecken Höchstgeschwindigkeiten von über 110 km/h, doch wenn er seine Beute nicht nach spätestens 20 Sekunden erwischt hat, wird er müde und gibt die Jagd auf. Während der wilden Jagd entwickelt er soviel Körperhitze, daß er anhalten, Atem holen und abkühlen muß.

Die langen, spitzen Eckzähne, mit denen der Gepard seine Beute tötet, sind charakteristisch für Raubtiergebisse.

Junge Geparden können sich erst mit über einem Jahr selbst ernähren. Während des Jagdtrainings fängt das Muttertier Gazellen, tötet sie aber nicht. Statt dessen läßt sie das angeschlagene Tier laufen, damit ihre Jungen lernen, es zu verfolgen und zu töten.

Der Gepard verdankt seine enorme Beschleunigung und Geschwindigkeit seinem extrem flexiblen Rückgrat, das wie eine Sprungfeder funktioniert und hilft, lange und schnelle Schritte zu machen. Mit dem ungewöhnlich langen Schwanz hält der Gepard während der plötzlichen Haken und Richtungswechsel die Balance.

WENN DU DIR DIE PFOTEN einer Hauskatze ansiehst, entdeckst du, daß sie ihre Krallen einziehen kann. Geparden sind die einzigen katzenartigen Raubtiere, die dazu nicht in der Lage sind – ein Charakteristikum, das es leicht macht, ihre Spuren in den trockenen, staubigen Savannen, in denen sie jagen, zu verfolgen.

☞ *63 LÖWIN, 261 TIGER*

Geruchs-und-Geschmacks-Tag

Die natürlichen Lebensräume der verschiedenen Tier- und Pflanzenarten sind voller chemischer Signale, die Warnungen ausdrücken, Beute anlocken oder Geschlechtspartner zur Paarung anziehen sollen. Viele Tiere haben sogenannte Chemorezeptoren, die sehr empfindlich auf diese Stoffe reagieren. So nehmen sie etwa die Signale wahr, die mit der Luft in ihr Atmungssystem gelangen, oder solche, die sich in der Nahrung befinden.

Die ständig aus dem Maul von Schlangen und anderen Reptilien hervorschnellende Zunge bringt Luft mit einem Sinnesorgan in ihrem Gaumen in Berührung, dem sogenannten Jacobsonschen Organ.

Giraffenzungen sind sehr lang und können gut greifen – ideal, um die zarten jungen Triebe der Akazienbäume abzureißen.

Die großen, verzweigten Fühler mancher männlicher Falter sind hochsensible Detektoren für Paarungspheromone, chemische Signale, die von weiblichen Tieren abgegeben werden. Manche Arten können einzelne Moleküle von Pheromonen noch über eine Entfernung von über einem Kilometer wahrnehmen.

DIE GESCHMACKSKNOSPEN AUF DER ZUNGE sind Gruppen von Rezeptorenzellen, die chemische Reize (salzig, süß usw.) in der Nahrung erkennen und diese Informationen über die Nerven zum Gehirn schicken. Zur Laichzeit kehren flußaufwärts wandernde Fische, z. B. Forellen und Lachse, vom Meer in die Flüsse zurück, in denen sie selbst einst schlüpften. Das ist nur deshalb möglich, weil die Fische in der Lage sind, den einzigartigen Geschmack bzw. Geruch ihres Flusses wiederzuerkennen.

☞ *25 LACHS, 45 FORELLE, 120 GEHÖR, 148 SELTSAME NASEN, 345 AUGE*

Kiefern-Tag

Die Zapfen von Nadelbäumen brauchen oft mehrere Jahre, um auszureifen. Bei der Gemeinen Waldkiefer z. B. werden die Samen erst im dritten Jahr ausgestreut.

Nadelwälder kommen vor allem in den nördlichen Regionen vor, wo die Sommer nur kurz sind. Dank der konischen Form der Bäume fällt der Schnee leicht von ihnen ab, der sonst ihre Äste abbrechen könnte.

Der Auerhahn, ein auffälliger, viel gejagter Vogel, ist in Nadelwäldern zu Hause.

Nadelbäume (Coniferen) *sind Nacktsamer* (Gymnospermen). *Ihre Eizellen und später ihre Samen sitzen außen auf der Oberfläche der Quirle der Fruchtblätter, die den Zapfen bilden. Bei Blütenpflanzen* (Angiospermen) *sind die Samen in ein gefaltetes, geschlossenes Gehäuse eingebettet, den Fruchtknoten.*

Die Larven des Kiefernschwärmers und Großrüsselkäfers verursachen erhebliche Schäden in Nadelwäldern.

Eichhörnchen fressen gern die Samen der Nadelbäume.

DIE GEMEINE WALDKIEFER trifft man in ganz Europa an, von Spanien bis Lappland, sowie in weiten Teilen Sibiriens. Bringe einige reife Zapfen der Gemeinen Waldkiefer in einen warmen Raum und beobachte, wie sich die Schuppen öffnen, wenn der Zapfen trocknet. Wenn du ihn auf einer harten Oberfläche ausklopfst, fallen die geflügelten Samen heraus und drehen sich wie die Rotorblätter eines Helikopters, während sie zu Boden segeln. Die Samen der meisten Nadelbäume werden vom Wind verteilt.

☞ *196 BLÜTE, 314 KÜSTENSEQUOIA*

Wombat-Tag

Die australischen Wombats oder Plumpbeutler sind neben den Beutelmullen die einzigen Beuteltiere, die Tunnel graben. Der Wombat wird ziemlich groß, bis zu 1,2 m lang, und wiegt dann etwa 35 kg. Heute geht man davon aus, daß es nur zwei Wombatarten gibt – den Nacktnasenwombat (unten) aus Südostaustralien und Tasmanien sowie den Haarnasenwombat (rechts).

Die kräftigen gedrungenen Füße ermöglichen es den Wombats, sehr schnell zu graben. Die Haupttunnel ihrer Baue sind etwa 20 m lang und verfügen über mehrere Fluchtlöcher. Wombats hindern Feinde am Eindringen, indem sie sie mit ihrem kräftigen Rücken völlig versperren.

Wie beim Koala, dem vermutlich nächsten Verwandten der Wombats, öffnet sich der Beutel des Weibchens nach hinten. So kann es graben, ohne daß dabei Erde in den Beutel gerät.

Haarnasenwombats leben in den Savannen Südaustraliens und Queenslands.

WOMBATS VERBRINGEN DIE HEISSEN STUNDEN des Tages in ihrem Bau und kommen nur in der Kühle der Morgen- und Abenddämmerung heraus, um nach Nahrung zu suchen. Sie sind reine Pflanzenfresser und ernähren sich von Gras, Wurzeln und weicher Baumrinde. Sie pflanzen sich nur langsam fort: Es kommt nur jeweils ein Junges zur Welt, das etwa drei Monate im Beutel seiner Mutter verbringt und danach weitere 18 Monate lang bei ihr bleibt.

Den Wombats machen Trockenzeiten nicht viel aus; sie schwitzen nicht, und ihr Kot ist so gut wie trocken, ihr Urin hochkonzentriert und dickflüssig.

☞ *54–55 LEBEN UNTER DER ERDE, 75 KOALA, 135 KÄNGURUH*

Schachtelhalm-Tag

Schachtelhalme sind die letzten Überlebenden einer Gruppe von Pflanzen, die vor über 200 Mio. Jahren weite Teile der Erdoberfläche bedeckten. Die heutigen Schachtelhalme gehören der Gattung *Equisetum* an und sind praktisch identisch mit Fossilien, die in 300 Mio. Jahre alten Felsen aus dem Devon gefunden werden. Daher liegt der Schluß nahe, daß es sich dabei um die älteste Pflanzengattung der Welt handelt.

Die Stiele der Schachtelhalme sind innen hohl und besitzen einen Ring von Luftkanälen, durch die Sauerstoff in die Wurzeln gelangt, die oft in abgestandenem Schlamm wachsen.

Schachtelhalme lagern in ihrem Gewebe Gold ein. Man bräuchte allerdings mindestens 4000 kg Pflanzengewebe für ein einziges Kilo Gold.

Die charakteristischen Wirtel der Blätter und Stiele enthalten dichte Silikateinlagerungen und wurden daher von Siedlern und Grenzpionieren oft verwendet, um Töpfe und Pfannen zu scheuern.

Equisetum giganteum *ist mit seinen bis zu 13 m langen kriechenden Stengeln die größte der 29 noch existierenden Schachtelhalmarten. Neben der* Calamites *der Karbonzeit ist er allerdings ein Zwerg: Dieser Schachtelhalmbaum wurde bis zu 18 m hoch. Prähistorische Schachtelhalme hinterließen hervorragende Fossilien in der Kohle.*

Das Silikat in lebenden Schachtelhalmen kann man sichtbar machen, indem man Schachtelhalme trocknet und dann in einer Metallpfanne verbrennt. Das Pulver, das zurückbleibt, ist ein Scheuermittel, mit dem man früher weiche Metalle wie Zinn reinigte; daher erhielt die Pflanze auch den Namen Zinn- oder Scheuerkraut.

☞ 62 MOOS, 114 FARN, 170 PRIMITIVE PFLANZEN

Dodo-Tag

Dodos oder Solitäre waren sehr große Tauben, die sich auf den Inseln Mauritius, Réunion und Rodriguez im Indischen Ozean aus einem flugfähigen Vorfahren entwickelt hatten. Da es dort keine Raubtiere gab, die sie bedroht hätten, verloren sie ihre Flugfähigkeit und nahmen an Größe zu. Sie konnten bis zu 25 kg schwer werden. Ihre Nester bauten sie, anders als die anderen Tauben, auf dem Boden.

Die letzte Wandertaube starb 1914 im Zoo von Cincinnati.

Der Réunion-Solitär überlebte bis 1750, die auf Rodriguez heimische Art etwa bis 1800.

Im frühen 16. Jh. entdeckten europäische Seeleute das Refugium der Dodos. Viele der Vögel wurden wegen ihres wohlschmeckenden Fleisches erlegt, andere wurden als Kuriositäten nach Europa gebracht. Die Affen, Schweine und Ratten, die die Seeleute auf die Inseln brachten, fraßen die Eier der Dodos, und schon um 1680 war auf Mauritius kein einziger mehr am Leben.

ALLES, WAS VON DEN SOLITÄREN übrig geblieben ist, sind zwei Köpfe und zwei Füße in europäischen Museen, einige Skelette aus dem 17. Jh. und einige Knochen, die erst vor kurzem auf Mauritius ausgegraben wurden.

Der Dodo ist eines der berühmtesten Beispiele für das Aussterben einer Art in historischer Zeit. Biologen gehen davon aus, daß durch Eingriffe des Menschen in den 90er Jahren des 20. Jh. weltweit drei Arten pro Minute, bei Tag und bei Nacht, aussterben. Das ist eine höhere Rate als jemals zuvor in der Geschichte unseres Planeten.

☞ *10 FLUGUNFÄHIGE VÖGEL, 35 TAUBE, 130–131 BEDROHTE TIERE, 356–357 REGENWALD*

Der fleischfressende Sonnentau erhält den lebenswichtigen Stickstoff aus den Insekten, die er verdaut.

Torfmoor-Tag

Torfmoore entstehen aus langsam verrottenden Schichten von Sumpfmoos, das unter dem Gewicht der darauf wachsenden Schichten zusammengepreßt wird. Das Sumpfmoos hält viel Wasser in einem Netzwerk von toten Blattzellen, so daß sich Torfmoore wie lebende Schwämme verhalten und einer einzigartigen Tier- und Pflanzenwelt ständig feuchte Heimat sind.

Durch den hohen Grundwasserspiegel bietet das Moor Fröschen und Watvögeln einen idealen Lebensraum.

Die Insektenwelt ist in Torfmooren sehr vielfältig, da sie reiche Nahrung und Fortpflanzungsmöglichkeiten bieten. Die Raupen des großen Heidespanners ernähren sich von Ried- und Wollgras.

Der Sumpfklee kriecht an den Tümpelrändern entlang und treibt aus den Blattknoten neue Wurzeln.

Sumpfmoos wächst nur langsam. Es dauert Jahrhunderte, bis sich ein Torfmoor bildet, aber nur wenige Jahre, bis es komplett gestochen ist.

Brachvögel suchen um die Tümpel herum nach Insekten und anderen Wirbellosen. Raubvögel wie Kornweihen jagen oft über Torfmooren.

MIT DEM WASSER werden im Moor lösliche Mineralien schnell ausgewaschen. *Narthecium ossifragum*, die Sumpf- oder Ehrenlilie, galt früher als eine Gefahr für das Vieh. *Ossifragum* bedeutet Knochenbrecher, und man glaubte, daß sie bei Rindern zerbrechliche Knochen bewirkte. Die tatsächliche Ursache für dieses Symptom ist aber der geringe Mineralgehalt der Sumpfvegetation. Die übermäßige Ausschöpfung für Gartendünger und Brennmaterial führte zur Zerstörung einiger der schönsten Torfmoore Europas.

☞ 56 TEICH

Bestäubung durch Fliegen

Fast alle von Fliegen bestäubten Blüten müssen eine List anwenden, um die Insekten erst einmal anzulocken. Sie haben oft die Farbe und Konsistenz toten Fleisches mit dem dazu passenden Duft. Solche Aasblumen locken Fliegen an, die normalerweise ihre Eier in verwesendem Fleisch oder in Exkrementen ablegen.

Rafflesia arnoldii *bringt die größte Blüte der Welt hervor. Sie hat weder Blätter noch Wurzeln und erhält ihre Nahrung durch feine Fäden, die ihren Wirt durchdringen. Die dunkle Blüte von über 50 cm Durchmesser riecht nach Aas und zieht Schwärme von Fliegen an.*

Aristolochia elegans *gehört zu einer Gruppe von Arten, die als Pfeifenblumen bezeichnet werden und die Insekten regelrecht einsperren. Sie haben stark riechende, purpur-braune Blüten mit einem hellen Fenster in der Mitte. Wenn Fliegen durch dieses in die Blüte klettern, hindern sie nach innen gerichtete Haare daran, wieder herauszukommen. Die Haare welken und machen den Weg erst wieder frei, wenn die Fliegen auf den Stempeln die Pollen abgestreift haben.*

VIELE ARONSTABGEWÄCHSE WERDEN VON FLIEGEN bestäubt. Der Blütenstand von *Arum maculatum*, dem Gefleckten Aronstab, fängt Fliegen auf ganz ähnliche Art wie *Aristolochia*. Darüber hinaus hat der Aronstab aber noch eine zusätzliche Adaptation: Der keulenförmige Blütenkolben im Zentrum der Blüte erwärmt sich, wenn Stempel und Pollen ausgereift sind, und sendet einen moschusartigen Geruch aus, der Fliegen anlockt.

☞ *196 BLÜTE*

Flucht und Verteidigung

Alle wildlebenden Tiere sind Bestandteil der sogenannten Nahrungskette. Um nicht gefressen zu werden, müssen die Tiere der unteren Glieder entweder Wege finden, sich zu verteidigen, oder Methoden entwickeln, um ihren Feinden zu entkommen.

Kugelfische schlucken Wasser und blähen sich auf.

Der Igel kann sich zu einem stachligen Ball zusammenrollen, um die weiche Bauchpartie zu schützen. Dachse können sie jedoch entrollen und häuten.

Eidechsen verwenden die sogenannte Autotomie oder Selbstverstümmelung als Mittel, um ihr Leben zu retten. Wenn Räuber ihren Schwanz packen, wird er abgestoßen und zuckt noch eine ganze Zeit. Damit lenkt er den Freßfeind ab, und die Eidechse kann entkommen.

Rotbauchunken und Königsnattern setzen Warnfarben ein, ein hervorragender Verteidigungsmechanismus. Rote Färbung wird fast im ganzen Tierreich als Warnung vor Gift verstanden.

Gürteltiere haben einen harten Panzer entwickelt, der sie vor Angreifern schützt. Sie können sich bei Gefahr zu einem Ball zusammenrollen.

›Sich tot stellen‹ ist eine verbreitete Redensart, die auf eine List im Tierreich zurückgeht. Opossums zum Beispiel beherrschen diese Technik perfekt: Sie legen sich einfach auf die Seite, lassen ihre Zunge heraushängen wie bei einem toten Tier und warten darauf, daß ihr Angreifer das Interesse an ihnen verliert und sich wieder entfernt. Diese Technik kannst du auch bei Käfern gut beobachten.

☞ *162 GIFTIGE PFLANZEN, 173 ABWEHRMECHANISMEN DER PFLANZEN, 289 TARNUNG, 293 MIMIKRY*

Parasiten-Tag

Ein Parasit muß einen Wirt finden, von dem er Schutz und Nahrung erhält, ohne ihn so zu schädigen, daß er stirbt. Viele Parasiten befallen verschiedene Arten von Wirten und sind auf Überträger angewiesen.

Die Stengel der Flachsseide sehen aus wie eine Masse von Fäden. Es handelt sich dabei um einen vollständigen Parasiten mit reduzierten Blättern und ohne Chlorophyll. So ist er völlig von seinen Wirten abhängig. Flachsseidesamen keimen im Boden, die Schößlinge wickeln sich dann um jede Pflanze, die sie berühren, und zapfen mit ihrem Haustorium *deren* Xylem *und* Phloem *an.*

Die Samen der Mistel keimen in Spalten zwischen den Ästen von Apfelbäumen und Pappeln und produzieren ein besonderes Gewebe, das Haustorium. *Dieses dringt in das wasserführende* Xylem *und das nährstoffführende* Phloem *der Wirtspflanze ein.*

Nematoden parasitieren bei Spinnen und anderen Wirbellosen.

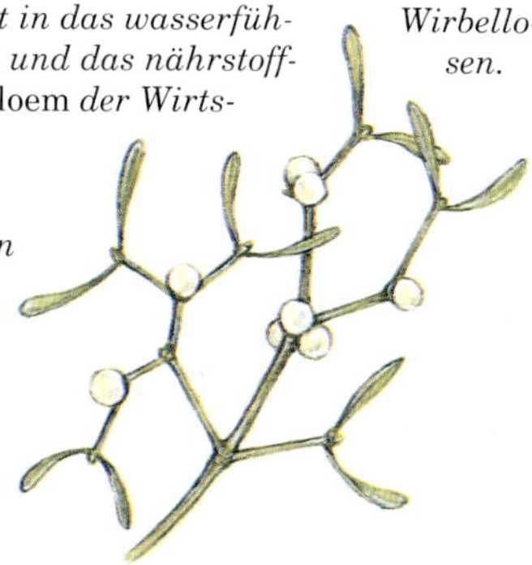

Egel sind blutsaugende Parasiten, die einst von Ärzten benutzt wurden, um verschiedene Krankheiten zu behandeln. Manchmal verwendet man sie noch heute, um Blut aus verletztem Gewebe abzusaugen.

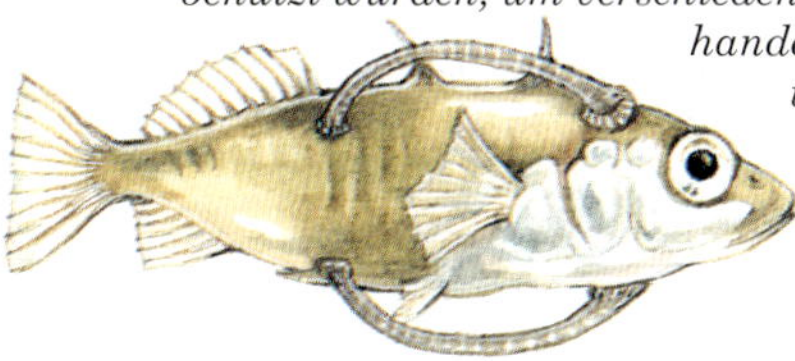

TSETSEFLIEGEN TRAGEN IN IHREM VERDAUUNGSSYSTEM den Parasiten *Trypanosoma*, ein einzelliger Blutschmarotzer, der bei Menschen und Rindern die tödliche Schlafkrankheit auslöst. Wenn die Tsetsefliege Blut saugt, gelangt der Parasit in die Blutbahn seines zukünftigen Wirts. Auch Antilopen dienen *Trypanosoma* als Wirt, werden aber von der Krankheit offenbar nicht geschädigt. Die Ausrottung der Tsetsefliege scheint der sicherste Weg zu sein, um der Schlafkrankheit Herr zu werden.

☞ *49 LAUS, 188 FLOH, 287 BLUTEGEL, 327 BANDWURM*

Tag der Partnerschaft

Biologen kennen mehrere Formen von Partnerschaften zwischen verschiedenen Organismen. Dabei kann es sich um *Parasitismus* (eine Art lebt auf Kosten der anderen), *Mutualismus* (Lebensgemeinschaft zweier Organismen mit beiderseitigem Nutzen) oder *Kommensalismus* (dabei kommt das Zusammenleben nur einer Art zugute, während die andere weder Nutzen noch Schaden davonträgt) handeln. Die Einzeller in den Därmen einer Kuh, die die Zellulose im Gras auflösen, sind ein Beispiel für den Mutualismus.

Im Fell der Faultiere lebt eine Falterart, die ihre Eier in seinen Kot ablegt. Der Pelz des Faultieres bietet den ausgewachsenen Faltern einen idealen Paarungsplatz, und das Tier ist zugleich ein bequemes Transportmittel.

Einsiedlerkrebse setzen manchmal eine Seeanemone auf ihre Schale. Zum einen erhält der Krebs dadurch zusätzliche Tarnung, zum anderen verleihen ihm die giftigen Tentakel der Seeanemone Schutz.

Büffel profitieren von der Fellpflege durch die auf ihren Rücken reitenden Madenhacker.

Vögel, die Nahrungsreste aus Krokodilmäulern picken, werden durch ihren furchterregenden Wirt beschützt. Andererseits profitieren die Krokodile von der Zahnpflege durch die Vögel.

ZACKENBARSCHE und mehrere andere Fischarten, die vor Korallenriffen leben, kehren regelmäßig zu ihren Reinigungsstationen auf den Riffen zurück, wo sich Putzerfische (Lippfische) sowie Putzergarnelen versammeln. Dort treiben sie im Wasser, öffnen ihre Mäuler und Kiemen und lassen sich von den Putzerfischen und -garnelen Parasiten und abgestorbene Haut abfressen.

☞ *24 SILBERREIHER, 110 FAULTIER, 138 FLECHTE, 325 PARASITEN*

Bandwurm-Tag

Bandwürmer sind die größten Parasiten, die den Menschen befallen. Sie leben im Darm und können 10 m und länger werden. Ihr Körper ist in ungefähr 2 000 Einheiten aufgeteilt, die alle fortpflanzungsfähig sind und als *Proglottiden* bezeichnet werden. Wenn sie mit Eiern vollgepackt sind, werden sie abgeschnürt und mit dem Wirtskot weiterverbreitet. Das Tier hängt mit dem *Scolex*, dem Kopf mit Haken und Saugnäpfen, an der Darmwand fest.

Die Wirbeltiere werden von über 1000 Bandwurmarten befallen. Der am häufigsten beim Menschen vorkommende Bandwurm ist der Rinderbandwurm, der durch den Verzehr von infiziertem rohem Rindfleisch übertragen wird.

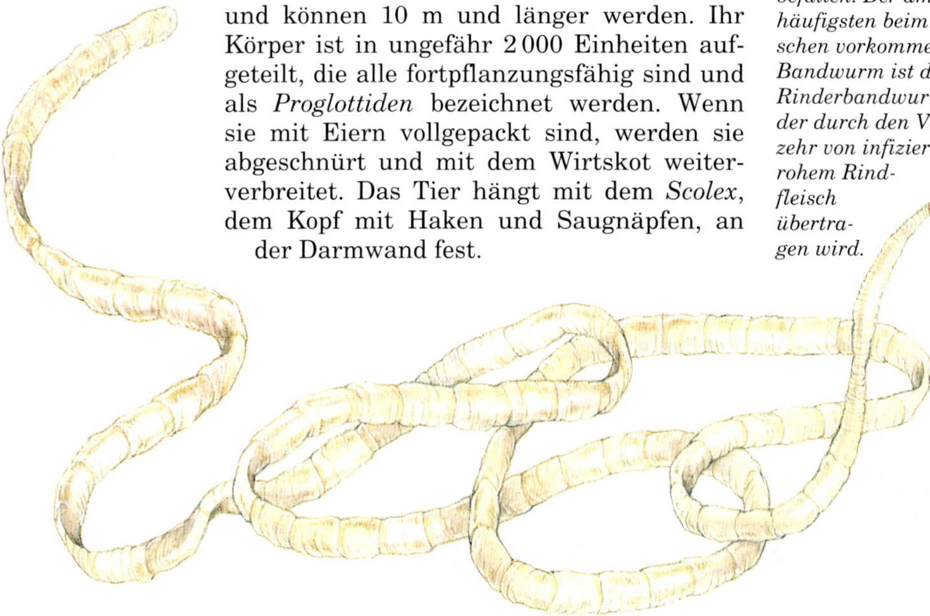

MENSCHEN KÖNNEN AUCH als Wirt für Bandwurmarten dienen, die einen Teil ihres Lebenszyklus in Fischen, Schweinen oder Hunden verbringen. Sie lagern sich im Gewebe von Muskeln und Organen des Menschen ab, auch in Augen, Gehirn, Herz, Leber und Lunge und sind gefährliche Parasiten. Hundebandwürmer, die von infizierten Haushunden übertragen werden, bilden Zysten in der Leber, die 20 Jahre lang wachsen und die Größe eines Fußballs erreichen können. Sie können nur durch Operationen entfernt werden.

☞ *165 MEERESWÜRMER, 214 REGENWURM, 325 PARASITEN*

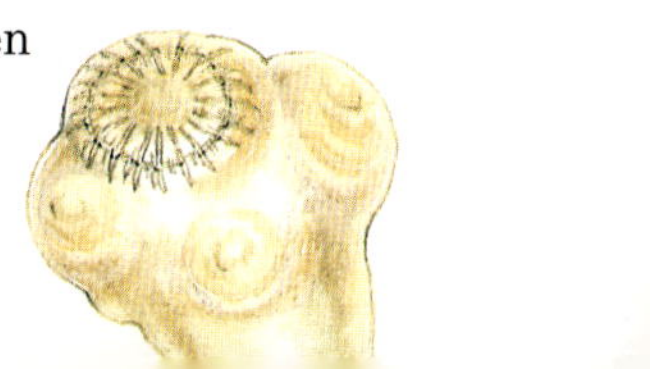

Tasmanischer Wolf-Tag

Der Tasmanische Wolf oder Beutelwolf war das größte Raubtier unter den australischen Beuteltieren. Er erreichte von der Schnauze bis zur Schwanzspitze eine Länge von etwa 1,5 m. Seine Hauptbeute waren Wallabies, Ratten und Vögel.

Die erst 1805 entdeckten Tiere galten bereits 1835 als blutrünstige Schafsmörder, und die tasmanische Regierung setzte einen Preis auf jeden erlegten Beutelwolf aus. Um 1900 hatte man schon über 3 000 der Tiere getötet.

Nach dem Beutelwolf ist der Tasmanische Teufel das größte fleischfressende Beuteltier.

Die Beine des Beutelwolfs sind im Verhältnis zu seinem Körper kürzer als die anderer Carnivoren. Beachte, wie sein Rücken leicht nach hinten abfällt.

DIE POPULATION DER BEUTELWÖLFE brach Anfang des 19. Jh. zusammen, und sie wurden sehr selten. 1933 geriet einer in eine Falle und gelangte in den Zoo von Hobart, wo er am 7. September 1936 verendete. Er war der letzte Beutelwolf, der je lebend gesehen wurde. Trotz warnender Stimmen wurde der Beutelwolf nie unter Naturschutz gestellt. Selbst 1928 noch verhinderte der Protest der Schafzüchter, daß die Tiere geschützt wurden, obwohl das letzte freilebende Exemplar nur zwei Jahre danach geschossen wurde. In den letzten Jahren wurden verschiedentlich Sichtungen von Beutelwölfen gemeldet.

☞ *130–131 BEDROHTE TIERE, 321 DODO*

Flußufer-Tag

Flüsse mit ihren vielfältigen Uferformen bieten den verschiedensten Tier- und Pflanzenarten Lebensraum. Wasseramseln (links) sind große Verwandte der Zaunkönige. Sie halten von großen Steinen am Ufer von Bachläufen aus Ausschau nach Kleintieren, von denen sie sich ernähren. Der Eisvogel (rechts) gräbt Nisttunnel in Steilwände am Flußufer.

Die Blumenbinse wächst am Rand schlammiger Flüsse und hat rasiermesserscharfe Blätter.

Die große Mosaikjungfer ist eines der zahlreichen wirbellosen Tiere, deren Larven für ihre Entwicklung unverschmutztes, gut mit Sauerstoff angereichertes Wasser benötigen.

Schermäuse (links) sind Pflanzenfresser, die ausgedehnte Tunnelsysteme an den schlammigen Ufern langsam fließender Flüsse anlegen. Wenn sie sich bedroht fühlen, tauchen sie mit einem deutlich hörbaren ›Plop‹ ins Wasser und ziehen eine Schlange von Luftblasen hinter sich her, wenn sie unter Wasser davonschwimmen. Fischotter (rechts) werden wegen zunehmender Wasserverschmutzung und wegen des Verlusts ihrer Lebensräume immer seltener. Sie ernähren sich vor allem von Fischen wie der Plötze (unten), die ihrerseits Wirbellose frißt. Sieht man einen Fischotter in einem Fluß, ist das ein Hinweis darauf, daß es sich um ein sauberes Gewässer handelt.

Besuche verschiedene Lebensräume am Ufer eines Flusses in deiner Nähe und sieh, wie sich die Welt am Fluß verändert, je mehr er sich der Mündung nähert. Die meisten Tiere trifft man kurz nach Sonnenaufgang an. In der Morgendämmerung eines Sommertages ist ein Flußufer ein magischer Ort. Nur wenigen Schriftstellern ist es gelungen, diese Atmosphäre so gut zu beschreiben wie Kenneth Graham in seinem Klassiker »Der Wind in den Weiden«.

☞ *56 TEICH, 92 WASSEROBERFLÄCHE, 229 SEEROSE, 239 EISVOGEL, 292 OTTER*

Tarnungs-Tag II

Tarnung durch die Entwicklung von Farbmustern oder Formen, die mit der Umgebung verschmelzen, ist im Tierreich weit verbreitet. Tiere benutzen Tarnung, um sich vor Feinden zu schützen, oder aber – wenn sie Raubtiere sind – um sich vor ihrer Beute zu verbergen und blitzschnell aus dem Hinterhalt angreifen zu können. Tarnmuster sind entweder genetisch fixiert, oder das Tier kann seine Farbe wechseln und sich dem jeweiligen Hintergrund anpassen (Tintenfisch, Chamäleon).

Wenn die Tarnung mißlingt, erschrecken die Larven einiger Schwärmer ihre Feinde, indem sie sich schlangenähnlich bewegen. Sie blasen ihre vorderen Segmente auf und stellen die großen falschen Augen darauf zur Schau.

Die Deckflügel der Dornenwanzen ähneln Pflanzendornen. Doch erfolgreiche Tarnung hängt auch von entsprechendem Verhalten ab: Dornenwanzen setzen sich hintereinander auf Zweige, so daß sie wie eine Reihe von Dornen aussehen.

Die Raupen mancher Nachtschmetterlinge aus der Familie der Spanner (Geometridae) *gleichen in Form und Farbe einem toten Ast. Bei Gefahr verharren sie gestreckt und regungslos.*

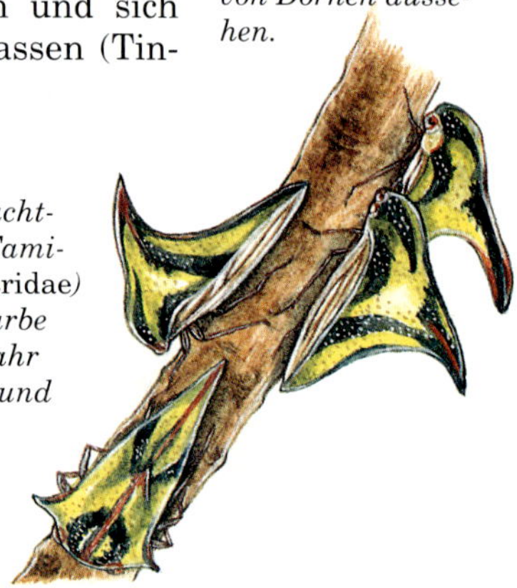

Die blütenförmige Gottesanbeterin *Pseudocrebota* lauert anderen Insekten auf, die diese fälschlicherweise für eine Blüte halten. Suche nach Krabbenspinnen, die dieselbe Strategie verwenden und sich in Blüten verstecken, um Schmetterlinge zu fangen, die diese besuchen. Krabbenspinnen wechseln ihre Farbe, um sich der Blüte anzupassen, auf der sie sitzen.

☞ *289 TARNUNG I, 293 MIMIKRY, 351 GIFTIGE FISCHE*

Seegurken-Tag

Seegurken oder Seewalzen sind eng mit den Seesternen und Seeigeln verwandt; sie alle gehören der Ordnung der Stachelhäuter oder *Echinodermata* an. Anders als bei den Seeigeln besteht das Außenskelett der Seegurken aus nur lose verbundenen Platten, die in die ledrige Körperwand eingebettet sind. Dadurch können sie ihre Körperform verändern und die Bewegungen ihrer hydraulischen Röhrenfüße unterstützen, die denen der anderen Stachelhäuter ähneln.

Unter extremer Bedrohung stoßen manche Arten ihre inneren Organe durch die Körperwand und den Anus ab. Die verlorenen Körperteile werden später neu gebildet.

Die Cuvier-Organe, bis etwa 20 cm lange, dünne Schläuche, werden bei Gefahr aus dem After ausgestoßen und sondern ein klebriges Sekret zur Verteidigung ab.

Seegurken ernähren sich von im Meerwasser treibenden Partikelchen, die in den schleimbedeckten Tentakeln um ihre Mundöffnung hängenbleiben. Jede einzelne Tentakel wird in den Mund gebogen, und die Nahrungspartikelchen werden abgestreift.

Seegurken kommen in allen Meeren vor, von den Küsten bis in über 10 000 m Tiefe. Es gibt 1 100 Arten von 1cm – 2 m Länge. Sie leben im Schlamm und Sand auf dem Meeresboden und bewegen sich durch Muskelkontraktionen in der Art von Würmern. In Japan gelten Seegurken als Delikatesse.

☞ *94 SEESTERN, 361 SEEIGEL*

Heilpflanzen-Tag

Pflanzen sind die traditionelle Quelle für Heilmittel bei allen sogenannten primitiven Kulturen, doch erst vor relativ kurzer Zeit besannen sich die Menschen der hochentwickelten Regionen wieder darauf, welche Bedeutung die lebensrettenden pflanzlichen Substanzen haben können. Etwa 40% der rezeptfreien Medikamente in unseren Apotheken enthalten Pflanzenextrakte.

Das tödlich giftige Nachtschattengewächs Atropa belladonna *liefert Atropin, das pupillenerweiternd wirkt.*

Chinin wird aus der Rinde des in den Anden wachsenden Chinchona-Baums gewonnen und wird immer noch weithin als Medikament gegen die Malaria eingesetzt. Jesuiten brachten erstmals im 17. Jh. gemahlene Chinchonarinde aus Peru nach Europa. Ehe dieses Medikament weite Verbreitung fand, starben jährlich 2 Mio. Menschen in Indien, Afrika und Südostasien an der Malaria, und über 200 Mio. Menschen erkrankten schwer daran.

Wie viele Heilpflanzen produziert die Ricinuspflanze tödliche Gifte, und Ricin, das Protein in ihren Samen, ist eines der giftigsten pflanzlichen Produkte. Das Öl, das man aus denselben Samen preßt, wird seit dem Altertum als Laxans *(Abführmittel) verwendet und noch heute in zahlreichen Medikamenten – von Salben bis zu Augentropfen – eingesetzt.*

Arnika ist ein in den Alpen wachsendes Kraut, das Arnizin enthält, mit dem man Schürfwunden behandelt.

Manche Pflanzenarten, die Ginseng produzieren, sind heute wegen der großen Nachfrage nach ihren Wurzeln vom Aussterben bedroht. Die Wurzeln werden in verschiedenster Form als Schutz gegen Krankheiten und das altersbedingte Nachlassen der körperlichen Funktionen genommen. Ginseng ist ein zentraler Bestandteil der chinesischen Medizin, die sich mehr darauf konzentriert, Krankheiten zu vermeiden, als sie zu kurieren.

Die Virginische Zaubernuß blüht im Winter, und ihre Rinde enthält eine Substanz, deren Extrakt man auf Wunden aufträgt, damit diese sich nicht entzünden.

Erst zu Beginn des 20. Jh. wurde Aspirin synthetisch hergestellt. Davor kurierte man Kopfschmerzen, indem man einen Extrakt aus Mädesüß oder Weidenrinde kochte. Beide enthalten – wie Aspirin – Salizylsäure.

Jahrhundertelang setzte man Senna als Laxans *ein, d. h. als Mittel gegen Verstopfung. In Arabien wird es seit mindestens dem 8. Jh. n. Chr. als Medikament verwendet.*

NACHDEM DIE INDUSTRIENATIONEN jahrzehntelang die Zerstörung der tropischen Regenwälder mit finanziert hatten, beginnen sie heute vielmehr die Entwicklungsländer dabei zu unterstützen, den Regenwald auf seine Heilpflanzen hin zu untersuchen und diese auszubeuten, ohne das Ökosystem dieser Wälder zu zerstören.

☞ *13 AROMATISCHE PFLANZEN, 84 FINGERHUT, 230–231 KRÄUTER, 298 DROGEN*

Seidenspinner-Tag

Seide wird aus den Kokons des Seidenspinners, *Bombyx mori*, gewonnen. Obwohl es mehrere Millionen Insektenarten gibt, wurden nur die Biene und der Seidenspinner völlig domestiziert. Heute gibt es in freier Wildbahn keine *Bombyx mori* mehr, und die domestizierten Arten sind flugunfähig.

Aus den Eiern schlüpfen kleine schwarze Raupen, die später weiß werden.

Nachdem die Raupe 45 Tage ununterbrochen gefressen hat, produziert sie aus den Spinndrüsen an ihrem Hinterleib einen seidenen Kokon aus 3 000-4 000 m Faden. Aus der darin enthaltenen Puppe würde schließlich ein neuer Seidenspinner schlüpfen, wenn man die Kokons nicht vorher zerstören würde. Sie werden in heißem Wasser eingeweicht, und die Faserschicht wird abgewickelt und zusammengedreht. Danach kocht man sie, bleicht und färbt sie, ehe sie zu feinsten Stoffen verwebt wird.

NACH EINER ALTEN LEGENDE begann die Seidenproduktion in China im Jahr 2640 v. Chr., wo man das Geheimnis eifersüchtig bewachte, bis schließlich 550 n. Chr. Eier des Seidenspinners nach Konstantinopel geschmuggelt wurden. Von hier breitete sich die Seidenproduktion nach Spanien, Italien und Sizilien aus. 1685 unternahm man sogar einen Versuch, die Seidenproduktion in England einzuführen, der jedoch daran scheiterte, daß man den Seidenspinnerraupen schwarze Maulbeerblätter anbot, die diese nicht fressen. Seidenspinnerraupen akzeptieren jedoch auch Kopfsalat statt Maulbeerblätter.

☞ *82 HUMMEL, 144 SCHAF, 290 SCHMETTERLING*

Seepocken-Tag

Seepocken haben vulkanförmige Schalen, wobei der ›Krater‹ durch vier Platten geschlossen werden kann. Sie sind sehr häufig auf Felsen im Bereich zwischen Flut und Ebbe zu finden und kolonisieren manchmal auch Treibholz oder anderes Treibgut, das lange Zeit im Wasser gelegen hat. Obwohl sie an Napfschnecken erinnern, sind Seepokken keine Mollusken, sondern gehören zusammen mit den Entenmuscheln zur Ordnung der Rankenfüßer (*Cirripedia*), sind also Krebse (*Crustaceen*).

Die garnelenähnlichen Seepockenlarven schwimmen frei im Wasser. Wenn sie einen passenden Untergrund finden, kleben sie sich rückwärts darauf und beginnen, ihre Schale aufzubauen.

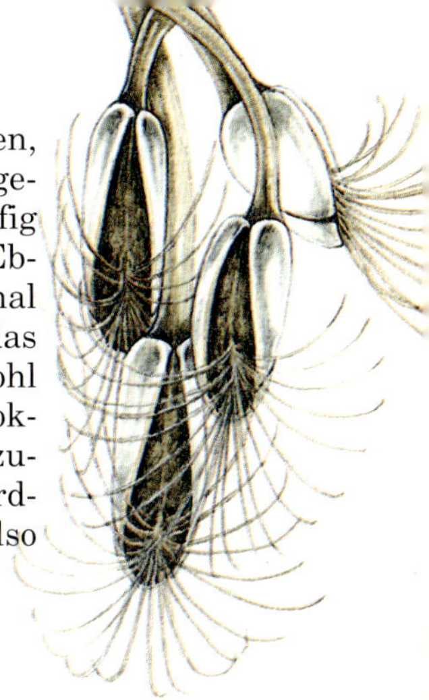

Entenmuscheln überstehen auch den größten Sturm, ohne von ihrer Unterlage gerissen zu werden.

Auf manchen Felsen an der Küste leben über 100 000 Seepocken auf nur einem Quadratmeter.

SEEPOCKEN HABEN einen der rauhsten Lebensräume für sich erobert – die Oberfläche von Felsen, die der vollen Gewalt des Meers ausgesetzt sind. Sie bewegen sich nie. Wenn du einen Felsbrocken mit ein paar Seepocken darauf in einen Eimer voller Meerwasser legst, öffnen sie sich und lassen ihre fedrigen Beine ins Wasser hängen. Damit filtern sie Plankton und andere winzige Nahrungspartikel heraus.

☞ *139 KREBS, 269 HUMMER, 308 KRABBE*

Enten-Tag

Enten, Gänse und Schwäne sind Schwimmvögel und werden in der Ordnung der *Anseriformes* zusammengefaßt. Sie gehörten zu den ersten Vögeln, die vor etwa 4 500 Jahren domestiziert wurden.

Die Eiderente lebt an den arktischen und subarktischen Küsten. Die Daunen ihrer Brust besitzen von allen natürlichen Materialien die beste Wärmeisolierung und werden gesammelt, um damit Bettdecken zu füllen.

Viele Enten wie die chinesische Mandarinente und die Brautente aus Carolina entwickeln ein herrliches Balzgefieder, und zwar vor allem die Männchen. Die Balz umfaßt ausgedehnte Rituale, in denen die Federn zur Geltung gebracht werden. Die Paare, die sich auf diese Weise gebildet haben, bleiben während der gesamten Brutsaison zusammen.

Die Dampferenten aus den Küstengewässern Südamerikas und der Falkland-Inseln können fast alle nicht fliegen und bewegen sich flügelschlagend über das Wasser. Ihren Namen bekamen sie, da sie Schaufelraddampfern ähneln, wenn sie sich über die Wasseroberfläche fortbewegen.

Die südamerikanischen Sturzbachenten haben große Schimmfüße, um in den schnellfließenden Gewässern schwimmen zu können. Mit ihren weichen Schnäbeln picken sie Köcherfliegen von den Steinen im Flußbett.

BESUCHE ZEITIG IM FRÜHJAHR einen Vogelpark und beobachte die Balzrituale der Wasservögel. Du wirst bemerken, daß das Quaken nur ein Teil der stimmlichen Fähigkeiten der Enten ist, die ebenso häufig pfeifen oder grunzen. Du wirst auch sehen, daß die verschiedenen Arten eigene Methoden der Nahrungssuche entwikkelt haben.

☞ *151 PFAU, 299 SCHWAN, 364 FASAN*

Spuren-Tag

Viele Tiere leben sehr verborgen, und man kann sie daher oft nur schwer beobachten, doch sie hinterlassen häufig typische Zeichen für ihre Anwesenheit. Greifvögel etwa würgen sogenannte Gewölle aus, unverdauliche Haare und Knochen kleiner Säuger.

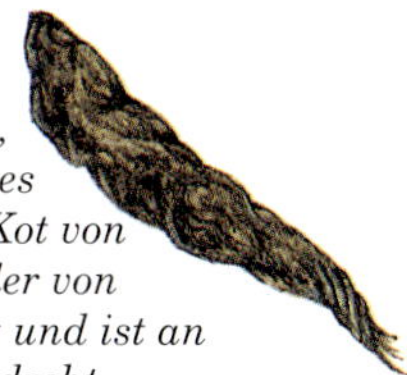

Eichhörnchen entschuppen Tannenzapfen, um an die nahrhaften Samen zwischen den Schuppen zu kommen.

Viele Tiere hinterlassen Kot, mit dem sie die Grenzen ihres Reviers kennzeichnen. Der Kot von Kaninchen ist erbsengroß, der von Füchsen gleicht einer Wurst und ist an einem Ende spiralförmig gedreht.

Haselmäuse nagen ein glattes Loch in die Nußschale, um den Kern zu fressen, Eichhörnchen knacken sie in zwei Hälften, und Kleiber hacken ein ausgezacktes Loch hinein.

Nach schweren Schneefällen, wenn keine andere Nahrung zu finden ist, fressen Kaninchen, Hasen und Rehe die Rinde junger Bäume, die dadurch absterben können.

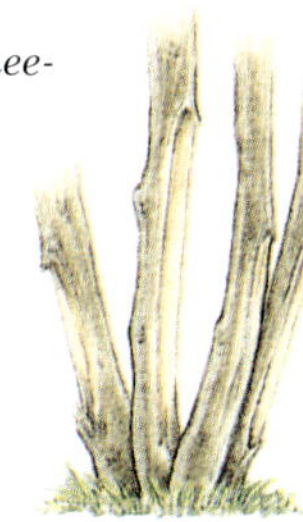

SUCHE IM WALD oder in einem Park nach Spuren, die die dort lebenden Tiere hinterlassen haben, und mache dir so ein Bild, welche Tiere es hier gibt.

☞ *60 VOGELFÜSSE, 73 EICHHÖRNCHEN*

Greifvögel hinterlassen charakteristische Flügel- und Schwanzspuren im Schnee, wenn sie Mäuse fangen.

Viele Säugetiere hinterlassen typische Fußspuren. Dachsspuren erkennt man an den klaren Abdrücken der Krallen und Zehenpolster über der Sohle. Dachse benutzen immer wieder dieselben Pfade.

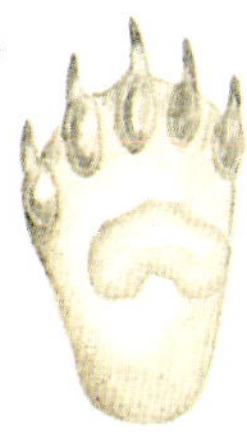

Albatros-Tag

Der größte Albatros ist der Wanderalbatros mit einer Flügelspannweite von bis zu 3,5 m. Luftwirbel über den Wellenkämmen der Südsee erlauben es diesen Vögeln, tagelang durch die Luft zu gleiten. Der Wanderalbatros kann an einem Tag bis zu 950 km zurücklegen. Mit einem Alter von bis zu 80 Jahren ist er einer der langlebigsten Vögel.

Das Küken des Grauköpfigen Albatros verteidigt sich, indem es teilweise verdaute Nahrung über einen Angreifer erbricht.

Der Wanderalbatros ernährt sich auf hoher See von Tintenschnekken sowie von knapp unter der Wasseroberfläche schwimmenden Fischen. Er schläft mit ausgebreiteten Schwingen und kann, da er auch im Flug frißt, über 7000 km ohne Pause zurücklegen.

Beim Probieren seiner Flügel vor dem ersten Flug verbraucht der Jungvogel etwa ein Drittel seines Gewichts.

MIT SEINEN LANGEN, spitz zulaufenden Flügeln, die er fast waagrecht ausstreckt, ähnelt der Albatros einem Gleiter. Er nutzt bei seinen langen Gleit- und Segelflügen die starken Aufwinde der südlichen Ozeane. An Hecken oder Mauern bilden sich oft leichte Aufwinde, die du nutzen kannst, um einen Papierflieger darüber gleiten zu lassen.

☞ *65 MÖWE*

Seeanemonen-Tag

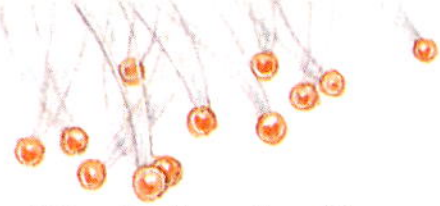

Die stechenden Tentakel der Orangenball-Seeanemone enden in kleinen Kügelchen.

Seeanemonen weisen einige ungewöhnliche anatomische Eigenheiten auf. Sie haben nur eine Körperöffnung, und ihr Mund dient ihnen auch als Anus, durch den sie die Überreste ihrer Nahrung wieder ausscheiden. Sie sind die einfachsten Tiere mit Epithelgeweben und einem Nervensystem. Ihre Haut ist zweikeimblättrig, d. h., sie besteht aus zwei Zellschichten, *Ektoderm* und *Endoderm*, zwischen denen die gallertartige *Mesogloea*-Schicht liegt. Höhere Tiere besitzen eine dritte Zellschicht, das *Mesoderm*.

Die Seedahlie ist eine der größeren Anemonenarten in den warmen Gewässern.

Die Seenelke besitzt einen langen, muskulösen Fuß und Tentakel auf dem Kopf.

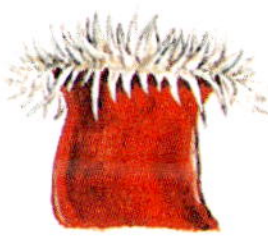

Die meisten Seeanemonen halten sich mit ihrer Fußscheibe an Felsen und Schneckenschalen fest und können sich mit kleinen Muskelbewegungen langsam darauf fortbewegen. Manche graben sich auch in den Sand ein, aus dem dann nur noch ihr Maul und die Tentakel hervorsehen.

SEEANEMONEN GEHÖREN DER KLASSE der *Anthozoa* oder ›Blumentiere‹ an. Ihr zartes, blumenähnliches Aussehen täuscht aber: Sie sind alle mit giftigen Nesselkapseln ausgestattet, den *Cnidien* oder *Nematocysten*, die harpunenartig abgeschossen werden, wenn Fische an ihnen entlangstreifen. Wenn du mit dem Finger über die Tentakel einer Seeanemone streichst, fühlen sie sich klebrig an, da die winzigen *Nematocysten* sich in deiner dicken Haut einhaken, ohne sie durchdringen zu können.

☞ *37 FISCH-PARTNERSCHAFT, 176 SÜSSWASSERPOLYP, 219 QUALLE, 254 PLANKTON, 326 PARTNERSCHAFT*

Die 5,5 m hohen Giraffen sind die höchsten Tiere der Welt. Sie können die Blätter in den Baumkronen erreichen.

Tag der großen Tiere

Zwar sind besonders große Tiere relativ sicher vor Raubtieren, doch mit der Größe gehen auch einige Nachteile einher. Große Pflanzenfresser etwa verbringen fast ihr ganzes Leben damit zu fressen, um genügend Nährstoffe aufnehmen zu können. Darüber hinaus führt die Körpergröße bei manchen Arten zu einer langsamen Fortpflanzungsrate und bei Säugetieren auch zu längeren Tragzeiten.

Die größten flugfähigen Insekten sind mit einer Flügelspannweite von 25 cm die Vogelfalter aus Neuguinea. Der 10 cm lange afrikanische Goliathkäfer ist der größte Käfer.

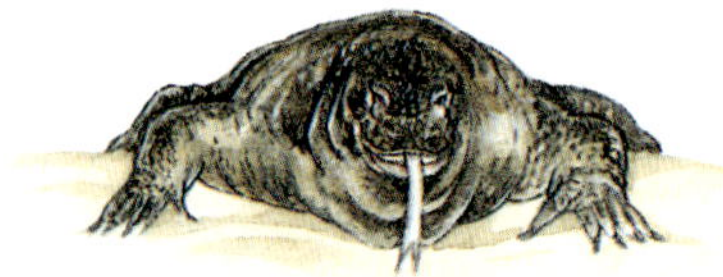

Der Afrikanische Elefant ist das größte an Land lebende Wirbeltier und bringt stattliche 6 t auf die Waage. Die ausgestorbenen Dinosaurier waren allerdings viel größer, der Brachiosaurus *wog sogar 190 t. Zum Vergleich: Das größte landlebende Reptil ist der Komodowaran, der schlank gebaut ist und höchstens 160 kg schwer wird. Der schwerste Vogel ist die 12 kg wiegende Kori-Trappe. Noch schwerere Vögel können nicht genug Muskelkraft entwickeln, um ihr Gewicht in die Luft zu schwingen.*

INNERHALB EINER TIERART kann es immense Größenunterschiede geben, die genetisch bedingt sind: Vergleiche einmal ein Holländisches Zwergkaninchen mit einem Belgischen Riesen. Diese beiden Rassen repräsentieren die äußersten Enden des Größenspektrums bei dieser Art.

☞ *341 KLEINE TIERE*

Tag der kleinen Tiere

Der Zwerggleitbeutler aus Nordaustralien wird nur 8 cm lang.

Je kleiner Tiere sind, desto größer ist ihre Oberfläche im Verhältnis zum Körpervolumen und desto schneller verlieren sie Körperwärme. Daher kommen sehr kleine Vögel und Säugetiere vor allem in heißen Gegenden vor und sind in den kälteren polaren und alpinen Regionen selten.

Kolibris wiegen zwischen 1,6 und 20 g. Sie sind die einzigen Vögel, die auch bei Windstille ununterbrochen in der Luft schwirren können. Größere Arten erzeugen dafür nicht genug Auftrieb.

Australische Bilchbeutler wiegen nur ca. 20 g; die Etruskerspitzmaus ist mit 2 g das kleinste Säugetier.

Die Antilopen sind sehr unterschiedlich groß: von der 900 kg schweren Riesen-Elenantilope bis zur 2,5 kg leichten Kleinstböckchen.

Der Nord-Flachkopfbeutler ist mit 4 g Gewicht das kleinste Beuteltier.

Das Zwergseidenäffchen ist mit 125 g der kleinste Affe der Welt und lebt im amazonischen Regenwald, wo es sich von Kautschuk und anderen Baumsäften ernährt.

Protozoen oder Urtierchen sind winzige einzellige Organismen mit zahlreichen für Tiere typischen Merkmalen. Sammle einige, indem du den Schleim von in einem Teich verrottenden Baumstämmen und Blättern kratzt, und untersuche ihn unter einem Mikroskop.

Die Schlankblindschlange aus Martinique ist mit nur 10 cm die kürzeste Schlange.

☞ *340 GROSSE TIERE*

Pilz-Tag II

Basidien- und Schlauchpilze sind die zwei wichtigsten Formen im Reich der Pilze. Bei ersteren werden die Sporen in großen, Basidien genannten Zellen produziert, die in den feinen Röhrchen oder Lamellen an der Unterseite der Hüte eingelagert sind. Bei den Schlauchpilzen werden die Sporen aus vasenförmigen Behältern (*Asci*) auf der Oberfläche regelrecht abgeschossen.

Der Zunderpilz ist ein Basidienpilz. Früher trocknete man ihn und benutzte ihn als Zunder.

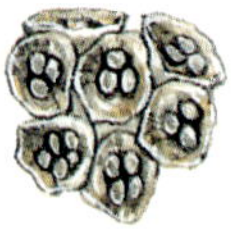

Totentrompete (ganz oben) und Nestpilz (oben) sind typische Basidienpilze.

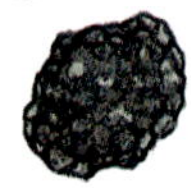

Trüffel sind die begehrtesten eßbaren Schlauchpilze. Sie wachsen unter der Erde.

Steinpilze sind geschätzte Speisepilze der basidischen Gattung Boletus.

Gallertpilze sind Schlauchpilze mit gallertigen Hüten.

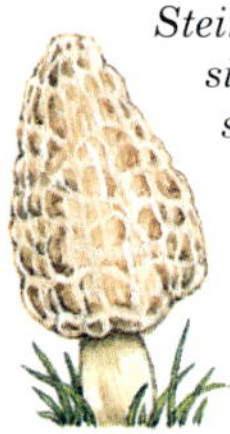

Morcheln wachsen im Frühling. Die Sporen werden aus Schläuchen abgeschossen, die in den konischen Hüten sitzen.

Die mikroskopisch kleinen Schläuche der Geweihförmigen Holzkeule sind in den geschwärzten Spitzen verborgen.

Die grellfarbigen Täublinge sind Basidienpilze, die man genau identifizieren muß. Manche sind eßbar, andere hingegen hochgiftig.

LASS EINEN SCHLAUCHPILZ einige Zeit in einem warmen Raum liegen. Untersuche seine Oberseite mit einer Lupe; die ausgestoßenen Sporenhäufchen erinnern an vulkanische Eruptionen.

☞ *11, 354 PILZE, 14 PILZE UND SCHIMMELPILZE, 248 GIFTIGE PILZE*

Nacktschnecken-Tag

Am besten kann man Nacktschnecken am späten Abend mit Hilfe einer Taschenlampe beobachten, wenn sie zum Fressen aus ihren Verstecken kommen und dabei eine glänzende Schleimspur auf Wegen und Blättern hinterlassen. Der Schleim dient zur Abschreckung von Feinden, läßt den muskulösen Fuß leichter über die Erdoberfläche gleiten und hilft, den Wasserverlust des Tieres zu minimieren. Tagsüber vergraben sich die Nacktschnecken oder suchen unter einem Stein Schutz vor der Austrocknung

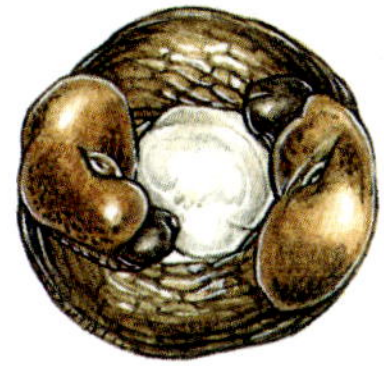

Schnecken sind Zwitter, d. h., jedes Tier besitzt männliche und weibliche Geschlechtsorgane, aber sie begatten sich nicht selbst, sondern tauschen Sperma aus, bevor sie ihre glänzend weißen Eipäckchen ablegen.

Große Egelschnekken kriechen auf Pflanzen, wenn sie sich paaren wollen. Sie winden sich spiralförmig umeinander und hängen bei der Begattung an einem Schleimfaden.

Die Gemeine Wegschnecke gibt es in mehreren Farbvarianten, je nach geographischer Verbreitung. Bei uns in Deutschland kommen sowohl rostrote als auch schwarze Exemplare vor.

NACKTSCHNECKEN KANN MAN sehr leicht in einem Vivarium (s. Anhang, S. 378) halten und ihr Verhalten dort studieren. Wenn du eine Nacktschnecke anstupst, nimmt sie ihre Angriffshaltung ein, zieht ihre Antennen ein und krümmt sich zusammen, so daß ihr Rücken einen großen Buckel formt.

Dabei wiegt sie sich leicht von einer Seite zur anderen Seite.

☞ *117 MUSCHEL- UND SCHNECKENSCHALEN, 355 SCHNECKE*

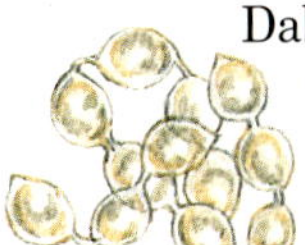

Aloe-Tag

Verstopfung zu vermeiden ist ein Anliegen der Menschen seit der Zeit der alten Ägypter. Extrakte aus *Aloe ferox* haben eine lange Tradition als Purgative (Abführmittel), die eine geregelte Darmtätigkeit auslösen. Doch die Art liefert auch andere Produkte, etwa Extrakte aus *Aloe vera*, die in Kosmetika eingesetzt werden.

Aloe dichotoma, *der Köcherbaum (unten), wächst in den trockenen Gegenden Namibias und ist die größte Aloe-Art.*

Die meisten Aloe-Blüten sind rot, eine Farbe, die bestäubende Vögel anlockt.

ALOEN SIND SUKKULENTEN, die in den Wüstenregionen Afrikas und Arabiens wachsen. Die meisten Aloen sind in der Lage, Wasser zu speichern, ähnlich wie die Kakteen der Neuen Welt. Eine derartige Entwicklung, die sogenannte konvergente Evolution, ist für zahlreiche Ähnlichkeiten zwischen nicht oder nur entfernt miteinander verwandten Lebewesen verantwortlich.

☞ *78–79 WÜSTE, 149 KAKTUS*

Augen-Tag

Die Augen von Insekten bestehen aus vielen Facetten, den *Ommatidien,* von denen jedes eine eigene Linse besitzt. Objekte, die sich durch das Gesichtsfeld der Insekten bewegen, werden von den einzelnen Facetten wahrgenommen. Die Augen von Wirbeltieren dagegen funktionieren wie eine Kameralinse. Im Augapfel sitzt eine verstellbare Iris, die kontrolliert, wieviel Licht durch die Pupille einfällt. Durch eine Linse gelangt ein scharfes Bild auf die lichtempfindliche Retina an der Rückwand des Auges.

Die Pupillen des südamerikanischen Nachtaffen öffnen sich bei Dunkelheit vollständig.

Frösche haben gute Augen, sind aber farbenblind.

Das Krokodil kann seine Beute beobachten, während sein ganzer Körper unter Wasser verborgen ist.

Vögel, wie z. B. die asiatische Fisch-Eule, besitzen ein drittes Lid, die sogenannte Nickhaut.

Pottos haben Schichten von Riboflavin-Kristallen hinter ihrer Retina, die zu schwaches Licht reflektieren.

Um das Verhalten der Tiere zu verstehen, ist es wichtig zu wissen, wie andere Lebewesen ihre Umwelt sehen. Bienen können im Gegensatz zum Menschen ultraviolettes Licht wahrnehmen. Finde heraus, welche Farben Bienen bevorzugen, indem du Zuckerlösung auf roten, blauen und grünen Karton gibst.

☞ *104-105 NACHTAKTIVE TIERE, 120 GEHÖR, 317 GERUCH UND GESCHMACK*

Orchideen-Tag

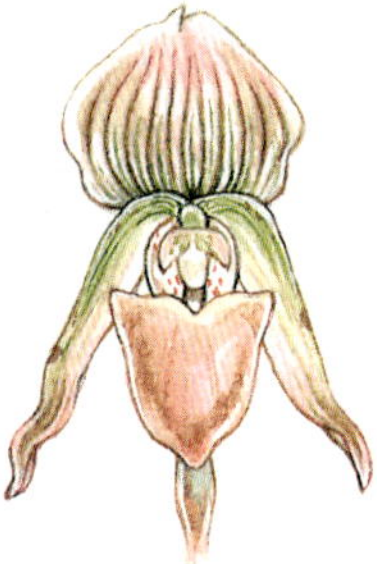

Die *Orchidaceae* bilden mit über 17 500 Arten eine der größten Pflanzenfamilien. Viele sind wegen ihrer exotischen Blüten bekannt, die fast alle auf besondere Weise an die spezielle Insektenart angepaßt sind, die sie bestäubt. Bienenorchideen (unten) ahmen weibliche Bienen nach; ihre Form gleicht einem pelzigen Insektenkörper mit ausgebreiteten Flügeln.

Die exotischen Blüten der tropischen Orchideen bleiben mehrere Wochen lang frisch, und sie sind daher beliebte Schnittblumen. Verschiedene wilde Orchideenarten sind inzwischen vom Aussterben bedroht, da sie im Übermaß gesammelt wurden.

Wie die meisten Orchideen produzieren die Arten der Dactylorhiza *staubähnliche Samen, die eine Symbiose mit einem Pilz bilden müssen, ehe sie keimen können.*

EINE DER AUSSERGEWÖHNLICHSTEN ORCHIDEEN ist die madegassische *Angraecum sesquipedale*, deren Blüte einen 30 cm langen Nektarsporn besitzt. Sie wird von einem Nachtschmetterling, *Xanthopan morgani praedicta*, bestäubt, der ihren Nektar trinkt und daher einen ebenso langen Rüssel hat. Charles Darwin schloß anhand der Form der Blüte, daß es dieses Insekt geben müsse – 40 Jahre, bevor es tatsächlich entdeckt wurde. Orchideen übertragen ihre Pollen mit abfallenden sogenannten Pollinien, die am Kopf und am Rüssel der besuchenden Insekten hängenbleiben.

☞ *190 AFRIKANISCHE PFLANZEN, 196 BLÜTE, 323 BESTÄUBUNG DURCH FLIEGEN*

Schnabelkerfe-Tag

Wanzen, Blattläuse und Schildläuse haben rüsselartige Mundwerkzeuge, mit denen sie die Stengel und Blätter von Pflanzen anstechen, um den Saft zu saugen, in dem von den Pflanzen produzierter Zucker und Aminosäuren, die Bausteine der Proteine (Eiweiß), enthalten sind.

*Von den weit über 50 000 Schnabelkerfarten (*Hemiptera*) sind die meisten auf Pflanzensäfte spezialisiert.*

Bettwanzen gehören zu einer Gruppe, die sich vom Blut der Vögel und Säugetiere, auch der Menschen, ernährt. Diese nachtaktiven Blutsauger sind in vielen Gegenden der Welt eine wahre Plage.

Einige Arten saugen auch Blut bei Tieren – Mordwanzen etwa ernähren sich von der Körperflüssigkeit der Schmetterlinge.

BLATTLÄUSE SAUGEN am *Phloem* einer Pflanze – das sind die röhrenförmigen Zellen, in denen die von der Pflanze hergestellten Nährstoffe transportiert werden. Such eine Pflanze, die von blaßfarbigen Blattläusen befallen ist, und schneide vorsichtig einen Trieb ab. Stell ihn in ein Glas Wasser, in dem du etwas rote Lebensmittelfarbe gelöst hast. Die Farbe steigt in den *Xylemen* (den ›Wasserrohren‹ der Pflanze) nach oben und dann ins *Phloem.* Wenn die Farbe dort angekommen ist, nehmen die Blattläuse eine rötliche Färbung an.

☞ *256–257 KÄFER, 356–357 REGENWALD*

Kürbis-Tag

In Süd- und Zentralamerika werden Kürbisse schon seit Jahrtausenden angebaut und bildeten einen Teil des alten Agrarsystems, das im wesentlichen auf Kürbissen, Bohnen und Mais aufgebaut war.

Es gibt zahlreiche Kürbissorten, und einige können über 100 kg schwere Exemplare hervorbringen.

Die meisten Kürbissorten baut man wegen ihres eßbaren Fleisches und wegen ihrer Samen an. Die harten, getrockneten Schalen der Flaschenkürbisse werden als Behälter verwendet. Sie stammen aus Afrika südlich der Sahara, doch man fand auch schon über 8000 Jahre alte Flaschenkürbisse in Südamerika. Vielleicht trieben sie einfach mit Strömungen über den Atlantischen Ozean – Experimente haben bestätigt, daß Samen, die 220 Tage lang im Meerwasser treiben, immer noch fruchtbar sind. Zucchini sind die unreife Form des eßbaren Eierkürbisses, der, wenn er ausgewachsen ist, bis zu 50 kg wiegen kann.

VERSUCHE, EIERKÜRBISSE aus Samen zu ziehen. Kratze deinen Namen mit einer Nadel in die Haut eines jungen Eierkürbisses und beobachte, wie sich die Buchstaben mit dem Wachstum der Frucht ausdehnen.

☞ *238 MELONE*

Viele Kürbissorten treiben getrennte männliche und weibliche Blüten auf einer Pflanze. Doch manche Arten werden so gezüchtet, daß sie nur weibliche Blüten tragen. Diese produzieren samenlose Früchte, die weniger bitter schmecken.

Schwanzlurch-Tag

Erst vor kurzem stellten Forscher fest, daß der Sibirische Winkelzahnmolch Temperaturen von -50 °C überlebt und sogar wiederbelebt werden kann, wenn man ihn bei -15 °C mehrere Jahre lang einfriert. Sein Blut enthält eine Chemikalie, die das Wasser in den Zellen ersetzt und so verhindert, daß Eiskristalle dem Körper Schaden zufügen.

Salamander und Molche sind eng verwandt und gut an das Leben auf dem Land und im Wasser angepaßt. Manche legen Eier, aus denen wasserlebende Kaulquappen schlüpfen, die sich dann zu landlebenden, lungenatmenden ausgewachsenen Tieren entwickeln.

Manche Arten können sich mit Hilfe des Magnetfelds der Erde orientieren.

Der europäische Feuersalamander lebt auf dem Land, außer während einer kurzen Zeit, wenn er ins Wasser zurückkehrt, um dort zu laichen.

Manche Schwanzlurche, wie etwa der Axolotl, erreichen die Geschlechtsreife, während sie noch einige Charakteristika des Larvenstadiums aufweisen, z. B. Außenkiemen. Dieses Phänomen bezeichnet man als *Neotenie*, ein Wort aus dem Griechischen, das »Junghalten« bedeutet. Der Tiger-Axolotl entwickelt seine ausgewachsene, mit Hilfe von Lungen atmende Form, wenn der Tümpel, in dem er lebt, austrocknet und er sich auf die Wanderschaft zu einem neuen Tümpel macht, in dem er laichen kann.

☞ *8 MOLCH*

Turmfalken-Tag

Eine kleine Feder, die *Alula*, an der Vorderseite jedes Flügelgelenks verleiht dem Greifvogel die außergewöhnliche Fähigkeit, über seiner Beute in der Luft zu stehen (rütteln), bevor er pfeilschnell auf sie herabstößt. Die *Alula* bewirkt, daß die Luft an der Oberseite der Flügel schneller strömt, als an der Unterseite, so daß oben ein geringerer Druck herrscht, wodurch Auftrieb entsteht.

Falken besitzen ein zahnartiges Gebilde am Oberschnabel, den sogenannten Falkenzahn.

Der bedrohte Mauritius-Turmfalke gehört zu den seltensten Vögeln der Welt.

In den 50er und 60er Jahren wurden zahlreiche Turmfalken durch Pestizide vergiftet, doch inzwischen haben sich ihre Bestände wieder erholt.

Turmfalken haben sich gut an das Leben in großen Städten angepaßt und nisten auf den Simsen hoher Gebäude oder sogar in Industrieanlagen.

Turmfalken legen 3-7 Eier, doch wieviele Küken sie großziehen, hängt von der zur Verfügung stehenden Nahrungsmenge ab. Bei allen Greifvögeln haben die letztgeschlüpften Küken am meisten Schwierigkeiten, an Futter zu kommen, da die Konkurrenz der früher geschlüpften, etwas kräftigeren Vögel unerbittlich ist.

EUROPÄISCHE TURMFALKEN jagen oft am Rand von Straßen, deren Grasböschungen einen hervorragenden Lebensraum für kleine Säugetiere, ihre Hauptnahrung, darstellen. Bei langen Autofahrten findet sich oft Gelegenheit, einen Turmfalken beim Jagen zu beobachten und den charakteristischen Rüttelflug zu studieren. Er steigt in weiten, kreisförmigen Bewegungen ab, bevor er auf seine Beute herunterstößt.

☞ *253 EULE, 270 ADLER*

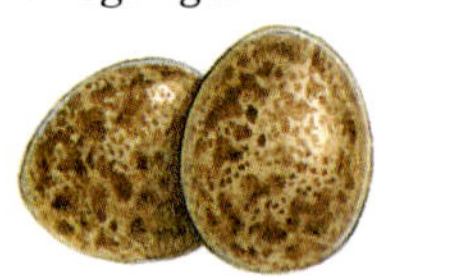

Giftige-Fische-Tag

Jährlich sterben mehr Menschen durch Bisse oder Stiche giftiger Fische, als von Haien getötet werden. Touristen, die in warmen Meeren über Riffe oder am Ufer entlang waten, sollten immer Schuhe tragen, für den Fall, daß ein giftiger Fisch im Sand verborgen liegt. Auch an europäischen Küsten gibt es eine giftige Art, das Petermännchen.

Die auffälligen Streifen des jungen Korallenwelses warnen Angreifer vor den Giftdrüsen, die sich an den Rücken- und Bauchflossen befinden. Beim ausgewachsenen Fisch verschwindet diese Färbung, und er wird einheitlich braun.

Seifenfische sondern bei Gefahr einen giftigen Schleim ab.

Kugelfische können schnell sehr viel Wasser aufnehmen und ihren Körper zur Verteidigung stark aufblähen. Sie sind allerdings darüber hinaus auch sehr giftig. Dennoch werden sie in Japan gegessen. Das aus ihnen zubereitete Gericht heißt Fugu und erfordert speziell ausgebildete Köche. Schon ein winziger Fehler bei der Zubereitung kann tödlich für die Esser sein.

Das Streifenmuster des Feuerfisches, dessen nach allen Seiten abstehende Stacheln seine Silhouette auflösen, tarnt ihn gut. Zwischen den Stacheln, die schmerzhafte Wunden verursachen können, sitzen Giftdrüsen.

STEIN- ODER TEUFELSFISCHE sind die wohl gefürchtetsten giftigen Meeresfische. Sie verstecken sich in flachem Wasser. Tritt man auf sie, spritzt der Fisch aus dem Stachel an seiner Rückenflosse ein Gift, das starke Schmerzen verursacht und einen Menschen innerhalb von nur zwei Stunden töten kann.

Stechrochen verursachen mit dem giftigen Stachel an ihrem Schwanz schwere Wunden.

☞ *66 BARRAKUDA*

Fallaub-Tag

Die meisten Schnekken sind Pflanzenfresser, und viele Arten ernähren sich von toter Vegetation.

Der Waldboden ist ein gigantischer Komposthaufen. In den Tropen und in immergrünen Nadelwäldern gibt es einen leichten, aber ununterbrochenen Blätterregen, während in temperierten Regionen alle Blätter im Herbst zur gleichen Zeit fallen. Pilze und die Zehntausende von Arten von Wirbellosen auf dem Waldboden sind lebende Müllverwertungssysteme, die die toten Blätter zersetzen und die in ihnen enthaltenen Wertstoffe dem Boden wieder zuführen. Ohne sie würden unsere Wälder bald in wachsenden feuchten Blätterbergen versinken.

Asseln sind Krebstiere, die sich von toten Pflanzen und den Pilzen, die auf ihnen wachsen, ernähren. Sie sind auf eine ständig feuchte Umgebung angewiesen.

Der Waldboden bietet Fleischfressern reiche Beute. Bodenlebende Käfer jagen Schnecken. Die Hundertfüßler durchbohren ihre Beute mit ihren giftigen gekrümmten Kiefern.

DIE DICKE SCHICHT von Blättern und vermoderndem Holz stellt für Kröten einen guten Platz zum Überwintern dar. Dabei sind sie von Nacktschnecken, Schnecken und anderen Wirbellosen umgeben, die den Waldboden für die Kröten zu einer bequemen, gut gefüllten Speisekammer machen. Nimm mit Hilfe eines Berlese-Trichters (s. S. 375) Proben vom Boden eines Nadel- und eines Laubwaldes. Beim Vergleich wirst du wahrscheinlich feststellen, daß die Tierwelt im Laub viel reicher ist als zwischen den Nadeln.

☞ *4–5 FROSCH UND KRÖTE, 233 TAUSENDFÜSSLER, 355 SCHNECKE*

Schwärmer-Tag

Schwärmer, *Sphingidae*, gehören zu den größten, kräftigsten und ausgefallensten Nachtfaltern. Weltweit gibt es etwa 1150 Arten. Die großen Larven ernähren sich von zahlreichen Wirtspflanzen und zeichnen sich durch ein einzelnes, aufgerichtetes Horn am Ende des Körpers aus – daher nennt man manche der Raupen, die in der Landwirtschaft erhebliche Schäden anrichten, auch ›Hornwürmer‹.

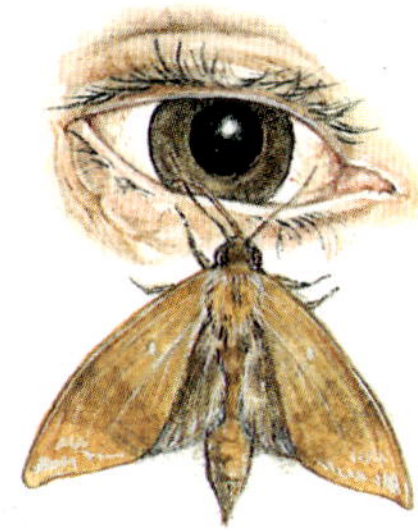

Die in Thailand beheimatete Rhagasta olicacea *benutzt ihren langen Rüssel, um Tränen, Nasenausscheidungen und Speichel von Rindern und Menschen zu trinken.*

Der Totenkopfschwärmer bricht in Bienenstöcke ein und raubt den Honig. Er kann quiekende Laute von sich geben.

Schwärmer kommen auf ihren Wanderungen vom Mittelmeerraum bis nach Island – eine Reise von 1500 km, die sie in wenigen Tagen bewältigen.

Die meisten Schwärmer haben lange Rüssel, mit denen sie den Nektar aus den Blüten holen. Traubenschwänzchen besuchen am Tag die Blüten des Weidenröschens.

DIE RAUPEN lassen sich leicht bis zum Schlüpfen des Schwärmers ziehen (Hinweise dazu findest du im Anhang auf S. 371). Bevor die Larven sich verpuppen, hören sie auf zu fressen und werden dunkler. Die Puppe ist sehr empfindlich und sollte so wenig wie möglich berührt werden. Manchmal schlüpfen die ausgewachsenen Schwärmer schon nach ein paar Wochen, doch in der Regel muß man sie überwintern lassen.

☞ *290 SCHMETTERLING, 334 SEIDENSPINNER*

Pilz-Tag III

Pilze sind so verschieden von deren Organismen, daß die Systematiker ihnen eine eigene Ordnung einräumen. Die meiste Zeit ihres Lebens wachsen sie als eine Masse kriechender Fäden, *Hyphen*, bis diese sich sammeln und zu Fruchtkörpern in vielen bizarren Formen reifen.

Der Gelbe Zitterling ist eine gallertige Art, die auf vermoderndem Holz wächst.

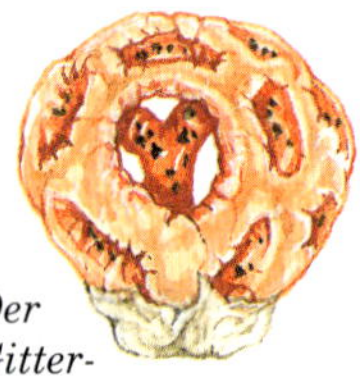

Der Gitterpilz ist eng mit der Stinkmorchel verwandt.

Erdsterne öffnen sich zu blumenähnlichen Strukturen.

Kugelpilze wachsen auf toten Buchen und Eschen.

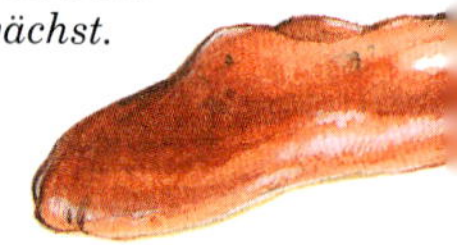

Der Birkenporling befällt und tötet alte Birken.

Mycena-*Arten und Amethystpilze wachsen auf morschem Holz.*

Der Weiße Anischampignon kommt auf Wiesen mit reichem, organischem Boden vor.

Die Stinkmorchel zieht Schmeißfliegen an.

Der Riesenbovist wächst auf Wiesen und wird aus größerer Entfernung leicht mit kleinen Schafen verwechselt. Der Fruchtkörper kann 1 m Durchmesser erreichen und dann bis zu schätzungsweise 7 Milliarden Sporen freisetzen.

☞ *11, 342 PILZ, 14 PILZE UND SCHIMMELPILZE, 248 GIFTIGE PILZE*

Schnecken-Tag

Das Haus der Schnecke, das das Tier vor Austrocknung ebenso schützt wie vor seinen natürlichen Feinden, besteht aus Kalk. Je älter und größer die Schnecke wird, desto mehr wächst auch das Haus und dreht sich in immer neuen Spiralen ein

Die meisten Schnecken trifft man in Gebieten mit kalkhaltigen Böden an, denn sie brauchen Kalziumkarbonat zum Bau ihrer Häuser. Saure Böden dagegen werden von Nacktschnecken bevorzugt.

Afrikanischen Achatschnecken bilden bis zu 20 cm lange Häuser. Sie sind sehr gefräßig und haben z. B. auf Hawaii, wo man sie als Nahrungsquelle einführte, enorme Schäden an der Vegetation angerichtet. Ihre Eier sind von einer zähen, verkalkten Schale umgeben und manchmal so groß wie die kleiner Singvögel.

*In Knoblauchbutter gegarte Weinbergschnecken (*Helix pomatia*) gelten in manchen Gegenden als Delikatesse. Sie werden in großen Schneckenfarmen gezüchtet.*

Die meisten Schnecken sind Pflanzenfresser. Als man fleischfressende Arten auf Hawaii einführte, wurde die dort heimische Art Partula *fast völlig vernichtet.*

LASS EINE SCHNECKE über eine Glasscheibe kriechen und beobachte die wellenförmigen Muskelkontraktionen, die durch ihren Kriechfuß laufen. An der Unterseite erkennst du auch das Maul des Tiers; es nagt während des Kriechens mit seiner raspelartigen Zunge (*Radula*), die mit winzigen Zähnchen besetzt ist, an allem, was ihm in den Weg kommt. Wenn du im Garten überwinternde Schnecken findest, markiere ihre Häuser mit Farbe, so daß du später ihre Bewegungen verfolgen kannst.

☞ *117 MUSCHEL- UND SCHNECKENSCHALEN, 343 NACKTSCHNECKE*

Regenwald-Tag

Ein Ausflug in den tropischen Regenwald kann tagsüber eine eher enttäuschende Erfahrung sein. Viele der Tiere, die auf dem Waldboden leben, sind nachtaktiv, und am Tag spielt sich das Leben fast nur im Blätterdach und in den Ästen hoch oben ab. Die Blätter und Äste bieten Futter, Schutz und Fortpflanzungsmöglichkeiten für die artenreichste Fauna auf der ganzen Welt.

Zahllose Arten von Fröschen genießen die hohe Luftfeuchtigkeit im Blätterdach.

Stärlinge bauen ihre Nester meist in der Nähe von Stöken aggressiver Wespen und Bienen, die Nesträuber wie Opossums, Tukane und Schlangen fernhalten.

Die sich überkreuzenden Äste bieten Schlangen wie der Grünen Hundskopfboa ein hervorragendes Jagdrevier. Sie gleitet lautlos durch das Laub, fängt Fledermäuse und raubt Vogelnester aus. Das Astgewirr ist für sie wie eine Autobahn hoch in der Luft und gleichzeitig ein perfekter Hintergrund, vor dem der getarnte Jäger kaum auszumachen ist.

Die Harpyie im südamerikanischen Regenwald nistet in den Baumkronen und jagt über dem Blätterdach nach Affen. Auch auf Bäumen lebende Faultiere sind ihr eine willkommene Beute. Diese Adler brauchen ein großes Revier und verschwinden schnell, wenn man beginnt, den Regenwald abzuholzen. Wird der Regenwald zerstört, so sind die größten Räuber die ersten, die darunter leiden.

Die zahlreichen Kletterfeigenarten in den Regenwäldern sind eine bedeutende Nahrungsressource für Vögel wie z. B. den Rotwangen-Zwergpapagei. Die enorme Vielfalt der Baumarten und die ununterbrochene Blütezeit im äquatorialen Regenwald stellt die ständige Versorgung mit Blüten und Früchten das ganze Jahr über sicher.

Droht Gefahr, schreien die Brüllaffen in den obersten Ästen hysterisch und machen so jedes Tier in der näheren Umgebung auf die mögliche Gefahr aufmerksam. Sie brüllen auch bei Nacht, dann allerdings, um ihr Revier gegen Artgenossen zu verteidigen. Ihre Duelle kann man bis zu 3 km weit hören.

Das Blätterdach ist Nahrungsvorrat für die Brut von Tag- und Nachtfaltern. Die Raupen weisen eine erstaunliche Vielfalt von Anpassungen auf, um sich vor den Vögeln zu schützen. Viele von ihnen sind giftig, manche sind mit bedrohlichen Stacheln bewehrt und können ihren Körper aufblasen, wieder andere verlassen sich auf ihre Tarnung.

DAS BLÄTTERDACH DES REGENWALDES zu untersuchen stellt die Biologen vor gewaltige Probleme. Die sehr hohen, geraden Baumstämme und die Myriaden von Ameisen und stechenden Insekten machen das Besteigen der Bäume zu einer schwierigen und qualvollen Unternehmung. Doch es gibt noch sehr viel über die Entwicklungsgeschichte und die Lebensgewohnheiten der Insekten in diesem Lebensraum, der eine besonders reiche Vielfalt an Schildwanzen (oben rechts) aufweist, zu erforschen. Auch Fledertiere spielen eine zentrale Rolle für die Ökologie des Regenwaldes: z. B. verteilen Fliegende Hunde (oben links) Samen, andere Arten bestäuben Blüten.

☞ *4–5 FROSCH UND KRÖTE, 163 SCHLANGE, 271 FLEDERTIERE*

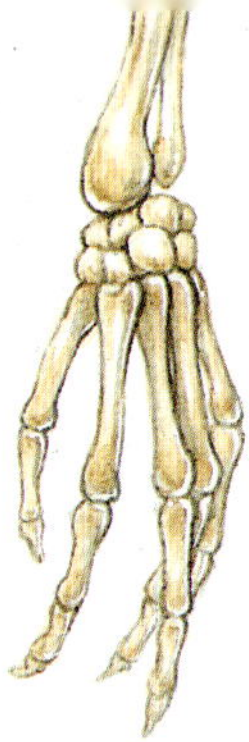

Skelett-Tag

Das Außenskelett wirbelloser Tiere schützt deren innere Organe, behindert sie aber zugleich in ihrem Wachstum und muß daher regelmäßig abgestreift und durch ein größeres ersetzt werden. Die sogenannten Wirbeltiere haben dieses Problem durch die Ausbildung eines Innenskeletts gelöst, dessen konstantes Wachstum mit dem des restlichen Körpers Schritt hält.

Handgelenke, Knie und Finger sind durch Scharniergelenke verbunden. Das Skelett wird durch zähe Bänder zusammengehalten, Sehnen verbinden Muskeln und Knochen.

Kugelgelenke in Hüften und Schultern gestatten die freie Bewegung der Arme und Beine.

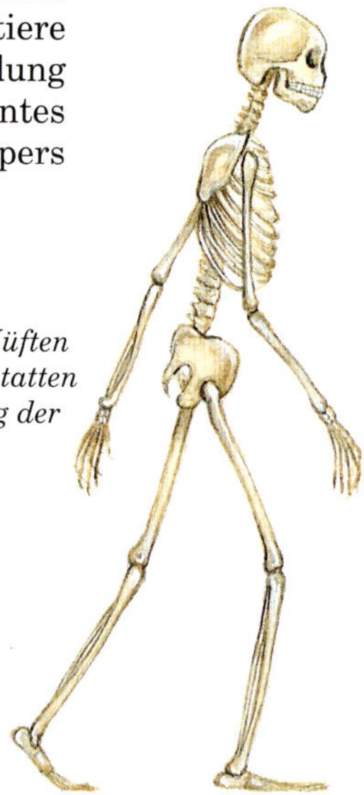

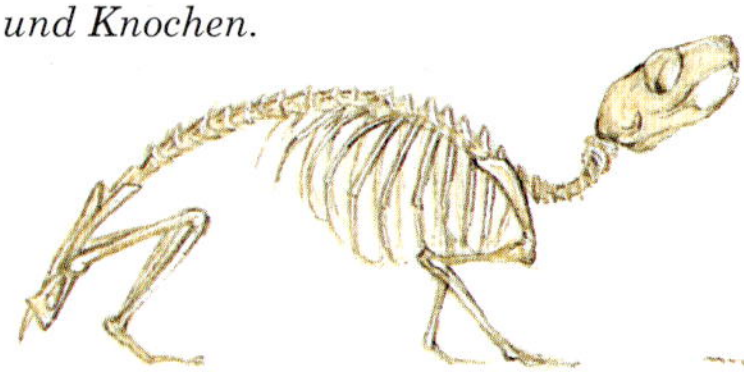

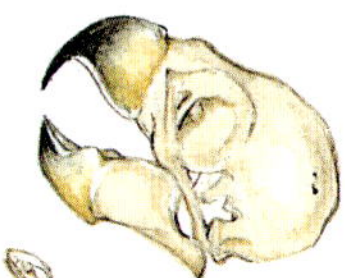

DURCH DIE UNTERSUCHUNG seines Skeletts kann man viel über ein Tier erfahren: Große Augenhöhlen verweisen auf gute Sehkraft, während lange Gliedmaßen typisch für sehr schnell laufende Tiere wie etwa Hasen sind. Lege einige gesäuberte kleine, aber harte Knochen (z. B. von einem Suppenhuhn) in Essig. Dabei lösen sich die in den Knochen enthaltenen Mineralsalze auf, der Knochen wird elastisch, und was bleibt, ist die kollagenhaltige Grundsubstanz.

☞ *359 PANZER*

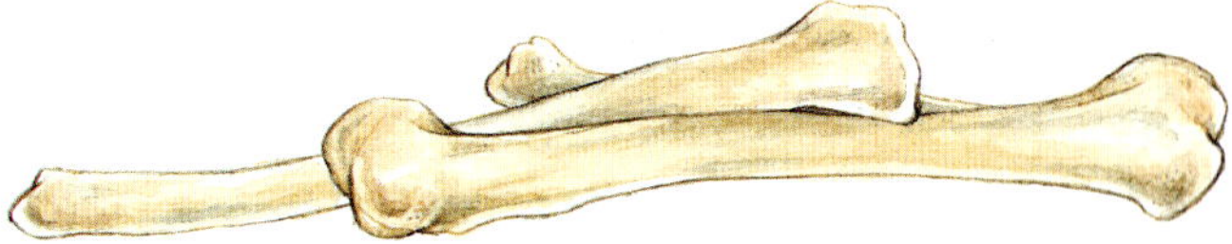

Panzer-Tag

Das Schicksal der meisten kleinen Tiere ist, größeren als Mahlzeit zu dienen. Eine hart gepanzerte Außenhaut kann allerdings die Überlebenschancen erhöhen. Diese Panzerung kann sehr verschieden aussehen: vom schweren Rückenschild einer Schildkröte, der aus Keratin besteht, bis zum Außenskelett eines Skorpions, das zwar leicht, aber auch sehr hart ist.

*Der enorme Erfolg der Insekten kann – zumindest teilweise – der Entwicklung eines festen Außenskelettes zugeschrieben werden, das aus Chitin besteht. Dieses verbindet sich mit einem gehärteten Protein (*Sklerotium*), einem robusten, aber leichten Material. Die ›sklerotisierten‹ Kauwerkzeuge mancher Insekten sind sogar in der Lage, dünnes Metall zu durchtrennen. Der leichte Chitinpanzer der fliegenden Insekten dient ihrem Schutz, ohne ihre Flugfähigkeit zu beeinträchtigen.*

DAS AUSSENSKELETT DER KREBSE besteht aus Chitin, das mit Kalziumsalzen und Proteinen verbunden ist. Da das Außenskelett hart ist, muß der Krebs es während seines Wachstums mehrfach abstreifen und durch ein größeres ersetzen.

☞ *21 SCHILDKRÖTE, 273 HEUSCHRECKE, 358 SKELETT, 361 SEEIGEL*

Bei Heuschrecken stellt das harte Außenskelett sogar ein Kommunikationsmittel dar, nämlich dann, wenn die harten Schrilleisten an ihren Beinen rhythmisch gegen ihre Flügel gescheuert werden, um so das charakteristische Zirpen zu erzeugen.

Baßtölpel-Tag

Eine Baßtölpelkolonie während der Brutzeit zu besuchen, ist wohl eines der denkwürdigsten Erlebnisse für Ornithologen. Bis zu 60 000 Vögel nisten gemeinsam, gerade soweit voneinander entfernt, daß die schlimmsten Konflikte vermieden werden. Die Kolonie ist ständig in Bewegung, die Luft ununterbrochen voller Vögel. Der Lärm ist ohrenbetäubend, doch inmitten dieses Chaos gelingt es den einzelnen Tieren ohne weiteres, ihr eigenes Nest und ihren Partner auszumachen.

Die aus Haufen von Seegras und Federn errichteten Nester sind oft auf kleine Felsvorsprünge gebaut und beherbergen meist nur ein einziges Ei.

Baßtölpel halten im Flug nach Fischschwärmen Ausschau, die knapp unter der Oberfläche schwimmen, und stoßen dann mit zusammengelegten Flügeln aus bis zu 30 m Höhe fast senkrecht ins Wasser. Beim Auftauchen greifen sie mit ihren langen Schnäbeln nach ihrer Beute.

MIT IHREN LANGEN, SCHMALEN FLÜGELN sind Baßtölpel ausgezeichnete Flieger, die fast bewegungslos in den Aufwinden über Klippen stehen oder in langen, mühelosen Schleifen segeln können. Am besten besucht man eine Baßtölpelkolonie am Anfang der Brutsaison, wenn die Vögel ein komplexes Partnerschaftsritual vollziehen. Dabei stehen sie sich gegenüber, recken die Hälse, zeigen mit den Schnäbeln nach oben und reiben sie aneinander. Diese Begrüßungszeremonie wird während der gesamten Brutsaison von den Partnern beibehalten.

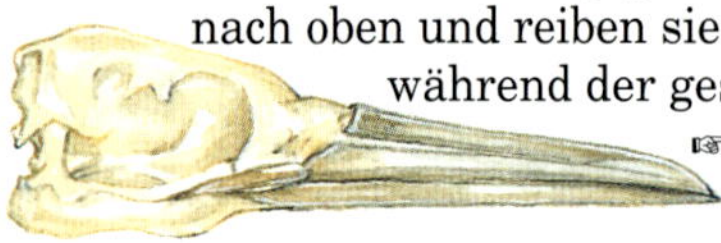

☞ *232 TÖLPEL, 255 FREGATTVOGEL, 278 PELIKAN*

Seeigel-Tag

Das harte Außenskelett des Seeigels besteht aus zehn Doppelreihen von Platten, die mit beweglichen, auf Kugelgelenken sitzenden Stacheln bewehrt sind. Die Stacheln werden auch für die Fortbewegung eingesetzt und arbeiten dann zusammen mit den fünf Reihen hydraulischer Füßchen mit Saugscheiben. Kleine, zum Teil giftige Greifzangen zwischen den Stacheln, die *Pedicellarien,* beseitigen Fremdkörper von der Körperoberfläche.

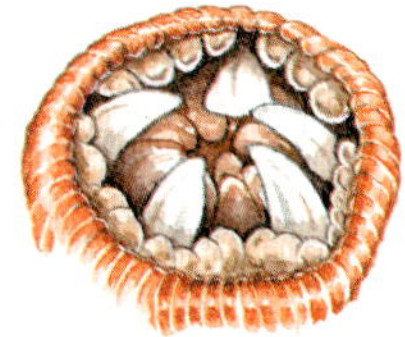

Das Freßorgan eines Seeigels hat fünf kreisförmig angeordnete Zähne, die von zehn Muskelpaaren auf- und abbewegt werden.

Der Lanzenseeigel (links) trägt längere, dickere Stacheln, und manche Arten brüten ihre Jungen in den Vertiefungen zwischen ihnen aus.

Die Stacheln des Lanzenseeigels wurden gelegentlich schon als Griffel verwendet.

Die Larven schwimmen einige Monate lang im Plankton, bevor sie ihre Metamorphose zu kleinen Seeigeln durchführen.

DIE ZERBRECHLICHEN SCHALEN der sich eingrabenden Seeigel werden oft mit der Flut an den Strand gespült. Sieh dir die fünf radialen Löcherreihen an, aus denen die Füßchen durch die Schale kamen, und untersuche die Oberfläche der Schale, wo du die Ansatzstellen der Stacheln auf den Platten erkennen kannst.

☞ *94 SEESTERN, 331 SEEGURKE*

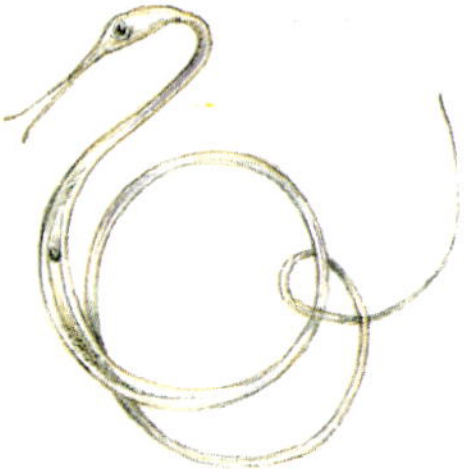

Aal-Tag

Aale sind schlangenähnliche Knochenfische ohne Bauchflossen. Die meisten leben im Meer, doch einige, wie die Flußaale, wandern flußaufwärts in die Seen und kehren zum Laichen wieder ins Meer zurück. Die Rücken-, Schwanz- und Afterflossen hängen zusammen und sind sehr lang. Durch die bandförmige Anlage maximiert der Aal die Kraft jeder Schwimmbewegung.

Schnepfenaale leben in sehr tiefem Wasser (500-2000 m) im zentralen Atlantik und werden bis zu 1,5 m lang.

Der Flußaal (unten) hat wahrscheinlich den seltsamsten Lebenslauf aller Fische.

Sandaale (unten) sind sehr klein und durchscheinend. Die in flachen Meeresbuchten sehr zahlreich vorkommenden Fische sind eine der wichtigsten Nahrungsquellen für Seevögel.

Die räuberische Muräne lebt ausschließlich im Salzwasser.

Die Geburtsstätte der Europäischen Flußaale liegt 9000 km entfernt in der Sargasso-See. Die blattförmigen winzigen Larven wandern mit dem Golfstrom und verwandeln sich innerhalb von 2-4 Jahren in durchsichtige runde Glasaale, bis sie die ins Mittelmeer oder den Atlantik mündenden Flüsse erreichen. Die Aale, die im Salzwasser bleiben, werden zu Männchen, die Flußaale werden zu Weibchen. Wenn sie ein bestimmtes Alter erreicht haben, kehren sie in die Sargasso-See zurück, laichen und sterben.

☞ *118 WANDERUNG*

Dachs-Tag

Dachse sind stämmige Vertreter der Familie der Marder, *Mustelidae*. Hier siehst du zwei Arten, den afrikanischen Honigdachs (links) und den Europäischen Dachs (unten). Der Honigdachs ist nicht nur in Afrika verbreitet, sondern er kommt auch in Asien bis Ostindien vor. Beide sind Höhlenbewohner, haben aber ansonsten sehr unterschiedliche Lebensgewohnheiten.

Honigdachse sind aggressive Tiere, die fast alles fressen und jeden angreifen, der ihrem Bau zu nahe kommt. Sie schrecken nicht davor zurück, selbst Büffel anzugreifen, in deren Beine sie sich verbeißen.

Suche nach schwarzweißen Haaren an Zäunen und ordentlich in Löchern verstautem Kot, Zeichen dafür, daß es einen Dachs in der Gegend gibt.

Der scheue Europäische Dachs wird erst nachts aktiv und frißt vor allem Würmer. In der Nacht bringt das peinlich saubere Tier sein Bett aus trockenem Gras aus seinem Bau und lüftet es, während es auf Nahrungssuche ist.

Dachse beobachtet man mit Einbruch der Dämmerung. Achte darauf, daß der Wind deinen Geruch nicht zum Dachsbau tragen kann, sei ganz still und benütze eine Taschenlampe mit Rotfilter.

HONIGDACHSE HABEN eine bemerkenswerte Beziehung zum Honiganzeiger (oben rechts). Der Vogel zieht die Aufmerksamkeit des Dachses durch seinen Ruf auf sich und führt ihn zu einem Bienenstock in einem toten Baum, indem er immer zwischen diesem und dem Dachs hin und her fliegt. Der Dachs reißt das morsche Holz auf, holt die Waben mit dem Honig heraus und frißt sie auf, während der Honiganzeiger die Larven und Puppen bekommt. Diese Beziehung ist ein gutes Beispiel für eine Symbiose: Zwei Tierarten arbeiten zusammen, und beide profitieren davon.

☞ *55 LEBEN UNTER DER ERDE, 104-105 NACHTAKTIVE TIERE*

Fasanen-Tag

Fasane erheben sich nur in die Luft, wenn sie aufgestört werden.

Der Gemeine Fasan stammt aus Asien und wurde als Jagdvogel in Europa eingeführt, wo er sich in den Jagdrevieren unter den aufmerksamen Augen der Wildhüter vermehrt. Da er ein Bodenbrüter ist, sind seine Eier und Küken der Gefahr ausgesetzt, von Hermelinen, Wieseln, Füchsen und Greifvögeln gefressen zu werden, weshalb die gnadenlose Ausrottung dieser Räuber einst Politik der herrschaftlichen Landbesitzer war.

Die Fasane gehören zu den Hühnervögeln, einer Vogelfamilie, zu der auch Pfauen, Bankivahühner und Tragopane (rechts) zählen. Sie alle tragen während der Balz ein farbenprächtiges Gefieder. Der Diamantfasan (unten) wird gern als Ziervogel in größeren Privatparks gehalten, aus denen er manchmal entkommt und sich dann auch in freier Wildbahn fortpflanzt.

WENN DU FASANENHÄHNE genau betrachtest, wirst du feststellen, daß es bei uns zwei Arten mit geringfügig voneinander abweichendem Gefieder gibt. Die Nachkommen der im 16. Jh. aus dem Kaukasus eingeführten Vögel haben nicht das weiße Nackengefieder, das ihre im 18. Jh. aus China importierten Verwandten aufweisen, bei denen ein weißer Ring unterhalb des grünen Kragens zu sehen ist. Versuche, bei euch in der Gegend Fasanenhähne aufzuspüren und finde heraus, welche davon aus China und welche aus dem Kaukasus stammen.

☞ *81 HUHN, 151 PFAU*

Schlammspringer-Tag

Fische waren die ersten Wirbeltiere, die vor langer Zeit anfingen, das Land zu erobern, und wenn man den Schlammspringern zusieht, fühlt man sich in jene Zeit zurückversetzt. Die tropischen Schlammspringer sind mit den küstenbewohnenden Meergrundeln der gemäßigten Zonen verwandt. Sie verwenden den mit kräftiger Muskulatur versehenen Schultergürtel ihrer Brustflossen als eine Art Krücke. Sie können sogar springen, indem sie ihren Körper krümmen und dann plötzlich strecken. Mit diesen Sprüngen, denen sie ihren Namen verdanken, können sie bis zu 60 cm zurücklegen.

Ausgewachsene Schlammspringer haben ein eigenes Revier um ihre Höhlen, das sie auch verteidigen. Jungtiere ohne Revier müssen das Flachwasser verlassen und auf den Mangrovenwurzeln Zuflucht suchen vor den Raubfischen.

Die Schlammspringer sind trotz ihrer froschähnlichen Gestalt und Lebensweise Fische, die durch Kiemen atmen. Daher müssen sie ihre zarten, durch Kiemendeckel geschützten Atmungsorgane ständig feucht halten, damit Sauerstoff in die Blutgefäße gelangen kann.

AUSSERHALB DES WASSERS sehen Fische nicht besonders gut, denn Augen, die unter Wasser perfekt funktionieren, sind an Land kurzsichtig. Deshalb verändern Schlammspringer an Land die Form ihrer Linsen und Hornhaut, ein System, das so gut funktioniert, daß sie Insekten im Flug fangen können. Stelle selbst eine veränderliche Linse her, indem du eine kleine durchsichtige Plastiktüte mit Wasser füllst und versuchst, durch sie Bilder scharf zu sehen.

☞ *4–5 FROSCH UND KRÖTE, 8 MOLCH, 154–155 WINTERSCHLAF*

Benennung und Klassifizierung der Natur

Die Benennung von Lebewesen war immer ein Problem, und die Biologen mußten sich dabei mit zwei großen Schwierigkeiten auseinandersetzen.

Zum einen hat sich die Gattung Mensch in viele verschiedene Nationen aufgespalten, die alle ihre eigene Sprache haben. Damit entstehen verschiedene Namen für ein und dasselbe Lebewesen. Erschwerend kommt hinzu, daß innerhalb dieser Länder die Menschen einer Region oft auch noch unterschiedliche Dialektbegriffe prägten; so gibt es in Deutschland z. B. 15 regionale Namen für das Gänseblümchen. Daher brauchen die Biologen auf der ganzen Welt ein Klassifizierungssystem für die Flora und Fauna, das auf einer Sprache beruht und von allen verstanden wird.

Seit mehreren hundert Jahren ist das Lateinische – mit latinisierten Wörtern moderner Sprachen – die internationale Sprache der wissenschaftlichen Kommunikation. Man gibt den Arten immer latinisierte Namen, und wenn man sie entdeckt, werden sie auch zuerst im Detail auf Lateinisch beschrieben. So hat das Gänseblümchen für alle Wissenschaftler auf der ganzen Welt den lateinischen Namen *Bellis perennis*.

Das zweite große Problem ist die enorme Anzahl von Arten, von denen sich viele ähneln. Bis zum Beginn des 18. Jh. war es üblich, jede mit einem langen lateinischen Ausdruck oder Satz zu beschreiben. Dieses System war sehr umständlich und unzureichend und wurde schließlich von dem schwedischen Botaniker Carl von Linné (1707-1778) grundlegend reformiert. Linné verkürzte alle langen lateinischen Beschreibungen auf die beiden ersten Worte und schuf damit das Zwei-Namen-System, das bis heute verwendet wird. Der erste Teil des Namens bezeichnet die Gattung und beginnt immer mit einem Großbuchstaben, der zweite benennt die Art und wird immer klein geschrieben. Dieses System mit zwei latinisierten Namen ist einfach, präzise und wird von jedem Naturwissenschaftler auf der ganzen Welt verstanden.

Doch die Taxonomie, d. h. die Klassifizierung aller Lebewesen, umfaßt weit mehr als nur die Benennung aller Arten. Die Biologen bemühen sich nämlich, den lebenden Organismen Namen zu geben, die die im Lauf der Evolution entstandenen Verwandtschaftsbeziehungen zwischen ihnen widerspiegeln. Für Lebewesen innerhalb einer Gattung ist dies relativ einfach; genaue Untersuchungen zeigen, daß *Ranunculus bulbosus* (Knolliger Hahnenfuß) und *Ranunculus repens* (Kriechender Hahnenfuß) offensichtlich zwei nahe miteinander verwandte Arten innerhalb der Gattung *Ranunculus* sind. Doch es ist viel schwieriger festzustellen, wie Hahnenfußgewächse etwa mit Farnen verwandt sind. Beide Pflanzengattungen entwickelten sich in ferner geologischer Vorzeit, vor etwa 150 Mio. Jahren, aus einem gemeinsamen Vorfahren. Die meisten Zwischenstufen sind heute ausgestorben, und es gibt nur wenige fossile Überreste. Daher müssen die Taxonomen – die Biologen, die die natürliche Welt benennen, einteilen und klassifizieren – versuchen, solche weit zurückliegenden evolutionären Verwandtschaften so gut wie möglich ausfindig zu machen, indem sie die Gemeinsamkeiten und die Unterschiede zwischen den Lebewesen vergleichen und Informationsfragmente des unvollständigen fossilen Bestandes sammeln.

Sie ordnen die verschiedenen Gruppen von Lebewesen in eine Hierarchie ein, die mit dem Reich beginnt und der Art endet. Allgemein erkennt man fünf Reiche an: *Plantae* (Pflanzen), *Animalia* (Tiere), *Fungi* (Pilze), *Monera* oder *Prokaryotae* (alle Bakterien) und *Protoctista* (Protozoen und Schleimpilze). Die Klassifizierung eines Lebewesens kann durchaus umstritten sein, selbst auf dieser Ebene. So haben Schleimpilze zum Beispiel Eigenschaften von Pilzen wie auch von Tieren. Schwämme werden zwar den Tieren zugerechnet, weisen aber einige Charakteristika der Pflanzen auf. Außerdem würden manche Biologen heute auch gerne das Reich der Bakterien in mehrere Reiche aufteilen, da man erst vor kurzem Bakterien entdeckte, deren Stoffwechsel auf Methan basiert und die auch bei außerordentlich hohen Temperaturen überleben können. Zur Zeit wissen wir noch sehr wenig über die Mehrzahl dieser mikroskopisch kleinen Organismen, doch es zeichnet sich bereits jetzt ab, daß es auf Dauer unbefriedigend sein wird, sie alle in einem Reich zu belassen.

Die nächste Stufe in der Klassifizierung ist das *Phylum* oder der Stamm, in dem Organismen aus einem Reich zusammengefaßt werden, die eine Reihe von Eigenschaften teilen. Am besten versteht man das taxonomische System anhand eines Beispiels. Seescheiden, Frösche, Tiger und Menschen gehören alle dem Reich der Tiere und dem Stamm der *Chordata* an, da sie alle eine Art Wirbelsäule (in unterschiedlichen Entwicklungsstadien) besitzen. Dieses System der Klassifizierung, in dem man Gruppen von Lebewesen mit gemeinsamen Charakteristika zusammenfaßt und andere, die sich unterscheiden, davon abtrennt, wird bis hinunter auf die Ebene der Art durchgehalten. So wird auf der nächst niedrigeren Ebene die Seescheide im Unterstamm (*Subphylum*) der *Urochordata* abgetrennt, da sie im Gegensatz zu den anderen Tieren keinen Schädel, sondern nur in ihrem Larvenstadium einen Achsenstab und einen Nervenstrang besitzt.

Auf der nächsten Ebene, der Klasse, werden die Frösche zu einer eigenen Gruppe abgespalten (Klasse der Amphibien, *Amphibia*), da sie kaltblütig, die Tiger und Menschen aber warmblütig sind. Dieses System, eine Gruppe nach der anderen auszusieben, geht immer weiter, und von hier ab verfolgen wir als Beispiel nur noch den weiteren Weg des Tigers.

Auf der Ebene der Ordnung wird der Tiger den *Carnivora*, den Fleischfressern, zugeordnet – wegen seiner Anatomie und der Tatsache, daß er Fleisch frißt. Diese Ordnung teilt er mit 250 weiteren Arten von Hunden, Katzen, Wölfen, Bären und Mardern, die alle ähnliche Charakteristika aufweisen. Wieder eine Ebene weiter gehören die Tiger neben allen anderen Katzenartigen wie Löwen, Leoparden, Geparden, Luchsen und Hauskatzen, mit denen sie eine Reihe von Eigenschaften teilen, zur Familie der *Felidae*.

Damit gelangen wir zur vorletzten Gruppe, der Gattung, der die tigerähnlichen Formen angehören. Alle Tiger gehören zur Gattung *Panthera*, in der es nur fünf Arten gibt: *Panthera tigris*, den Tiger (der größte Katzenartige); *Panthera leo*, der Löwe; *Panthera pardus*, der afrikanische Leopard; *Panthera uncia*, der Schneeleopard, und schließlich *Panthera onca*, der Jaguar.

Auf diese Weise werden Tiger und alle anderen Lebewesen auf dieser Welt durch einen intensiven Prozeß des Vergleichens von immer feineren Unterschieden in immer kleinere Gruppen miteinander verwandter Lebewesen eingeordnet. Es ist der Traum jedes Taxonomen, Klassifikationen zu erreichen, die die Geschichte der Evolution des Lebens auf der Erde widerspiegeln und auf jeder Ebene der taxonomischen Leiter Lebewesen, die dieselben Vorfahren haben, zusammenzufassen. Solche Systeme werden in aller Regel als Bäume dargestellt, die in jenem ursprünglichen Mikroorganismus wurzeln, der sich vor 3,5 Mrd. Jahren entwickelte, und die in feinen Verästelungen enden, die das Leben auf unserem Planeten heute symbolisieren. Der größte Teil des Stammes und viele der großen Äste dieses Baumes fehlen uns aber, gingen in den großen Wellen des massenhaften Aussterbens verloren, die die Erde in ihrer Geschichte immer wieder überschwemmten. Viele der ausgestorbenen Lebewesen haben keinerlei Fossilien hinterlassen, weshalb der Baum immer unvollständig bleiben muß.

Bis heute sind nur etwa 1,4 Mio. Arten klassifiziert und beschrieben. Biologen schätzen aber, daß wir unseren Planeten mit mindestens 30 Mio. Arten teilen. So sollten wir in der Zukunft in der Lage sein, noch mehr der feinen Details am Ende der Zweige des Baums der Evolution zu beschreiben, ja vielleicht sogar in Teilen seine Gestalt neu zu bestimmen, da neue Entdeckungen ein anderes Licht auf die Verwandtschaft zwischen einzelnen Arten werfen.

Die taxonomische Hierarchie

Reich
Stamm
Klasse
Ordnung
Familie
Gattung
Art

Hinweise für die Verwendung gefährlicher Chemikalien

Für manche Experimente in diesem Buch braucht man giftige oder ätzende Chemikalien. Diese Experimente sollten nur unter Aufsicht von Erwachsenen durchgeführt werden. Diese Stoffe dürfen nur entsprechend den Anweisungen der Hersteller, die auf den Flaschen und Behältern aufgedruckt sind, verwendet werden.

Bei folgenden Substanzen verwende Gummihandschuhe:

- Ätznatron – Ätzungen und Verbrennungen von Haut und Augen
- Bleichsoda – Verletzungen von Haut und Augen
- Kupfersulfat – Gift, das sich im Körper akkumuliert

Schütze deine Augen durch eine Brille vor Spritzern. Wenn nichts anderes zur Hand ist, verwende eine Sonnenbrille.

Zur Ausführung der Experimente

Experimente dienen dazu, Hypothesen zu überprüfen. So hast du z. B. vielleicht bemerkt, daß Kugelasseln sich oft in feuchter Umgebung aufhalten. Von dieser Beobachtung ausgehend, könntest du die Hypothese formulieren, daß sie immer feuchte Orte aussuchen, wenn sie die Wahl zwischen verschiedenen Lebensräumen haben. Diese Hypothese kannst du überprüfen, indem du einige Kugelasseln in einen Behälter setzt, der auf einer Seite trocken, auf der anderen feucht ist.

Alle Experimente sollten einen Kontrollaufbau haben, der den natürlichen Umständen des beobachteten Phänomens entspricht (in diesem Fall ein feuchter Lebensraum) und als Vergleich zu dem Experiment (hier ein trockener Lebensraum), in dem die Umstände verändert wurden, dient.

Die besten Experimente beginnen mit einfachen Antworten auf einfache Fragen, bei denen nur ein Faktor auf einmal untersucht wird. So könntest du deinen Kugelasseln einen Raum anbieten, der auf einer Seite kühl und feucht, auf der anderen aber heiß und trocken ist. Doch wenn sie einen davon bevorzugen, weißt du nicht, ob das an der Temperatur oder an der Feuchtigkeit liegt. Die meisten Experimente geben keine klare Antwort, sondern regen statt dessen zu neuen, weitergehenden Experimenten an, die du unternehmen könntest, um mehr über den untersuchten Organismus zu erfahren.

Experimente sollten immer mehrfach wiederholt werden, und zwar mit verschiedenen Exemplaren des untersuchten Lebewesens. Damit stellt man sicher, daß man keine Schlußfolgerungen aus einem einzigen Experiment zieht, bei dem ein störender Faktor das Ergebnis beeinflußt haben könnte. Wenn du z. B. nur eine Kugelassel für dein Experiment benutzt, könnte das Ergebnis abnormal sein (oft beeinflussen Parasiten das Verhalten einzelner Tiere).

Normalerweise lohnt es sich auch, ein Experiment zu verschiedenen Zeiten zu wiederholen, um die Veränderungen in der Natur zu simulieren.

Wiederhole also deine Experimente mehrere Male, und formuliere aus all deinen Beobachtungen ein durchschnittliches Ergebnis, um damit zu einer sichereren Einschätzung ihrer Bedeutung zu gelangen.

Hinweise für die Durchführung praktischer Projekte

Aquarium

Wenn du ein Aquarium anschaffst, dann kaufe das größte, das du dir leisten kannst. Darin kannst du mehrere winzige Lebensräume einrichten und sie mit verschiedenen Tieren bevölkern. Bedecke den Boden auf einer Seite mit Kieselsteinen, die zunächst in Sand und dann in Schlick übergehen. Lege noch ein paar Steine und vielleicht eine kleine Tonröhre als Versteck hinein und setze einige Sauerstoff produzierende Wasserpflanzen ein. Wenn du Kaulquappen halten willst, muß in dem Aquarium auch ein Stück Holz treiben oder etwas anderes aus dem Wasser ragen, damit die jungen Amphibien aus dem Wasser klettern können. Andernfalls werden sie nach der Metamorphose ertrinken.

Fülle das Aquarium langsam mit Wasser, um den Grund nicht zu sehr aufzuwühlen. Verwende Wasser aus einem natürlichen Teich und kein Leitungswasser, das vielleicht mit Chlor behandelt ist. Dann kannst du Lebewesen einsetzen. Versuche, eine natürliche Balance zu erreichen, indem du Pflanzenfresser, Aasfresser und vielleicht sogar einen oder zwei Fleischfresser einsetzt. Denke daran, daß Raubfische alle Wirbellosen fressen und die gefräßigen Larven der großen Teichkäfer all deine Kaulquappen verspeisen werden. Willst du also die Vielfalt erhalten, solltest du diese nicht in dein Aquarium aufnehmen.

Der Schlüssel zum Erfolg bei einem Aquarium liegt darin, daß du das Wasser sauber und gut durchlüftet hältst. Dafür sind Teichschnecken sehr wichtig, denn sie fressen die Algen vom Glas des Aquariums ab. Du solltest außerdem eine Aquariumpumpe anschaffen, um das Wasser reich an gelöstem Sauerstoff zu halten.

Süßwasseraquarium mit verschieden tiefem Wasser und mehreren Wasserpflanzen. Es sollte mit einem feinen Netz abgedeckt sein, durch das die Luft gut ausgetauscht wird, durch das schlüpfende Insekten aber nicht entkommen können.

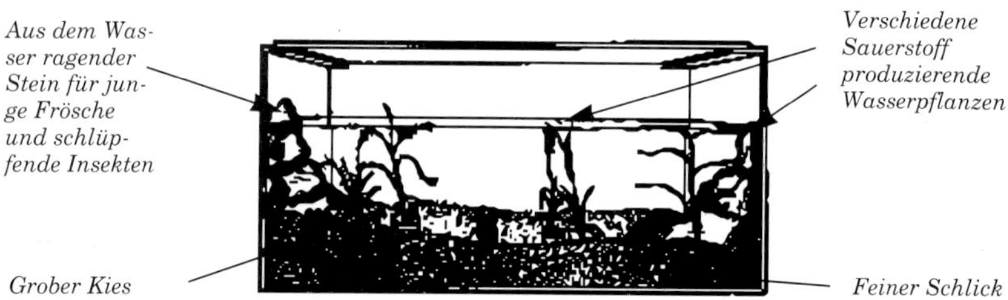

Brutkästen für Insekten

Brutkästen können einfach aus einem Zylinder aus Fliegengitter bestehen, der oben und unten durch einen Blechdeckel verschlossen wird. Um erfolgreich Falter und andere Insekten aus Eiern oder Raupen zu ziehen, ist es wichtig, Übervölkerung zu vermeiden, sie ständig mit frischen Futterpflanzen zu versorgen und die Ausscheidungen regelmäßig zu entfernen. Eine Lage trockener Sand auf dem Boden des Behälters hilft, ihn sauberzuhalten. Wenn deine Futterpflanze in einem Wasserglas steht, decke das Wasser mit einem Pappring ab, damit deine Raupe nicht darin ertrinkt.

Wenn sich die Larven verpuppen, müssen sie in einen Käfig mit trockenem Sand auf dem Boden gesetzt werden. Überprüfe täglich, ob die Falter geschlüpft sind. Mit etwas Glück erlebst du das Ende der Metamorphose, wenn der trockene Kokon aufbricht und der leuchtende Falter zum Vorschein kommt.

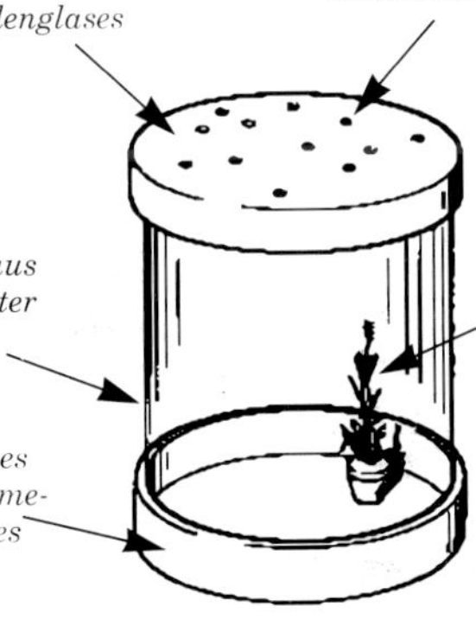

Wenn du im Freien Raupen sammelst, wirst du feststellen, daß viele von ihnen von Schlupfwespen befallen sind. Bei den befallenen Raupen bilden sich meist einige Kokons außen am toten Körper, oder die Parasiten schlüpfen als kleine, metallfarbene Wespen aus den Puppen. Schlupfwespen sind faszinierende Tiere, und es lohnt sich, sie unter einer Lupe oder einem Mikroskop zu betrachten.

Anlage eines Teiches

Ein Teich lockt immer eine Vielzahl von Tieren in den Garten, und er sollte folgendermaßen aufgebaut sein:

- Ein flacher Rand, wo Pflanzen im Schlamm wurzeln und Triebe ins Wasser entwickeln können. Die Pflanzen am Rand erleichtern Vögeln das Trinken, Amphibien das Ausruhen und Insekten wie den Libellen und Schlankjungfern die Eiablage.
- Viele verschiedene Sauerstoff produzierende Pflanzen.
- Eine gesunde Population von Schnekken, die das Algenwachstum unter Kontrolle halten.
- Tieferes Wasser in der Mitte – mindestens 1 m –, damit der Teich im Winter nicht komplett einfriert.
- Terrassen, die in den abfallenden Grund eingebaut werden, auf denen man Töpfe mit teilweise unter Wasser wachsenden Pflanzen wie Gelbe Schwertlilie und Schilf abstellen kann.

- Ein Grasstreifen um den Teich herum, der nur ein- oder zweimal im Jahr gemäht wird und in dem Wildblumen gesät werden. Dadurch erhält er die Flora einer Heuwiese, und der Teich erscheint sehr viel natürlicher. Die höheren Pflanzen bieten Fröschen und Kröten ein Revier, in dem sie in der Dämmerung Schnecken jagen können. Lege auch ein paar Holzstämme an den Rand, unter denen die Amphibien dann überwintern werden.

Es dauert eine Weile, bis sich das Ökosystem um einen neu angelegten Teich stabilisiert hat, und dann kannst du den Lebenszyklus seiner Bewohner aus der Nähe beobachten. Setze keine Fische in einem kleinen Teich aus, da sie alle Wirbellosen fressen und die Vielfalt der Tiere darin sehr einschränken.

Teiche müssen regelmäßig gepflegt werden. Beseitige und kompostiere übermäßig wachsende Pflanzen, nachdem du zuerst die darin lebenden Wassertiere in einem Eimer ausgewaschen und sie in den Teich zurückgeschüttet hast. Achte vor allem auf das Wachstum von Wasserlinsen und Rispenfarn, die die ganze Wasseroberfläche bedecken und das Licht aus dem Teich fernhalten können. Decke den Teich im Herbst mit einem Netz ab, damit kein Laub hineinfällt.

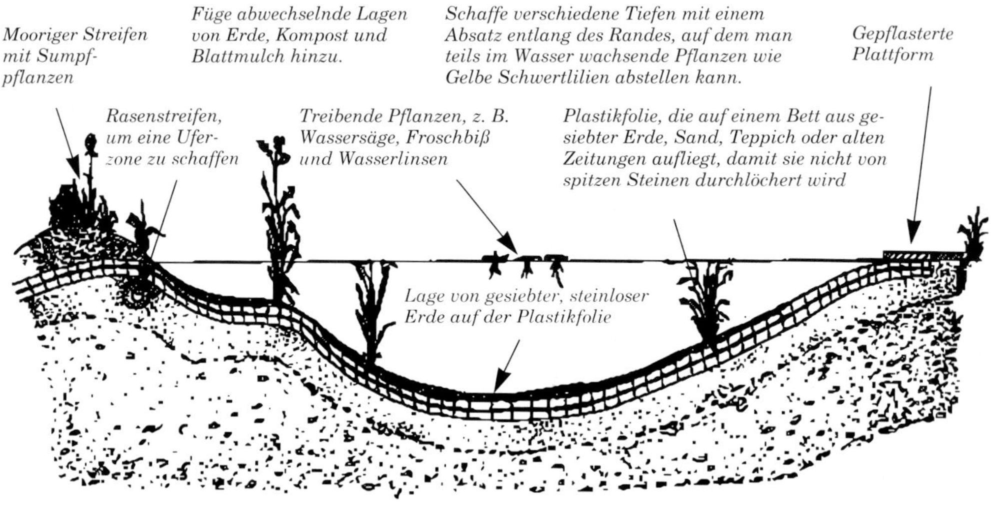

Sammeln

Sammlungen nehmen in der Geschichte der Naturwissenschaften einen wichtigen Platz ein, da in Laboratorien und Museen tote Tiere zur Bestimmung und Identifizierung gebraucht werden. Lebewesen zu fangen und zu töten, nur um sie in Schubladen und Schränken zu sammeln, ist dagegen eine Beschäftigung, die der Vergangenheit angehören sollte. Die Populationen in der freien Wildbahn sind bereits durch die Umweltverschmutzung stark gefährdet und sollten nicht auch noch zusätzlich dadurch dezimiert, daß die größten und schönsten Exemplare von Sammlern aus dem Ökosystem entfernt werden. Niemand sollte Lebewesen sammeln, ohne sich zuvor über die im jeweiligen Land gültigen Naturschutzbestimmungen genau informiert zu haben. Die Mißachtung dieser Bestimmungen wird in der Regel durch hohe Geldbußen geahndet.

Tiere und Pflanzen sind lebendig viel interessanter als tot, und wenn du sie beobachtest, besteht eine große Chance, daß du etwas ganz Neues entdeckst – auch in Ländern, deren Fauna und Flora bereits genau untersucht wurden. Wenn du also wirklich etwas sammeln möchtest, dann übe dich in der Verwendung des Fotoapparats und der Videokamera, und nimm deine Motive in freier Wildbahn in ihrem natürlichen Lebensraum auf. Natürlich solltest du immer darauf achten, daß du die Tiere nicht störst.

Leichtes, tragbares Versteck zum Beobachten und Fotografieren von Vögeln

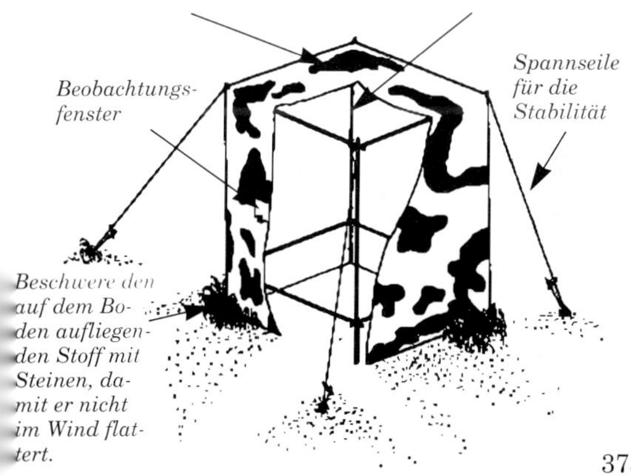

Kompost

In jedem Garten sollte es mindestens einen Komposthaufen geben. Ein gut angelegter Komposthaufen wird dir einen unerschöpflichen Vorrat an Wirbellosen bieten, die du beobachten und mit denen du experimentieren kannst. Der Komposthaufen sollte gut durchlüftet sein und zum einen Lagen aus weichem Pflanzenmaterial wie Gras und Unkraut und zum anderen aus härteren Ästen und Zweigen, die die Luft durchlassen, enthalten. Tierdung wie der Mist aus einem Kaninchenstall beschleunigen die Kompostierung und fördern die Aktivität der Mikroben, die das Pflanzenmaterial zu feinem Humus zersetzen. Während dies geschieht, nutzen zahlreiche Tiere den Komposthaufen als temporäre Wohnstätte. Regenwürmer, Schnecken, Sprungschwänze, Spinnen, Laufkäfer, Hundertfüßler, Tausendfüßler und Kugelasseln lassen sich hier nieder. Vögel kommen, um von ihnen zu fressen. Im Herbst locken der reiche Nahrungsvorrat und die Wärme, die sich durch die Verwesung bildet, winterschlafende Tiere wie Igel, Blindschleichen und sogar Ringelnattern an. Sei also vorsichtig, wenn du den Komposthaufen im Winter oder Frühjahr umgräbst.

Insektenfalle

Untersuche den Komposthaufen im Lauf der Zeit immer wieder, und nimm dabei Sammelgläser und eine Lupe oder ein Mikroskop mit. Die Vielfalt interessanter Tiere und Pilze ist gewaltig und ändert sich mit dem sich entwickelnden Kompost.

Tagebuch und Zettelkasten

Alle großen Entdeckungen der Naturwissenschaften beginnen damit, daß ein Einzelner eine Beobachtung macht. Ein Naturtagebuch oder Zettelkasten voller Beobachtungen dient ebenso als Quelle für Fragen über die Welt der Lebewesen wie ein Bericht über deine denkwürdigsten Erfahrungen in der Natur. Du mußt nicht alles, was du jeden Tag siehst, sklavisch darin festhalten – schreibe nur die Dinge nieder, die dir besonders interessant erscheinen. Ich habe so ein Tagebuch – mal mehr, mal weniger – 33 Jahre lang geführt, und es ist voller Fragen wie: »Warum haben Blaumeisen im Jahr 1989 alle Farbe von meinen Fensterrahmen gepickt?« und »Warum stranden jedes Jahr Tausende von Quallen am Strand in meiner Nähe?« Eines Tages werde ich die Zeit haben, diesen Fragen nachzugehen und sie zu beantworten, doch im Moment ist es gut zu wissen, daß sie nicht vergessen werden, da sie sicher niedergeschrieben sind. Wenn ich sie mir später wieder ansehe, werden sie viele lebhafte Erinnerungen in mir wachrufen.

Deine notierten Beobachtungen bewahrst du am besten in einem Zettelkasten auf, damit du Fotos und Skizzen dazulegen kannst. Wenn du Zugang zu einem Computer mit einem Textverarbeitungsprogramm hast, kannst du deine Beobachtungen natürlich auch sauber eintippen.

Planktonnetz

Das Planktonnetz kannst du aus einem Nylonstrumpf bauen, den du über einen kräftigen Drahtring ziehst. Binde eine verschraubbare Flasche als Auffangbehälter ans Ende und befestige zwei leere Spülmittelflaschen als Schwimmer, die das Netz unter Wasser halten werden, an dem Drahtring. Am besten fischt man Plankton, indem man das Netz hinter einem sich langsam bewegenden Boot herzieht, doch du kannst auch gute Fänge machen, wenn du bei Beginn der Flut durch das seichte Wasser watest.

Leere deinen Fang in einen durchsichtigen Behälter und laß ihn sich setzen. Viele planktonische Lebewesen sind ebenso durchsichtig wie Glas, doch nach einer Weile machen deine Augen zuckende Bewegungen aus, und du wirst feststellen, daß das Wasser voller Krabben-, Hohltier-, Mollusken- und Wurmlarven ist.

Vergiß nicht, daß es auch im Süßwasser planktonische Larven gibt.

Zwei leere Spülmittelflaschen dienen als Schwimmer und halten das Netz immer direkt unter der Wasseroberfläche.

Verschraubbare Sammelflasche

Feines Nylongewebe

Berlese-Trichter

Der Berlese-Trichter (s. Abb.) ist das perfekte Instrument, um kleine Wirbellose aus Erde, Fallaub und Komposthaufen zu

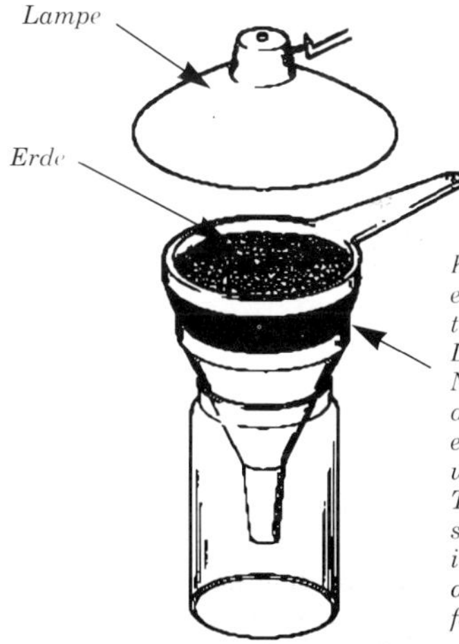

Küchensieb in einem Küchentrichter. Die Dichte des Netzes wird darüber entscheiden, wie groß die Tiere höchstens sind, die in das Glas darunter fallen.

filtern. Lege deine Probe in das Sieb, schalte die Lampe an und sammle die verschiedenen Tiere, die durch den Trichter fallen, in einem Glas. Es kann ziemlich schwierig sein, all die kleinen Tiere zu bestimmen. Du kannst sie zunächst nach der Zahl ihrer Beine ordnen: Sind es sechs, handelt es sich um ein Insekt; sind es acht, ist es eine Spinne oder Spinnmilbe; sind es mehr als acht, hast du einen *Isopoden*, einen Hundert- oder Tausendfüßler vor dir. Springt das Tier, ist es vielleicht ein Sprungschwanz, wenn es sich windet, möglicherweise ein Wurm.

Aussaat von Samen

Einfache Regeln für die Aussaat:

- Samen sollten immer doppelt so tief wie ihr eigener Durchmesser gesetzt werden. Sehr feine Samen sät man auf der Oberfläche und wässert sie von unten, indem man die Erde mit den Samen in ein Tablett mit Wasser stellt und das Wasser durch die Kapillarwirkung der Blumenerde nach oben steigen läßt.
- Säe die Samen dünn – zu eng stehende Pflanzen entwickeln gern Krankheiten. Halte die Samen gut belüftet. Wenn du eine Plastiktüte oder einen Plastikdeckel verwendest, um die Keimung zu beschleunigen, dann bedenke, daß die warme, stehende Luft und die Kondensierung Pilzbefall begünstigen.
- Wässere die Erde immer gut, doch halte sie nicht zu feucht.
- Die meisten Samen keimen bei einer konstanten Temperatur zwischen +20 und 25 °C am besten. Ein beheizter Saatkasten ist sehr nützlich, um Samen zum Keimen zu bringen.
- Setze die Keimlinge je in einen einzelnen Topf, sobald sie zwei Blätter entwickelt haben. Laß sie an einer hellen Stelle wachsen, aber achte darauf, daß sie nicht durch direktes Sonnenlicht verbrannt werden
- Nimm Mißerfolge gelassen hin. Wenn alle deine Setzlinge einem geheimnisvollen Pilz zum Opfer fallen, untersuche sie unter dem Mikroskop. Viele Pilze haben faszinierende sporenbildende Strukturen.

Mikroskope

Ein Mikroskop ist zwar teuer, aber wahrscheinlich das nützlichste Instrument, das ein Naturwissenschaftler besitzen kann. Doch auch eine einfache Lupe wird dir eine neue Welt für deine Untersuchungen eröffnen, da die große Mehrzahl aller Lebewesen sehr klein ist – am Rande oder jenseits der Wahrnehmung des menschlichen Auges.

Einfache, handgerechte und transportable Mikroskope zeigen dir die Schönheit eines Insektenauges oder die feine Struktur einer Mooskapsel. Die feineren Mikroskope mit bis zu 1000facher Vergrößerung erschließen dir die Welt der Protozoen wie der Amöben, die in jedem Teich zu Tausenden herumschwimmen.

Nachtfalterfalle

Eine Nachtfalterfalle, die mit Hilfe von Licht die Falter anlockt, wird dir einige der schönsten Insekten greifbar nahe bringen. Achte darauf, daß von der Elektrizität keine Gefahr ausgehen kann. Bei Regen solltest du unbedingt auf die Aufstellung deiner Falterfalle im Freien

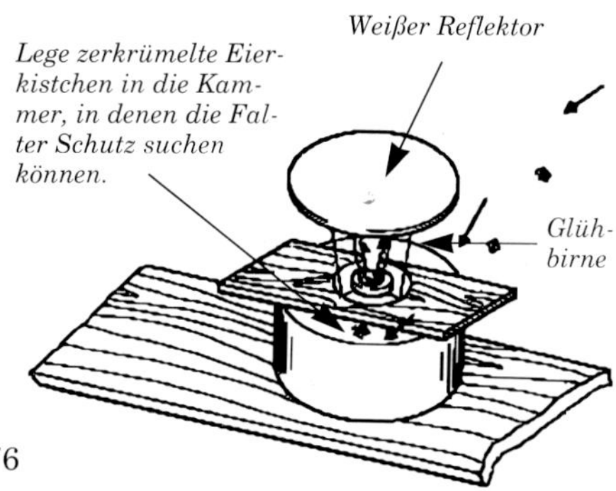

verzichten. Schließe sie nur an eine gesicherte Elektroleitung an, damit du dir nicht selbst einen Stromschlag versetzen kannst. Wenn du die Falle öffnest, berühre auf keinen Fall die heiße Glühbirne, und sei darauf gefaßt, die Falter sehr schnell in einer Plastikflasche zu fangen.

Unterwassersichtgerät

Wasseroberflächen reflektieren Licht, so daß man nur schwer erkennen kann, was darunter vorgeht. Nimm einen tiefen Plastik-Blumentopf und schneide ein kreisrundes Loch in den Boden. Klebe mit Sekundenkleber ein durchsichtiges, hartes Stück Plastik oder Plexiglas darüber. Achte darauf, daß der Boden danach wieder absolut wasserdicht ist. Nun kannst du das Sichtgerät ins Wasser tauchen und Tiere und Pflanzen beobachten, im Bedarfsfall auch mit Hilfe einer Taschenlampe.

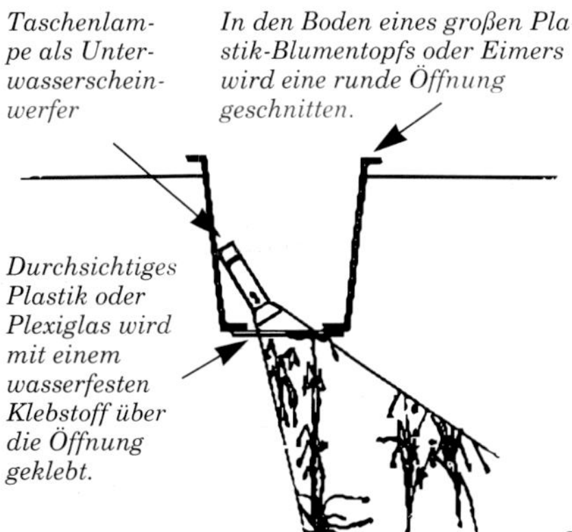

Exhaustor

Ein Exhaustor ist das bevorzugte Gerät eines Entomologen, um kleine Insekten und andere Wirbellose zu sammeln. Er besteht aus einem fest verkorkten Gefäß, durch dessen Verschluß zwei Röhren führen. Die eine hält man im Mund, die andere hat ein spitz zulaufendes Ende und wird auf das Insekt gerichtet. Ein scharfer Luftzug genügt in der Regel schon, um das überraschte Insekt in die Flasche zu saugen.

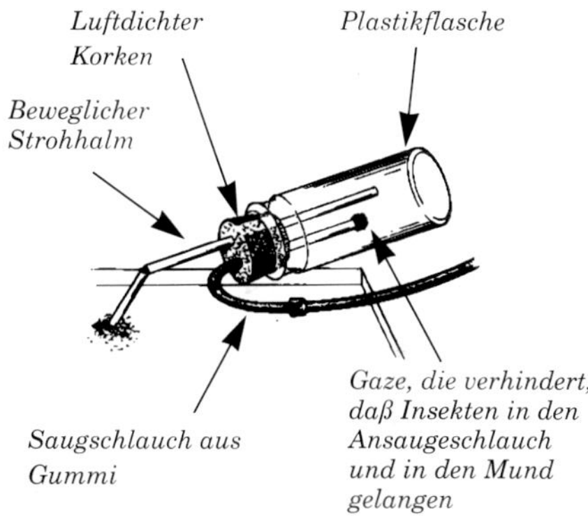

Du mußt dabei nur eine grundlegende Vorsichtsmaßnahme treffen: Achte darauf, daß das Ende des Schlauches, den du im Mund hältst, im Glas mit einer feinen Gaze bedeckt ist, sonst findest du deine Beute allzu leicht in deinem Mund wieder.

Vivarium

Ein Vivarium ist eigentlich ein Aquarium ohne Wasser, in dem Wirbellose, Amphibien, Reptilien und kleine Wirbeltiere gehalten werden. Du kannst darin den Lebensraum imitiern, der den jeweiligen Tieren entspricht: Erde, Steine und morsches Holz für Wirbellose; feuchtes Moos und feuchte Verstecke für Amphibien; trockene Verstecke und Wärme für Reptilien; Strohbett und -verstecke für kleine Säuger. Wichtig ist auch das richtige Futter und genügend Wasser, und du solltest die Tiere nur so lange gefangenhalten, bis du genügend über sie erfahren hast. Auf keinen Fall dürfen die Tiere unter der Gefangenschaft leiden. Wenn du sie freiläßt, suche ihnen einen passenden Lebensraum, wo sie sich leicht wieder an das Leben in der Wildnis gewöhnen können. Wenn du die Tiere für dein Vivarium selbst sammelst, achte darauf, keine geschützten Arten mitzunehmen.

Wurmkasten

Der Wurmkasten besteht aus einem hölzernen Rahmen um zwei senkrechte Glasscheiben, die parallel und im Abstand von etwa 3 cm stehen. Dieser Spalt wird mit Lagen von feuchter Erde von verschiedener Konsistenz und feuchtem Sand gefüllt. Ganz oben befindet sich eine Lage mit feuchten Blättern (s. Abb.). Wenn man Regenwürmer in diesen Behälter setzt, kann man beobachten, wie sie die verschiedenen Lagen von Erde durchmischen und die Blätter in ihre Tunnel ziehen. Diese Aktivität der Würmer ist von enormer Bedeutung für die Landwirtschaft, da sie den Boden umwälzen, durchlüften und ihm stetig organischen Humus zuführen.

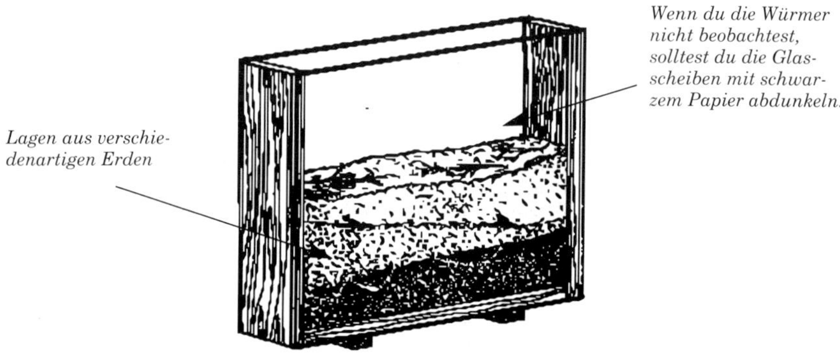

Register

Ein Schwarm von 100 Piranhas würde
6 Minuten und 25 Sekunden brauchen,
um einen Menschen bis aufs Skelett
abzunagen.